水闸工程
安全生产标准化建设模块管理

江苏省骆运水利工程管理处
中国水利企业协会 ◎ 编

河海大学出版社
·南京·

图书在版编目(CIP)数据

水闸工程安全生产标准化建设模块管理 / 江苏省骆运水利工程管理处，中国水利企业协会编. -- 南京：河海大学出版社，2022.12

ISBN 978-7-5630-7928-5

Ⅰ.①水… Ⅱ.①江… ②中… Ⅲ.①水闸－安全生产－标准化－中国 Ⅳ.①TV698.2

中国版本图书馆 CIP 数据核字(2022)第 254028 号

书　　名	水闸工程安全生产标准化建设模块管理 SHUIZHA GONGCHENG ANQUAN SHENGCHAN BIAOZHUNHUA JIANSHE MOKUAI GUANLI
书　　号	ISBN 978-7-5630-7928-5
责任编辑	陈丽茹
特约校对	李春英
装帧设计	徐娟娟
出版发行	河海大学出版社
地　　址	南京市西康路1号(邮编：210098)
网　　址	http://www.hhup.com
电　　话	(025)83737852(总编室) (025)83722833(营销部)
经　　销	江苏省新华发行集团有限公司
排　　版	南京布克文化发展有限公司
印　　刷	苏州市古得堡数码印刷有限公司
开　　本	787毫米×1092毫米　1/16
印　　张	21.75
字　　数	513千字
版　　次	2022年12月第1版
印　　次	2022年12月第1次印刷
定　　价	98.00元

《水闸工程安全生产标准化建设模块管理》

编写委员会

主　任： 周元斌　曾令文

主　编： 蒋　涛　戴宜高　刘　斌

副主编： 许汉平　张以军　蒋　雯　朱延涛

编　委： 刘兆正　黄　毅　周韩宝　潘卫锋　邰　娜
　　　　　冯　杰　邵　翀　王　岩　吉庆伟　赵水汨
　　　　　赵文军　杨振鹏　许树芳　郑理峰　张　璇
　　　　　顾　双　杨春宝　岳　皓　尹高坡　张积聪
　　　　　张小童　徐川江　胡兆全　徐立建　李　磊
　　　　　朱程亮　徐　楠　钱　杭　吕鸿燕　吕晓波
　　　　　徐利福

前言
Preface

  为之于未有,治之于未乱,防患于未然。兴水利,除水害,是治国兴邦的大事,安全生产责任重于泰山。水利行业安全生产涉及防洪排涝安全、水务供水安全、工程建设安全、运行管理安全等领域。近年来,江苏省骆运水利工程管理处持续强化安全生产红线意识和底线思维,深入贯彻《中华人民共和国安全生产法》和《江苏省安全生产条例》,全面落实安全生产责任制,建立健全安全防控体系,大力推进安全生产标准化建设,着力提升安全基础保障能力,推动安全生产各项工作措施落到实处、取得实效。这些成绩的取得,凝聚了全处广大干部职工的努力奋斗和无私奉献,也得益于上级部门的大力支持、理解和帮助。

  水利安全生产标准化建设工作是加强水利安全生产工作的一项基础性、长期性的工作,是新形势下安全生产工作方式方法的创新和发展。通过安全生产标准化创建,全面规范作业行为,提高事故防范和应急处置能力,构建完善的安全标准化体系,引导职工"关爱生命、关注安全",强化"红线意识""法治意识",坚持"以人为本,安全发展",时时紧绷安全弦、处处严把安全关,不断夯实安全基础,为单位高质量发展提供坚实的安全保障。

  《水闸工程安全生产标准化建设模块管理》正是依据水利部《水利工程管理单位安全生产标准化评审标准》,由中国水利企业协会牵头,结合江苏省骆运水利工程管理处皂河闸创建一级安全生产标准化单位实践,通过探索水闸基层水管单位安全标准化达标建设模式,将安全生产标准化的每项工作分解为若干模块,针对每个模块,逐项进行细化落实。这些模块具有较强的实用性和可操作性,可借鉴、可推广,有助于全面高效地推进安全生产标准化建设。本书可作为水闸工程管理单位开展安全生产标准化建设和运行管理能力提升的参考用书。

目录
Contents

第1章 安全生产标准化简述 ·· 001
  1.1 安全生产的概念 ·· 001
  1.2 安全生产的本质 ·· 001
  1.3 安全生产标准化的发展 ·· 002

第2章 水利安全生产标准化建设 ······································ 005
  2.1 水利安全生产标准化的发展 ···································· 005
  2.2 水利工程管理单位安全生产标准化创建过程 ······················ 006
    2.2.1 建立标准化建设组织机构 ································ 006
    2.2.2 初始状态评审 ·· 006
    2.2.3 制定建设实施方案 ······································ 008
    2.2.4 教育培训 ·· 009
    2.2.5 管理文件制（修）订 ···································· 009
    2.2.6 实施运行及整改 ·· 011
    2.2.7 单位自评 ·· 012
    2.2.8 评审申请 ·· 013
  2.3 水利安全生产标准化建设常见问题和建议 ························ 013
    2.3.1 建设常见问题 ·· 013
    2.3.2 建设建议 ·· 014

第3章 安全生产标准化模块管理 ······································ 016
  3.1 标准化模块的概念 ·· 016
  3.2 模块建立和架构 ·· 017

第4章 安全生产标准化模块设置与实务 ································ 018
  4.1 模块一：目标职责 ·· 018
    4.1.1 目标 ·· 018
    4.1.2 机构和职责 ·· 041
    4.1.3 全员参与 ·· 048
    4.1.4 安全生产投入 ·· 051
    4.1.5 安全文化建设 ·· 056

  4.1.6　安全生产信息化建设 …………………………………………… 058
4.2　模块二：制度化管理 ……………………………………………………… 060
  4.2.1　法规标准识别 ………………………………………………………… 060
  4.2.2　规章制度 ……………………………………………………………… 063
  4.2.3　操作规程 ……………………………………………………………… 066
  4.2.4　文档管理 ……………………………………………………………… 069
4.3　模块三：教育培训 ………………………………………………………… 075
  4.3.1　教育培训管理 ………………………………………………………… 075
  4.3.2　人员教育培训 ………………………………………………………… 079
4.4　模块四：现场管理 ………………………………………………………… 092
  4.4.1　设施设备管理 ………………………………………………………… 092
  4.4.2　作业行为 ……………………………………………………………… 135
  4.4.3　职业健康 ……………………………………………………………… 208
  4.4.4　警告标志 ……………………………………………………………… 237
4.5　模块五：安全风险管控及隐患排查治理 ………………………………… 244
  4.5.1　安全风险管理 ………………………………………………………… 244
  4.5.2　重大危险源辨识和管理 ……………………………………………… 255
  4.5.3　隐患排查治理 ………………………………………………………… 259
  4.5.4　预测预警 ……………………………………………………………… 275
4.6　模块六：应急管理 ………………………………………………………… 280
  4.6.1　应急准备 ……………………………………………………………… 280
  4.6.2　应急处置 ……………………………………………………………… 301
  4.6.3　应急评估 ……………………………………………………………… 303
4.7　模块七：事故管理 ………………………………………………………… 306
  4.7.1　事故报告 ……………………………………………………………… 306
  4.7.2　事故调查和处理 ……………………………………………………… 315
  4.7.3　事故档案管理 ………………………………………………………… 318
4.8　模块八：持续改进 ………………………………………………………… 319
  4.8.1　绩效评定 ……………………………………………………………… 319
  4.8.2　持续改进 ……………………………………………………………… 334

第 1 章
安全生产标准化简述

1.1 安全生产的概念

安全,泛指没有危险、不出事故的状态。"安全生产"这个概念,一般意义上讲,是指在社会生产活动中,通过人、机、物料、环境、方法的和谐运作,使生产过程中潜在的各种事故风险和伤害因素始终处于有效控制状态,切实保护劳动者的生命安全和身体健康。《辞海》中的解释为:安全生产是企业生产的一系列措施和活动;《中国大百科全书》中的解释为:安全生产是企业生产的一项方针、原则和要求。综合来说,安全生产是为了使劳动过程在符合安全要求的物质条件和工作秩序下进行的,防止人身伤亡和财产损失等生产事故,消除或控制危险有害因素,保障劳动者的安全健康和设备设施免受损坏、环境免受破坏的一切行为。安全生产是安全与生产的统一,其宗旨是安全促进生产,生产必须安全。搞好安全工作,改善劳动条件,可以调动职工的生产积极性;减少职工伤亡,可以减少劳动力的损失;减少财产损失,可以增加企业效益,无疑会促进生产的发展;而生产必须安全,则是因为安全是生产的前提条件,没有安全就无法生产。

《中华人民共和国安全生产法》(2021年修正)中明确安全生产管理基本方针为"安全第一、预防为主、综合治理"。要求在生产过程中,必须坚持"以人为本"的原则。在生产与安全的关系中,一切以安全为重,安全必须排在第一位。必须预先分析、辨识危险源,预测和评价危险、有害因素,评估风险变化,掌握危险出现的变化和规律,采取相应的预防措施,将危险和安全隐患消灭在萌芽状态,各级管理人员坚持"管行业必须管安全,管业务必须管安全,管生产经营必须管安全"和"谁主管、谁负责"的原则,全面履行安全生产主体责任。

1.2 安全生产的本质

安全生产的本质是保护劳动者的生命安全和职业健康。

第一,保护劳动者的生命安全和职业健康是安全生产最根本、最深刻的内涵,是安全生产本质的核心。它充分揭示了安全生产以人为本的导向性和目的性,它是我们党和政府以人为本的执政本质、以人为本的科学发展观的本质、以人为本构建和谐社会的本质在安全生产领域的鲜明体现。正如习近平总书记指出的"发展决不能以牺牲人的生命为代价"。

第二,突出强调了最大限度的保护。所谓最大限度的保护,是指在现实经济社会所能提供的客观条件的基础上,尽最大的努力,采取加强安全生产的一切措施,保护劳动者的生命安全和职业健康。根据目前我国安全生产的现状,需要从三个层面上对劳动者的生命安全和职业健康实施最大限度的保护:一是在安全生产监管主体,即政府层面,把加强安全生产、实现安全发展,保护劳动者的生命安全和职业健康,纳入经济社会管理的重要内容,纳入社会主义现代化建设的总体战略,最大限度地给予法律保障、体制保障和政策支持。二是在安全生产责任主体,即企业层面,把安全生产、保护劳动者的生命安全和职业健康作为企业生存和发展的根本,最大限度地做到责任到位、培训到位、管理到位、技术到位、投入到位。三是在劳动者自身层面,把安全生产和保护自身的生命安全和职业健康,作为自我发展、价值实现的根本基础,最大限度地实现自主保安。

第三,突出了在生产过程中的保护。生产过程是劳动者进行劳动生产的主要时空,因而也是保护其生命安全和职业健康的主要时空,安全生产中的以人为本,最集中地体现在生产过程中的以人为本。同时,它还从深层次揭示了安全与生产的关系。在劳动者的生命和职业健康面前,生产过程应该是安全地进行生产的过程,安全是生产的前提,安全又贯穿于生产过程的始终。若二者发生矛盾,当然是生产服从于安全,当然是安全第一。这种服从,是一种铁律,是对劳动者生命和健康的尊重,是对生产力最主要最活跃因素的尊重。如果不服从这种规律,生产也将被迫中断,这就是人们不愿见到的事故发生的强迫性力量。

第四,突出了一定历史条件下的保护。这个一定的历史条件,主要是指特定历史时期的社会生产力发展水平和社会文明程度。强调一定历史条件的现实意义在于:一是有助于加强安全生产工作的现实紧迫性。我国是一个正在工业化的发展中大国,做好安全生产工作,任务艰巨,时不我待,责任重大。二是有助于明确安全生产的重点行业取向。由于社会生产力发展不平衡、科学技术应用的不平衡、行业自身特点的特殊性,在一定的历史发展阶段必然形成重点的安全生产产业、行业、企业,如煤矿、非交通、建筑施工等行业、企业。这是现阶段的高危行业,这些行业中的劳动者,其生命安全和职业健康更应受到重点保护,更应加大这些行业安全生产工作的力度,遏制重特大事故的发生。三是有助于处理好一定历史条件下的保护与最大限度保护的关系。最大限度保护应该是一定历史条件下的最大限度保护,受一定历史发展阶段的文化、体制、法制、政策、科技、经济实力、劳动者素质等条件的制约,搞好安全生产离不开这些条件。因此,立足现实条件,充分利用和发挥现实条件,加强安全生产工作,是我们的当务之急。同时,最大限度保护是引力、是需求、是目的,它能够催生、推动现实条件向更高层次、更为先进的历史条件形态转化,从而为不断满足最大限度保护劳动者的生命安全和职业健康这一根本需求提供新的条件、新的手段、新的动力。

1.3 安全生产标准化的发展

安全生产标准化是在传统安全文化的基础上,采用PDCA[计划(plan)、实施(do)、检查(check)、处理(act)]循环的管理方法,整合了现行有效的安全生产管理的法律、行政法规、部门规章、安全标准要求,形成的具有中国特色的一种安全生产管理模式。安全生产标准化体现了"安全第一、预防为主、综合治理"的方针和以人民为中心的发展思想,强调企业安全生产工作的规范化、科学化、系统化和法治化,强化风险管理和过程控制,注重绩效管理和持续改进,符合安全管理的基本规律,代表了现代安全管理的发展方向,是先进安全管理思想与我国传统安全管理方法、企业具体实际的有机结合,有效提高企业安全生产水平,从而推动我国安全生产状况的根本好转。

20世纪80年代,煤矿行业通过总结质量标准化经验,率先把安全管理纳入标准化范畴,开始了安全质量标准化创建活动,受到了主管部门的肯定。随后,有色、建材、电力、黄金等多个行业相继跟进,纷纷启动试点。

2004年,政府规范性文件首提安全质量标准化工作,《国务院关于进一步加强安全生产工作的决定》(国发〔2004〕2号)要求开展安全质量标准化活动,制定和颁布重点行业、领域安全生产技术规范和安全生产质量工作标准,在全国所有工矿、商贸、交通运输、建筑施工等企业普遍开展安全质量标准化活动。企业生产流程的各环节、各岗位要建立严格的安全生产质量责任制。生产经营活动和行为,必须符合安全生产有关法律法规和安全生产技术规范的要求,做到规范化和标准化。同年,国家安全生产监督管理局制定了《关于开展安全质量标准化活动的指导意见》(安监管政法字〔2004〕62号),推动煤矿、非煤矿山、危险化学品、烟花爆竹、冶金、机械等行业、领域开展安全质量标准化创建工作。随后,随着人们对安全生产工作认识水平的提高,安全生产标准化与质量标准化逐渐分离,成为一项独立的管理工作。

2006年6月27日,全国安全生产标准化技术委员会成立大会暨第一次工作会议在北京召开,会议提出加快制定安全生产标准"十一五"发展规划,建立适合我国国情的安全生产标准体系,从安全生产工作需要出发,加快安全生产标准制修订工作等内容。

2010年4月15日,国家安全生产监督管理总局(现为应急管理部)发布了《企业安全生产标准化基本规范》(AQ/T 9006—2010),标志着安全生产标准化建设进入了新阶段。2010年5月7日国家安全监管总局发出《关于宣传贯彻〈企业安全生产标准化基本规范〉的通知》(安监总政法〔2010〕72号),标志着安全生产标准化工作在全国范围内全面展开。

2011年5月6日,国务院安委会下发了《国务院安委会关于深入开展企业安全生产标准化建设的指导意见》(安委〔2011〕4号),要求全面推进企业安全生产标准化建设,进一步规范企业安全生产行为,改善安全生产条件,强化安全基础管理,有效防范和坚决遏制重特大事故发生。5月16日,国务院安委会办公室下发了《关于深入开展全国冶金等工贸企业安全生产标准化建设的实施意见》(安委办〔2011〕18号),提出工贸企业全面开展安全生产标准化建设工作,实现企业安全管理标准化、作业现场标准化和操作过程标准化。2013年底前,规模以上工贸企业实现安全达标,2015年底前,所有工贸企业实现安全达标。6月7日,国家安全监管总局下发《关于印发全国冶金等工贸企业安全生产标准化考评办法的通知》(安监总管四〔2011〕84号),制定了考评发证、考评机构管理及考评员管理等实施办法,进一步规范工贸行业企业安全生产标准化建设工作。8月2日,国家安全监管总局下发《关于印发冶金等工贸企业安全生产标准化基本规范评分细则的通知》(安监总管四〔2011〕128号),制定《冶金等工贸企业安全生产标准化基本规范评分细则》,进一步规范了冶金等工贸企业的安全生产。

2013年1月29日，国家安全监管总局等部门下发《关于全面推进全国工贸行业企业安全生产标准化建设的意见》（安监总管四〔2013〕8号），提出要进一步建立健全工贸行业企业安全生产标准化建设政策法规体系，加强企业安全生产规范化管理，推进全员、全方位、全过程安全管理。力求通过努力，实现企业安全管理标准化、作业现场标准化和操作过程标准化，2015年底前所有工贸行业企业实现安全生产标准化达标，企业安全生产基础得到明显强化。

2014年6月3日，国家安全监管总局印发《企业安全生产标准化评审工作管理办法（试行）》（安监总办〔2014〕49号），自印发之日起施行。国家安全监管总局印发的《非煤矿山安全生产标准化评审工作管理办法》（安监总管一〔2011〕190号）、《危险化学品从业单位安全生产标准化评审工作管理办法》（安监总管三〔2011〕145号）、《国家安全监管总局关于全面开展烟花爆竹企业安全生产标准化工作的通知》（安监总管三〔2011〕151号）和《全国冶金等工贸企业安全生产标准化考评办法》（安监总管四〔2011〕84号）同时废止。

2014年7月31日，住房城乡建设部印发《建筑施工安全生产标准化考评暂行办法》（建质〔2014〕111号），进一步加强建筑施工安全生产管理，落实企业安全生产主体责任，规范建筑施工安全生产标准化考评工作。

工贸、电力、交通运输、危化、非煤矿山、建筑、烟花爆竹、煤矿等行业陆续出台行业安全生产标准化建设标准，构建安全生产标准化体系；北京市、陕西省相继出台《北京市工业制造业安全生产标准化二级评审通用标准》《陕西省危险化学品企业安全生产标准化二级企业评审工作管理实施办法（试行）》等地方标准，全国逐步构建安全生产标准化体系。

第 2 章
水利安全生产标准化建设

2.1 水利安全生产标准化的发展

水利安全生产标准化建设是落实水利生产经营单位安全生产主体责任,提升安全生产管理水平的有效途径,也是落实水行政主管部门安全生产监督责任的有力抓手。通过建立并完善安全生产管理体系,促进全员、全过程参与,规范生产经营活动各环节的作业和管理行为,实现岗位达标、专业达标和单位达标,使安全生产管理模式和生产经营的发展水平相融合,最终实现本质安全管理目标。

随着各行各业逐步推进安全生产标准化建设,国家要求安全生产标准化建设推广至各行各业,实行全覆盖建设。为此,2011 年 7 月,水利部印发《水利行业深入开展安全生产标准化建设实施方案》(水安监〔2011〕346 号),通知根据《国务院安委会关于深入开展企业安全生产标准化建设的指导意见》(安委〔2011〕4 号)精神和水利实际,水利安全生产标准化建设主体除水利企业和水电站外,增加事业性质的水利工程项目法人、水利工程管理单位。方案要求水利部和各省分别制定评审办法和标准,水利部、省级水行政主管部门分级开展达标考评,采取分类指导,推进巩固提高等措施。

2013 年 4 月,水利部印发《水利安全生产标准化评审管理暂行办法》(水安监〔2013〕189 号)(以下简称《评审办法》),《评审办法》中规定:水利水电施工企业评审执行《水利水电施工企业安全生产标准化评审标准(试行)》;水利工程项目法人评审执行《水利工程项目法人安全生产标准化评审标准(试行)》;水利工程管理单位评审执行《水利工程管理单位安全生产标准化评审标准(试行)》。2013 年 7 月,《水利安全生产标准化评审管理暂行办法实施细则》(办安监〔2013〕168 号)印发。2013 年 9 月,水利部印发《农村水电站安全生产标准化达标评级实施办法(暂行)》(水电〔2013〕379 号)。《评审办法》按照政府监管、生产经营单位自主和第三方中介技术服务的原则,对评审对象、等级、程序、申请条件、现场评审和审定以及监督管理作出了相应的规定。2015 年 5 月 20 日,水利部办公厅以《关于公布水利安全生产标准化一级单位的通知》(办安监〔2015〕109 号),首次公布 45 家单位为水利安全生产标准化一级单位。其中,水利水电工程施工企业 37 家,水利工程项目法人 1 家,水利工程管理单位 7 家。2018 年,为进一步规范和完善水利安全生产标准化评审工作,水利部对 2013 年制定的《水利工程项目法人安全生产标准化评审标准(试行)》《水利水电施工企业安全生产标准化评审标准(试行)》和《水利工程管理单位安全生产标准化评审标准(试行)》进行了修订,并以办安监〔2018〕52 号文印发,明确了水利工程管理单位安全生产标准化创建内容,共计 8 个一级项目、28 个二级项目和 126 个三级项目。

2016年5月,江苏省水利厅印发《江苏省水利安全生产标准化建设管理办法(试行)》(以下简称《管理办法》),明确项目法人、施工企业、水管单位和水电站4类水利工程管理单位安全生产标准化千分制评价标准,全面启动江苏省水利安全生产标准化建设管理工作。2020年江苏省标准化管理办法进行了修订,并以苏水规〔2020〕7号文印发,本次修订主要是在原有制度的基础上增加了动态监管、随机抽取等内容。

截至2022年底,江苏省已有水利安全生产标准化达标单位347家,安全生产标准化的管理实现了"从无到有"到"从有到严"的转变,有效促进了全省水利安全生产管理水平的提升。由于不同创建阶段的工作重点和任务内容有所变化,水利工程管理单位在标准化建设时,易存在标准化评审要求理解不到位、标准化创建方向不清晰等问题。因此,有必要全面梳理标准化创建内容,确定创建各阶段的关键要素,为动态评价创建成效和提升促进标准化管理水平提供参考。

2.2 水利工程管理单位安全生产标准化创建过程

2.2.1 建立标准化建设组织机构

安全生产标准化建设系统性强,工作任务重,达标时限紧,要求也较高。为便于协调处理相关事务,整合资源、集中力量推进建设工作,水利工程管理单位应建立安全生产标准化建设组织机构,包括领导(工作)小组、执行机构,并以文件正式发布。

成立领导小组或工作小组,负责单位安全生产标准化的组织领导和建设管理。领导小组的主要职责:明确目标和要求;布置工作任务;审批安全标准化建设方案;协调解决重大问题;保障相应资源的支持。领导小组由单位主要负责人担任领导小组组长,所有相关的职能部门的主要负责人作为成员。

领导小组下设办公室,具体负责指导、监督、检查安全生产标准化建设工作。主要职责是:制定和实施安全标准化方案;负责安全生产标准化建设过程中的具体问题。办公室由单位分管安全负责人或安全监督管理部门负责人牵头,相关职能部门、单位、项目部安排具体的工作人员参加。

管理层级较多的水利工程管理单位,可逐级建立安全生产标准化建设组织机构,负责本级安全生产标准化建设具体工作。

已经成立安全生产标准化建设工作组的,无须再设办公室,工作组承担标准化建设的组织领导和创建工作落实。

2.2.2 初始状态评审

初始状态评审又称为先期调查,是水利工程管理单位进行安全生产标准化建设前,对自身安全生产管理现状进行的一次全面系统的调查,以获得组织机构与职责、业务流程、安全管理等现状的全面、准确信息,并对照评审标准进行评价。初始状态评审目的是系统全面地了解水利工程管理单位生产安全现状,为有效开展安全生产标准化建设工作进行准备,是安全生产标准化建设工作策划的基础,也是有针对性地实施整改工作的重要依据。

1. 初始状态评审内容

初始状态评审主要包括以下内容:

(1) 现有安全生产机构、职责、管理制度、操作规程的评价。

(2) 适用的法律、法规、标准及其他要求的识别、获取、转化及执行的评价。

(3) 调查、识别安全生产工作现状,审查所有现行安全管理、生产活动与程序,评价其有效性,评价安全生产工作与法律、法规和标准的符合程度。

(4) 管理活动、生产过程中涉及的危险、有害因素等的识别和管控的评价。

(5) 过去事件、事故和违章的处置,事件、事故调查以及纠正、预防措施制定和实施的评价。

(6) 收集相关方的意见和需求。

(7) 分析评价安全生产标准化建设工作存在的弱项或不足。

2. 初始状态评审过程

初始状态评审通过现场调查、问询、查阅文件资料等方式方法,获取有关安全生产状况的信息,提出安全生产标准化建设工作目标和优先解决事项。

初始状态评审通常分为4个阶段。

1) 评审准备阶段

(1) 成立评审小组。评审小组由本单位安全生产管理人员组成,亦可邀请相关专家或专业咨询人员组成。小组成员应具备必要的专业知识和安全生产法律法规知识,具有较强的分析评估能力。评审小组人员应经过适当培训,了解初始状态评审工作目的、要求和职责。

(2) 制订计划。

① 初始状态评审计划应根据水利工程管理单位的类型、规模、覆盖范围,并考虑安全生产标准化建设工作时间进程而制订。

② 初始状态评审计划应经单位领导审核后下发,要求各部门准备好相关文件资料,并配合开展评审。

③ 初始状态评审计划可由安全管理部门或安全生产标准化建设管理机构制订,内容通常包括评审目的、范围、依据、方法和时间安排。

(3) 评审前需进行信息收集,收集的信息主要包括以下内容。

① 安全生产法律、法规及我国已经加入的国际公约。

② 安全生产方面的部门规章、政策性文件。

③ 安全生产标准。

④ 上级主管单位发布的安全生产相关文件。

⑤ 安全生产规章制度、安全操作规程、安全防护措施、应急预案、台账、记录表式等。

2) 现场调查阶段

(1) 问询、座谈。到各部门、基层单位及项目部调研访谈,了解有关安全生产情况。

(2) 评审小组复查认定。部门、基层单位、项目部负责人共同对安全生产情况进行初评,评审小组进行复查认定。

3）分析评价阶段

根据获取的信息,对照评审标准进行分析,找出差距。

（1）评审小组汇总调查记录。

（2）评审小组组织评审。

4）编制初始状态评审报告

评审小组编制形成初始状态评审报告,通常包括以下基本内容。

（1）水利工程管理单位基本概况。

（2）评审的目的、范围、时间、人员分工。

（3）评审的程序、方法、过程。

（4）水利工程管理单位现行安全生产管理状况。

（5）法律法规的遵守执行情况。

（6）以往事故分析（如有）。

（7）急需解决的存在问题。

（8）对安全生产标准化建设工作的建议。

附件包括安全生产法律法规清单、安全生产技术标准清单和文件评审意见汇总。各类水利工程管理单位因为生产性质不同,涉及的法律法规和技术标准会有所差异。

2.2.3 制定建设实施方案

安全生产标准化建设是一项系统工程,涉及各职能部门、各级组织和全体员工,为确保安全生产标准化建设顺利推进并实现建设目标,水利工程管理单位必须对照评审标准及相关法规要求,编制安全生产标准化建设实施方案。方案主要内容包括:制定安全生产标准化建设目标;明确工作内容,并分解落实安全生产标准化建设责任,确保各部门（单位）在安全生产标准化建设过程中任务职责清晰;明确组织机构、职责及责任人;确定时间进度计划等。安全生产标准化建设实施方案经领导机构审批后以文件正式印发。

（1）建设实施方案的基本框架。

① 指导思想。

② 工作目标。

③ 工作内容。

④ 组织机构和职责。

⑤ 工作步骤。

⑥ 工作要求。

附件包括安全生产标准化建设任务分解表。

（2）编制实施方案的关键点在于确定目标和任务分解。

水利工程管理单位要充分了解、熟悉水利安全生产标准化建设的具体要求,认真研究评审标准,结合单位实际情况确定可达到的目标。安全生产标准化建设注重建设过程,寻求持续改进,不可盲目追求评审等级。

安全生产标准化建设涉及水利工程管理单位各个环节,任务重,工作量大,必须按照安全生产标准化要素编制任务分解表,将各要素的建设责任分配落实到各职能部门、单位、项目部,涉及多个部门的,明确责任部门和协助部门。

2.2.4 教育培训

安全生产标准化建设强调全员、全过程、全方位、全天候监督管理原则,进行全员安全生产标准化培训是安全生产标准化建设工作重点内容之一。水利工程管理单位安全生产标准化建设管理机构根据实际情况,制定培训方案,对管理单位全员进行培训。培训可分层次、分阶段、循序渐进地进行。教育培训首先要提高管理单位领导层对安全生产标准化建设工作重要性的认识,加强其对安全生产标准化工作的理解,从而使领导层重视该项工作,加大推动力度,监督检查执行进度;其次要解决执行部门、人员操作的问题,培训评定标准的具体条款要求是什么,本部门、本岗位、相关人员应该做哪些工作,如何将安全生产标准化建设和单位日常安全管理工作相结合。建设过程中,可按照不同时间段的需要进行相关知识培训,如策划培训、流程图绘制培训、法律法规和技术标准辨识培训、文件编写培训、运行实施培训、自主评定知识培训等。

同时,为了创造良好的舆论和工作氛围,激发全员积极性,水利工程管理单位可围绕安全生产标准化建设工作进行主题宣传,使全体人员了解安全生产标准化建设的目的、意义、作用和要求。宣传时,要结合水利工程管理单位自身特点,运用多样化的宣传方法和手段,如:印发学习小册子,利用水利工程管理单位内部网站宣传,开展安全生产标准化知识竞赛等。

2.2.5 管理文件制(修)订

安全生产标准化对安全管理制度、操作规程等的核心要求在于其内容的符合性和有效性,而不在于其名称和格式。管理单位要对照评审标准,对主要安全管理文件进行梳理,结合初始状态评审时所发现的问题,准确地判断管理文件亟待加强和改进的薄弱环节,确定制(修)订文件清单,拟定文件制(修)订计划;以各部门为主,分别对相关文件进行制(修)订,由标准化领导机构对管理文件进行审核把关。

水利工程管理单位应该按照本单位适用的评审标准[《水利工程管理单位安全生产标准化评审标准(试行)》]所对应的一级项目和二级项目进行分析,整理要素大纲,确定适用于本单位的有关条款,根据水利安全生产标准化相关规定,逐条对照,完善单位的管理文件。

1. 确定制(修)订文件清单

水利工程管理单位在安全生产标准化文件适用性评审的基础上进一步确定安全生产标准化制(修)订文件清单。安全生产标准化制(修)订文件清单包括以下内容。

(1) 安全生产目标、责任制。
(2) 安全生产制度。
(3) 安全操作规程。
(4) 综合应急预案、专项应急预案、现场处置方案等。

2. 拟定文件制(修)订计划

制(修)订计划通常应包括:工作内容、负责人、参加人员、时间安排,具体要求如下。

(1) 列出文件编制清单,明确任务分工。
(2) 明确每一项文件的编制负责人和参加人员。
(3) 明确完成时间。

3. 文件编写要求

水利工程管理单位依据确定的制(修)订文件计划,以各职能部门为主,组织对相关文件进行制(修)订;对需要补充制订的文件,按照单位实际情况及评审标准要求编写,要避免笼统及缺乏操作性。

建立文件体系时,建议水利工程管理单位采用流程管理的理论方法,以流程为主线编制管理文件;通过5W2H(七问分析法)的管理思想,对管理文件的编制内容进行审核并提出修改建议;同时注意审核是否实现了管理文件和相关技术标准的有效结合。

安全生产标准化对安全管理制度、操作规程、应急预案(综合预案、专项预案、现场处置方案)的核心要求在于其内容的符合性和有效性。为了文件管理的统一和规范,安全管理制度、操作规程格式体例建议可按《标准化工作导则 第1部分:标准化文件的结构和起草规则》(GB/T 1.1—2020)或管理单位自身规章制度编写的要求执行;应急预案的编写则应符合《生产经营单位生产安全事故应急预案编制导则》(GB/T 29639—2020)的要求。

通常管理制度可包括以下要素:
(1) 前言;
(2) 范围;
(3) 规范性引用文件;
(4) 术语和定义;
(5) 职责;
(6) 管理活动的内容与方法;
(7) 检查与考核;
(8) 报告和记录;
(9) 附录。

4. 文件审查

文件审查形式:会议审查、函审。

1) 审查目的

(1) 审查文件内容是否具有操作性、适宜性、充分性。
(2) 审查文件内容是否符合有关法律、法规、规章和安全生产标准化评审标准。

审查可由安全生产标准化建设组织机构负责,人员通常包括水利工程管理单位主要负责人或主管安全生产工作的负责人,各职能部门主要领导、各岗位人员代表参加。

2) 审查要求

(1) 以会议形式审查的,要形成书面的《文件审查意见表》;以函审方式审查的,要形成《文件会审流转单》。
(2) 文件编制部门按照审查意见修改后形成最终文件,经领导批准后以正式文件形式发布。

2.2.6 实施运行及整改

根据制（修）订的安全管理文件，水利工程管理单位要在日常工作中进行实际运行。根据运行情况，对照评审标准的条款按照有关程序，将发现的问题及时进行整改及完善。

1. 运行准备

1）文件发布及宣传

编制（修订）好文件后，应以正式文件发布实施，明确实施时间和实施要求。

在文件发布后，应对全体人员进行运行要求的培训，分别说明实施运行的要求、特点和难点，强化全体员工的安全意识和对安全生产标准化文件的重视。

2）安全生产标准化文件的分发和更换

（1）水利工程管理单位安全生产标准化文件主要有两部分：一是安全生产管理文件；二是安全生产工作过程文件。两部分文件同时运行实施，应将这些新文件和标准及时下发到各部门、各单位、各岗位，对已不适用的旧文件进行更换。为此应保证有关部门、单位、项目部持有本部门应执行的安全生产标准化最新文件。如果文件是通过局域网发送的，各有关部门、单位、项目部都应在本部门、单位的网页能查出应执行的各类文件。如果用纸质文本，应列出本部门执行文件的清单。

（2）全体员工应持有本岗位的责任制及相关操作规程等文件。

（3）保证持有者得到的文件是现行有效的。

3）安全生产标准化文件的培训

（1）当安全生产标准化文件发布后，各部门、各单位应当对本单位发布的安全生产标准化文件进行宣贯培训。

（2）必要时应向文件的执行人员进行安全技术交底，使相关部门和人员都了解文件的作用和意义，掌握其内容与要求。

（3）有些文件在实施前还需要做好技术储备和设备、物资等条件准备，如涉及与信息管理系统程序不一致的，则需要在实施前对相应的信息系统进行升级改造。

2. 运行实施

1）文件的实施

安全生产标准化文件发布后，进入运行实施阶段。运行实施就是水利工程管理单位在生产经营过程中严格贯彻执行纳入安全生产标准化文件中的法律法规、部门规章、政策性文件、安全标准及上级文件和水利工程管理单位自行制定的安全生产目标、安全生产责任制、规章制度、操作规程、专项作业方案、安全技术措施及应急预案等文件，及时发现问题，找出问题的根源，采取改进和纠正措施，并在执行过程中注意认真做好监控和记录，以验证各项文件的适宜性、充分性和有效性，并以监控和记录为依据，对文件进行改进。

实施运行期间，各级单位应不断进行自查和抽查，查漏补缺，完善工作，最大限度地保证与评审标准的一致性。

实施时应做到以下几点：

（1）法律法规、部门规章、政策性文件及强制性标准必须执行。

(2) 水利工程管理单位采用的国家、行业推荐性标准必须执行。

(3) 企业标准、制度、操作规程、专项作业方案、安全技术措施必须执行。

(4) 按要求建立规范的记录并保存记录。

(5) 对可能发生的问题应采取预防措施,对实施中发现的问题要及时纠正,采取纠正措施。

从目前情况看,采取预防措施和纠正措施是运行实施中的薄弱环节,应当引起水利工程管理单位重视。如果不采取预防措施和纠正措施,安全生产管理工作就难以持续改进。

2) 监督检查

监督检查是指对安全生产标准化文件贯彻执行情况进行监督检查。水利工程管理单位要加强对运行实施的监督检查。

(1) 建立监督检查制度。

要保证监督检查能经常地、有序地进行,就要建立监督检查制度。这个制度一般可在安全生产标准化绩效评定制度中加以规划,即结合本单位实际情况将监督检查的要求、内容、方式、处理和对评价、改进等内容作出具体规定,使监督检查工作制度化、常态化。

(2) 监督检查的方式。

监督检查要明确组织形式,规定检查方法,必要时还要规定检查时间和频次,检查必须有记录。监督检查一般结合月、季度、半年、年度计划的完成情况进行,也可实施专项监督检查。监督检查结果应与经济责任挂钩,特别强调要按照执行的情况实行奖惩。自我评价也是监督检查的一种重要方式,同时又是安全生产标准化建设的一项基本工作,在本章第七节将专门讲述。

3) 工作资料

水利工程管理单位经过一段时间的安全生产标准化文件实施后,逐步形成安全生产工作资料。

2.2.7 单位自评

经过一段时间的安全生产标准化运行后,水利工程管理单位应开展自评工作,一方面对运行以来安全生产的改进情况作出评价,对不足之处持续改进;另一方面也为申请外部评审提供决策支持。

1. 自评概述

自评是水利工程管理单位判定安全生产活动和有关过程是否符合计划安排,以及这些安排是否得到有效实施,并系统地验证水利工程管理单位实施安全生产方针、目标和安全生产标准化文件的过程。

水利工程管理单位每年至少进行一次安全生产标准化自评,提出进一步完善的计划和措施。自评前,要对自评人员进行自评相关知识和技能的培训。

2. 自评准备

(1) 组建评审组

安全生产标准化自评首先应组建评审组,评审人员要从事过所评审的安全、技术工作,熟悉工艺过程、活动、卫生、安全要求、管理过程中存在的典型危险源、风险控制的技术、安全方面的监测数据,行业的特殊规定、要求和术语等。

(2) 制定自评计划

在自评阶段前,首先编制并下发自评计划,要求相关部门做好准备。

(3) 编写检查表

评审前,评审人员在组长的组织下根据评审计划进行准备,编写检查表;评审组长在进入现场评审前安排评审组的内部会议。

3. 自评实施

进入现场评审前,评审组举行首次会议。首次会议的内容包括:评审目的、评审内容、评审流程和步骤、评审人员名单和工作安排,首次会议必须由评审组长主持。

评审主要是搜集证据的过程,方式以抽样为主。抽样应针对评审项目或问题,确定所有可用的信息源,并从中选择适当的信息源;针对所选择的信息源,明确样本总量;从中抽取评审样本,在抽取样本时应考虑样本要有一定数量,样本要有代表性、典型性,并能抓住关键问题;不同性质的重要活动、场所、职能不能进行抽样评审。可采用面谈、现场观察、查阅文件等方式查验与评审目的、范围、准则有关的信息,包括与职能、活动和过程间接有关的信息,并及时记录在评审记录表中。

4. 编写自评报告

自评结束后,由自评组长组织编写自评报告。自评报告格式可根据申报等级,分别参考《水利部关于印发〈水利安全生产标准化评审管理暂行办法〉的通知》(水安监〔2013〕189号)附件4、《江苏省水利安全生产标准化建设管理办法》(苏水规〔2020〕7号)附件2等政策文件。

2.2.8 评审申请

自评结束后,水利工程管理单位根据自评报告中提出的问题,制定整改计划并实施整改,完成整改后可申请达标评审。厅直属单位可向省水利厅直接申请,水利厅对其申请材料进行审查;地方水利工程管理单位需逐级申请,逐级接受审查。通过审查后进行现场核查,水利工程管理单位一级安全生产标准化及部属单位二、三级标准化现场核查由水利部负责,非部属单位二级现场核查由省水利厅负责,非部属单位三级现场核查由设区市水利局负责。评审中,水利工程管理单位应积极配合,客观地向评审组介绍安全生产工作情况,提供相关文件资料,接受现场评审;评审后,水利工程管理单位针对发现的问题应认真分析并制定落实整改措施。

2.3 水利安全生产标准化建设常见问题和建议

2.3.1 建设常见问题

水利工程管理单位安全生产标准化达标单位较少的原因很多,既有历史原因,也有技术和自身条件等原因,总的来说,影响标准化建设的典型问题有以下几点。

1. 安全生产经费投入不足

水利工程管理单位大部分为事业单位,年度经费预算中无专项安全生产经费预算,且水利工程运行周期长,安全生产问题存在不可预见性,拟定的安全生产经费使用计划往往与实际不符。在实际工作中,水利工程管理单位普遍把维修养护等其他经费拿出一部分以保证必要的安全生产经费投入。这样既不满足安全生产标准化的要求,又不能充分保证安全生产经费,不利于安全生产标准化建设的开展。

2. 安全生产标准化建设主观能动性不足

水利工程管理单位管理人员多是水利相关技术人员,安全生产知识相对不足,安全生产标准化建设能力相对较弱,对标准化管理积极性不高。

3. 历史遗留问题多

我国水利工程多建于20世纪50—70年代,普遍存在建设标准低、设计理念滞后等问题,经过多年运行,存在的安全隐患较多,但由于经费、政策等各方面原因导致安全问题得不到解决,形成历史遗留问题,安全管理形势严峻。在这种情况下,一方面水管单位难以通过自身改进达到安全生产标准化要求,另一方面又更加迫切需要推进标准化评审达标来反映实际情况,提炼这些问题的症结,逐步解决这些历史遗留问题,以确保水利工程安全。

4. 缺乏激励机制

在现行的标准化达标评级办法中没有对是否达标作出明确的奖惩规定,只把安全生产标准化等级作为安全生产管理水平的重要体现,对不达标单位也只作出了"整改后再申报评级"的要求。这比较符合安全生产水平较高、规模较大的水管单位评级管理,但不利于水管单位安全生产标准化达标评级的整体推进,特别是存在历史遗留问题的水管单位。

2.3.2 建设建议

我国的水利工程管理单位存在事业和企业两种性质,而承担防洪、排涝等水利工程管理运行维护任务的一般为事业单位,受政策影响更为明显,同时这类工程的安全等级更高,安全生产标准化达标的需求更突出。要解决目前存在的问题,就要将加强政府管理和促进行业发展两者结合起来,多措并举推进水利工程管理单位安全生产标准化建设。

1. 加大投入,积极引导

针对水利工程管理单位安全生产标准化建设工作中经费不足、专业技术人员缺乏等现状,建议加大安全生产经费投入,加强安全生产标准化教育和培训,加快培育专业评审技术人员,制定和完善标准化建设实施方案、标准化文件、自评计划等指导性、示范性文本,使水利工程管理单位能够抓住安全生产标准化建设中的重点、难点,举一反三,推动安全生产标准化建设。

2. 完善激励机制,树立典型

相关部门应完善激励机制,以提高水利工程管理单位安全生产标准化达标的积极性,如:将安全生产标准化达标与各种评先、评优结合起来;通过政府拨款、奖励补助等方式,设立以奖代补、专款专用的专项基金给予奖励;对取得相应达标等级的水利工程管理单位,在预算审批、工程批复等方面给予政策扶持。同时可发挥已达标的水利工程管理单位的典型示范作用,通过安全生产标准化信息公开和报纸、网络等途径进行宣传推广。

3. 加强监管,建立长效机制

安全生产是一个常态,在推进安全生产标准化达标的同时要注重监管工作,安全生产标准化的监管包括对标准化评审、企业标准化实施落实、专业技术服务等多方面的监管。水行政主管部门在监管工作中,要把监督与管理分开,避免产生标准执行不严、越权办事、评审达标后安全生产水平下降、第三方违规服务等问题,并依法追责查处,形成闭环监管体系,建立安全生产标准化长效机制。

第 3 章
安全生产标准化模块管理

3.1 标准化模块的概念

模块化:是指解决一个复杂问题时,自顶向下逐层把系统划分成若干模块的过程。对于整个系统来说,模块是可组合、分解和更换的单元。

本书将安全标准化工作分为基础管理和工程现场两大类,工程现场又分为工程设施和作业行为两类,针对每个模块,对照标准,提出标准化具体要求,做到图文并茂,易学易懂。同时将散装模块进行归类、汇总,符合日常管理工作实际,可以根据实际情况编制标准化模块手册,满足创建、自查等要求。旨在通过安全生产标准化建设技术咨询,面向基层、服务基层,促进实现安全管理、操作行为、设备设施和作业环境的标准化,加快基层单位安全生产标准化建设,全面提升基层安全生产管理能力和水平,科学防范和有效遏制水利生产安全事故。模块化手册逻辑图如图 3.1 所示。

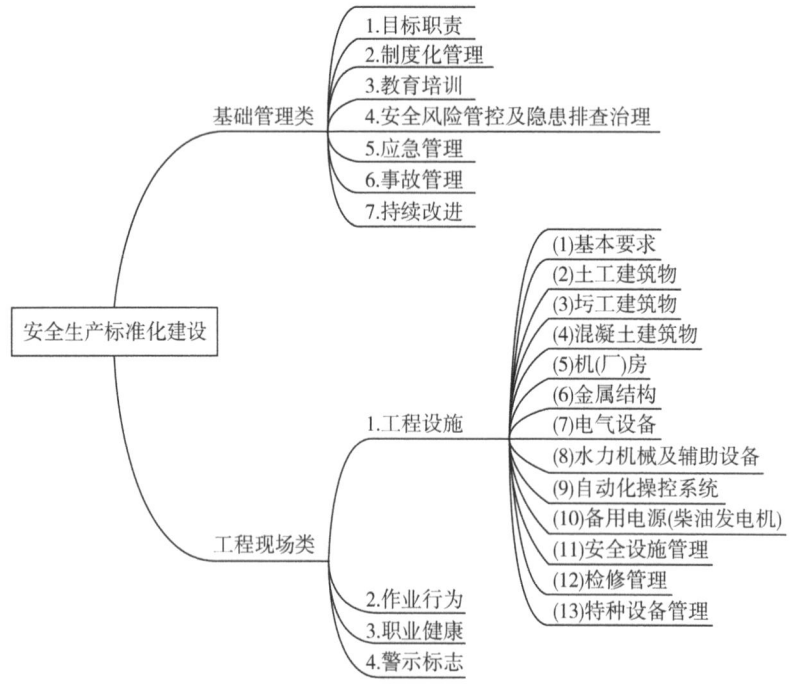

图 3.1 模块化手册逻辑图

3.2 模块建立和架构

针对安全生产标准化评价标准,模块横向分为 8 个二级指标;同时针对 126 个三级项目,模块逐一纵向分解为 7 个。模块纵向分解为考核内容、赋分原则、条文解读、规程规范技术标准及相关要求四个共性模块;另外根据设备设施类和基础管理、作业行为类的不同特性分别设置子模块,设备设施类分解为实施要点、现场管理、管理台账模块,基础管理、作业行为类分解为备查资料、实施要点、参考示例模块。模块系统图如图 3.2 所示。

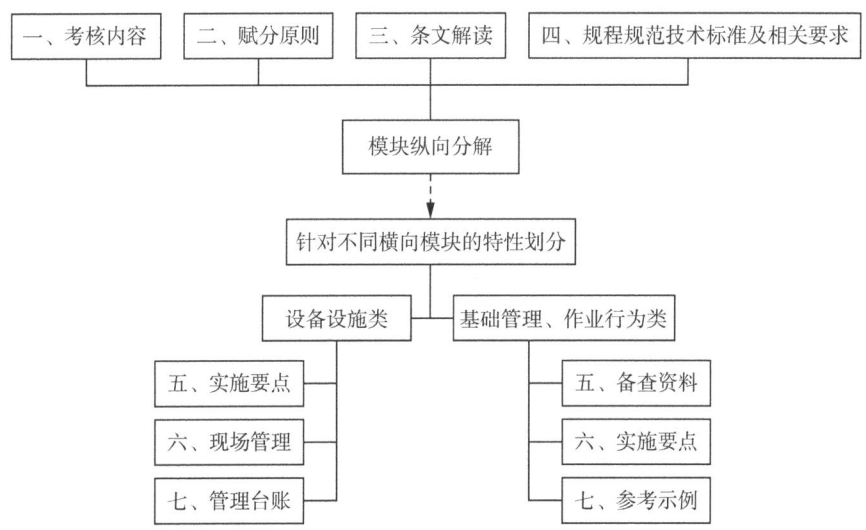

图 3.2 模块系统图

第4章
安全生产标准化模块设置与实务

4.1 模块一:目标职责

4.1.1 目标

4.1.1.1 安全生产目标管理制度应明确目标的制定、分解、实施、检查、考核等内容。

【考核内容】

安全生产目标管理制度应明确目标的制定、分解、实施、检查、考核等内容。(3分)

【赋分原则】

查制度文本;未以正式文件发布,扣3分;制度内容不全,每缺一项扣1分;制度内容不符合有关规定,每项扣1分。

【条文解读】

1. 安全生产目标是单位在一定期限内安全生产发展想要获得的结果,并把想要获得的结果通过具体的指标明确下来。

2. 安全生产目标管理是一种安全工作程序,使单位上下各级管理人员统一起来制定共同的安全生产目标,确定单位的各个部门、各级人员的安全责任,并将彼此的安全责任作为衡量各自安全工作的准则。

3. 安全生产目标管理制度是将本单位的安全目标管理过程制度化,通过制定有效的组织管理措施,以保证安全生产目标的实现。

【规程规范技术标准及相关要求】

《水利安全生产标准化通用规范》(SL/T 789—2019)。

3.1.1 目标

水利工程管理单位应根据自身安全生产实际,制定文件化的总体和年度安全生产与职业健康目标,并纳入单位总体和年度生产经营目标。应明确目标的制定、分解、实施、检查、考核等环节要求,并按照所属基层单位和部门在生产经营活动中所承担的职能,将目标分解为指标,签订目标责任书,确保落实。

3.2.2 规章制度

水利工程管理单位应建立健全安全生产和职业健康规章制度,规范安全生产和职业健康管理工作,应确保从业人员及时获取制度文本。

安全生产和职业健康规章制度应包括但不限于下列内容:目标管理……

【备查资料】

以正式文件发布的安全生产目标管理制度。

【实施要点】

1. 制定符合本单位安全生产工作实际的安全生产目标管理制度,并以正式文件下发,可放入《安全生产制度汇编》,进行统一发文。

2. 安全生产目标管理制度应符合或严于相关法律法规的要求,与本单位的安全生产实际相结合,与本单位的其他目标具有同等的重要性,可操作性强,并能够实现。

3. 制度内容包括:安全生产目标管理的组织与职责,目标的制定、内容与分解,目标的监控与考评,目标的评定与奖惩等。

4. 安全生产目标管理制度得到本单位所有从业人员的贯彻和实施。

【参考示例】

安全生产目标管理制度

第一章 总则

第一条 为贯彻《中华人民共和国安全生产法》、《江苏省水利安全生产标准化建设管理办法(试行)》(苏水规〔2016〕2号)等安全生产法律法规,进一步落实安全生产主体责任,加强安全管理制度建设,强化安全生产目标管理,特制定本制度。

第二条 ×××单位安全生产领导小组负责制定本单位安全生产综合目标及各部门安全生产目标管理。×××部门负责×××单位安全生产目标的分解、检查、考评等具体工作。安全生产领导小组对安全生产目标管理进行监督。

第二章 目标管理体系

第三条 安全生产目标管理责任、组织体系

安全生产目标管理工作实行单位主要责任人负责制,按照自主管理与上级部门监管相结合的原则开展。

单位主要负责人是安全生产第一责任人,对本单位的安全生产工作全面负责,承担安全生产目标任务的组织实施。

其他负责人按职责分工对主要责任人负责,组织相关安全生产目标的落实。其中,分管安全生产的负责人是安全生产工作综合监督管理的责任人,负责监督管理安全生产目标的组织实施,其他负责人对各自分管工作范围内的安全生产负直接领导责任,并配合分管安全生产工作负责人开展安全生产目标的组织实施工作。

其他管理人员对安全生产目标管理负岗位责任。

各部门要建立健全制度,落实机构和指定专人负责安全目标管理日常工作,及时研究解决安全目标管理中存在的问题。

第四条 安全生产总体目标及年度目标是其他目标的依据,其他目标要服从安全生产总体目标。

第三章 目标的制定、内容与分解

第五条 目标制定依据

《中华人民共和国安全生产法》。

第六条　目标分类和内容

目标分为年度工作目标和中长期规划。

安全生产目标分为控制目标、工作目标两类，基本分为100分。

控制目标(40分)。控制目标为当年安全工作的主要指标，应包含以下内容：

贯彻落实安全制度覆盖率、职工安全教育培训率、新职工三级安全教育培训率、持证上岗率、安全隐患整改率、特种设备机动车辆按时检测率、设备保护装置安全有效率、生产现场安全制度和标识达标合格率、施工现场安全设备达标率、安全作业执行率、事故"四不放过"处理率，伤亡事故指标、轻伤事故指标、工程重大安全事故指标、火灾事故指标、机械设备事故指标、交通责任事故指标、食品中毒和传染性事故指标等。

控制目标经安全生产领导小组审定后分解、下达，并签订安全生产责任书。

工作目标(60分)。工作目标为安全工作的要求和任务，包括安全标准化建设规定的安全生产组织保障、基础保障、管理保障和日常工作等方面的要求，作为目标管理考核依据。

第四章　目标实施

第七条　安全生产目标以安全生产目标责任书形式分解到各部门，并逐层分解落实到岗位、个人，确保安全生产目标的实施。

第八条　为实现安全生产目标，应提供必需的人力、财力、物力和技术资源。

第九条　为确保安全生产目标的实施，应开展安全生产宣传教育，定期开展危险源识别及隐患排查、治理工作。对现有的法律法规进行识别，对规章制度、安全规程、操作规程进行评估、修订。

第五章　目标检查考核

第十条　考核方式

采取面上检查与点上抽查相结合，考核为年度考核。对各部门单位安全生产目标实施过程进行监管，及时掌握情况，协调解决出现的矛盾和问题。

第十一条　考核要求

年度自查：次年1月5日前，安全生产领导小组完成对去年安全生产目标完成情况的自查工作，并将自查结果报安全生产委员会办公室，准备接受上级单位年底考核。

第六章　奖惩

第十二条　奖惩

设立安全生产奖，对完成安全生产目标的职工、部门给予奖励。奖惩标准按《安全生产考核奖惩管理办法》执行。

安全生产目标未完成的部门、个人按考核分值扣除责任人安全奖，下调年终奖励性绩效工资。

安全生产目标管理考核结果作为安全奖发放和评先评优的重要依据。在安全生产过程中出现"一票否决"情形的部门、个人取消评先评优资格，并依据相关规定追究相关责任人的责任。

第七章　附则

第十三条　本制度由×××单位安全生产领导小组负责解释。

第十四条　本制度自发文之日起执行。

4.1.1.2　制定安全生产总目标和年度目标，应包括生产安全事故控制、生产安全事故隐患排查治理、职业健康、安全生产管理等目标。

【考核内容】

制定安全生产总目标和年度目标，应包括生产安全事故控制、生产安全事故隐患排查治理、职业健康、安全生产管理等目标。（6分）

【赋分原则】

查相关文件；目标未以正式文件发布，扣6分；目标制定不全，每缺一项扣1分。

【条文解读】

1. 安全生产总目标是一个单位在安全生产方面的所要达到的程度，是对上级和本单位职工的总承诺。年度目标是每年制定的安全生产目标，是总目标在年度的细化、分解。

2. 安全生产目标的制定应尽可能量化，便于考核。目标制定的主要依据是：

（1）国家的方针、政策及法规要求；

（2）上级主管部门下达的指标或要求；

（3）本单位的工程管理实际情况；

（4）单位水利现代化目标建设任务。

3. 安全生产目标主要包括事故控制目标、安全生产教育培训目标、隐患排查治理目标和其他安全生产管理工作目标等。

【规程规范技术标准及相关要求】

《国务院关于进一步加强企业安全生产工作的通知》（国发〔2010〕23号）。

【备查资料】

1. 以正式文件发布的中长期安全生产工作规划。
2. 以正式文件发布的年度安全生产工作计划。
3. 以正式文件发布的安全生产总目标（可包含在中长期安全生产工作规划中）。
4. 年度安全生产目标（可包含在年度安全生产工作计划中）。

【参考示例1】

×××单位文件

×安〔20××〕×号

关于印发《×××单位安全生产中长期规划》的通知

各部门：

　　为建立安全生产长效机制，推进安全生产标准化建设，促进单位安全生产形势持续稳定向好。依据《中华人民共和国安全生产法》及本单位安全生产工作发展规划，现编制了《×××单位安全生产中长期规划》，进一步明晰了安全生产工作的指导思想、目标、主要任务和保障措施。

　　现予印发，请认真贯彻落实并有序推进实施。

附件：×××单位安全生产中长期规划

×××单位
20××年××月××日

×××单位安全生产中长期规划

为深入学习贯彻党中央、国务院关于安全生产的重要指示精神和决策部署，认真贯彻落实《国务院关于进一步加强企业安全生产工作的通知》，进一步加强安全生产建设，培养结构优化、素质优良的安全生产人才队伍，促进×××单位安全生产状况实现根本好转，结合安全生产工作实际，制定本规划。

一、安全生产现状与形势

×××单位一贯高度重视安全生产问题，不仅将安全生产工作纳入发展规划与年度计划，逐年加大安全投入，积极开展安全标准化建设，同时加强安全生产法的宣传贯彻。按照《中华人民共和国劳动法》《中华人民共和国安全生产法》和水利行业有关规定的要求，结合×××单位实际，建立健全安全生产制度、安全操作规程。

（一）安全生产及管理现状

（简述工程管理及安全生产工作的开展情况）

近年来，×××单位安全生产工作坚持"安全第一、预防为主、综合治理"的方针，按照"以人为本、科学发展"的要求，认真贯彻关于加强安全生产工作的方针政策，加强安全组织机构建设，深化对防汛度汛、工程维修养护、作业行为等方面的专项治理，大力开展安全宣传教育培训工作，不断推进工程精细化管理，提高工程管理水平。

通过实施持续不间断安全管理，可以预防一般安全事故，有效地杜绝了重特大安全事故发生，全面完成了上级单位下达的各项考核指标。近年来，×××单位未发生一起安全生产事故。

（二）存在的问题及原因

（具体问题及原因）

二、发展方针与规划目标

（一）发展方针

以党的二十大精神和国务院关于安全生产工作的系列重要指示为指导，全面贯彻落实《中华人民共和国安全生产法》，坚持"安全第一、预防为主、综合治理"的方针。以事故防控为主线，以加强依法治安、强化"红线"意识、提升安全素质、保障安全发展为主要目标，建立安全生产长效机制，不断加强安全生产标准化建设，促进×××单位安全生产持续稳定。

（二）总体目标

加强安全监管，加大安全生产投入，夯实安全生产基础，改善安全生产环境，杜绝较大及以上生产安全事故，力争无一般生产安全事故，确保安全形势持续稳定。

1. 生产安全事故控制目标
(1) 死亡事故为 0;
(2) 重伤事故为 0;
(3) 轻伤人数控制在 1 人以内;
(4) 职业病为 0;
(5) 不发生经济损失 10 万元(含)以上的火灾责任事故;
(6) 机械电气设备重大事故为 0;
(7) 道路交通责任事故为 0;
(8) 公共安全事故为 0;
(9) 无非法违法经营建设行为。

2. 隐患排查治理目标
(1) 无重大事故隐患;
(2) 一般隐患排查率 95%,治理率 100%。

3. 安全生产管理目标
(1) 职工年度安全教育培训率 100%,新职工三级安全教育率 100%;
(2) 安全管理人员及特种作业人员持证上岗率达到 100%;
(3) 特种设备、机动车辆按时检测率 100%,设备保护装置安全有效率达到 100%;
(4) 生产现场安全达标合格率达到 100%;
(5) 项目施工现场达标率为 100%;
(6) 安全指令性工作任务完成率 100%;
(7) 各类事故"四不放过"处理率 100%;
(8) 全面开展安全生产标准化建设工作。

4. 职业健康管理目标
(1) 每年开展一次职工职业健康检查,检查率 100%;
(2) 对职工进行职业健康宣传并定期培训,普及率 100%,职工职业健康管理制度需上墙明示。

(三) 体系建设目标

持续实施安全生产标准化 PDCA 循环管理。具体目标如下。

1. 安全组织保障率达到 100%。一是依据安全生产新要求及部门、人员变动情况,及时调整×××单位安全生产领导小组、工作规则,培养专职安全管理人员;二是实现主要负责人、工程管理负责人、安全管理人员的安全培训考核;三是工会和职工代表要充分发挥民主监督作用,对安全工作加强监督并提出合理化的建议。

2. 安全职责落实率达到 100%。认真落实安全生产职责,实现安全职责岗位化、任务明晰化。

3. 安全投入保障率达到 100%。按规定确保安全投入到位,为安全工作提供必要的资金保障。

4. 教育培训合格率达到 100%。一是负责人、安全管理人员要按规定进行培训,合格率达到 100%;二是其他员工培训合格率达到 100%,特别是新进员工、转岗人员必须按规定进行岗前安全培训；三是特种作业人员持证上岗率达到100%。以上各类人员每年按规定接受再教育和培训，培训学时和内容符合相关规定，并按规定进行复审。

5. 强化隐患排查治理。建立并落实隐患排查和治理制度，定期开展检查，保障整改资金，落实整改责任，促使隐患排查治理常态化、机制化。实行重大隐患挂牌督办。确保一般隐患整改率达到100%，重大隐患做到"五落实"。

6. 安全权益保障率达到100%。一是按规定签订劳动合同，在合同中明确劳动条件、劳动保护和职业危害防护等条款，存在安全风险的项目需签订安全生产协议；二是按规定缴纳工伤等社会保险费；三是按规定配备劳动防护用品；四是按规定组织职工进行职业健康检查；五是通过教育培训，使职工熟知工作岗位存在的危险因素、防范措施和事故应急救援预案。

7. 安全信息化平台建设覆盖率达到100%。推进×××单位安全信息化平台建设，将安全生产体系建立、责任制落实、隐患排查治理、安全生产专项经费提取和使用、安全生产应急救援、安全教育培训和宣传、安全生产管理行为、事故管理为基本内容的安全信息逐步完善登记，进一步提升安全管理效率，用信息技术助推生产安全。

8. 应急保障率达到100%。一是建立健全应急管理体系，设置或明确应急管理机构和管理人员；二是按规定编制各类专项应急预案，并报上级主管部门审批；三是按规定开展应急演练，不断修订完善应急预案；四是建立应急抢险队伍；五是储备应急物资，保证储备物资数量充足、品种齐全、品质可靠，并规范应急物资管理。

三、主要任务

（一）安全生产管理体系建设

加强安全生产管理队伍建设。在安全生产委员会的指导下，安全领导小组协调解决安全生产中的重大问题，督促、指导各部门的安全生产工作，确保安全生产主体责任按照"党政同责、一岗双责、失职追责"得到落实。实现安全生产管理"关口前移、重心下移"，不断提高各级安全生产管理人员的思想政治素质、业务工作能力，培养和造就一支政治坚定、作风过硬、业务精通、纪律严明、充满活力的安全生产监督管理队伍。

（二）安全生产管理队伍

建立和完善多层次、多渠道的安全生产人才培训机制，努力形成为安全生产提供服务和技术支撑的保障体系，培训对象涵盖单位领导、部门负责人及全体员工。

（三）安全生产应急救援管理不断加强

编制完善生产安全事故应急预案、防汛防旱应急预案等各类预案，建立健全安全生产应急救援体系和事故应急处置预案。购置及配备必要的应急救援设备和物资，组织应急预案演习，提高事故的应急抢险救援能力。

（四）安全生产信息化管理

根据信息化建设实施方案，落实专人负责安全生产信息收集整理工作，加强动态管理，做到实时更新，为×××单位安全管理决策提供科学依据。配合管理单位做好重点区域视频实时动态监控系统，做好设备日常维护工作，确保系统可靠运行。

（五）重大危险源监控

建立和实施重大危险源监控管理制度，规范重大危险源辨识、申报、登记、评估、检测、监控等工作要求和管理职责。组织开展重大危险源的辨识与隐患登记工作，提升防范风险和事故的能力。

（六）职业卫生监督检查

建立和完善职业卫生监督检查机制，聘请职业卫生技术服务机构对机组运行噪声、电气设备工频磁场等有害因素进行检测评价。重点加强特殊工种的职业卫生监督检查。加大对工程建设项目的职业卫生设施"三同时"审查把关和实施情况的监督检查。落实有关规章制度和职业危害防治与整改措施。加强从业人员的劳动保护，有效防止职业危害。

（七）安全生产专项整治

进一步深化项目施工、特种设备、安全警戒区管理等专项整治工作。将安全生产专项整治作为贯穿于整顿规范生产经营秩序全过程的一项重要任务。坚持"依法整治、标本兼治、突出重点"的整治原则，逐步实现规范化管理。

四、扎实落实安全管理保障措施

（一）强化安全生产责任制

建立健全各层级安全生产责任制，层层落实责任。把安全生产纳入绩效考核指标体系。严格执行安全生产行政责任追究制度，建立安全生产自我约束机制。

（二）加强安全生产教育培训力度

提高安全生产教育培训力度和广度，倡导全员化安全生产教育培训氛围，加强工会、职工对安全生产工作的监督。充分发挥工会组织和职工的参与和监督作用。鼓励各部门和个人对安全生产的违法行为进行举报。

大力开展安全培训，认真组织开展安全生产岗位资格培训、安全技能培训，有针对性地开展对各级负责人、安全管理人员和特种作业人员、驾驶员等各类人员的安全培训。

（三）持续加强安全生产文化建设

宣传落实《安全文化建设规划》，倡导以人为本的安全理念，普及安全生产法律和安全知识，提高全员安全意识和安全文化素质，促进×××单位安全文化的繁荣。积极开展安全生产月活动，提高员工的安全生产意识，以单位水文化建设活动为载体，发展健康向上、各具特色的职工安全文化，举办形式多样、深受一线职工欢迎的安全文化活动，广泛传播安全文化。

（四）加强学习宣传，全面提高认识

各部门要进一步学习和贯彻《中华人民共和国安全生产法》和《安全生产条例》等有关安全生产的法律、法规和强制性标准；提高认识，在生产工作中做到依法办事。各岗位员工要通过对国家有关安全生产的法律、法规和强制性标准的学习，理解和掌握相关条款，明确自己的安全职责。要全面掌握安全生产的各项规章制度和操作规程，提高安全意识，完成"要我安全"到"我要安全"最终到"我会安全"的质的转变。

【参考示例2】

××单位文件

×安〔20××〕×号

关于印发《×××单位20××年度安全生产工作目标计划》的通知

各部门：

为深入贯彻落实国务院关于安全生产工作的重要指示精神，牢固树立新发展理念，坚持安全发展，坚守发展决不能以牺牲生命安全为代价这条不可逾越的红线，全面落实安全生产责任和管理措施，有效地防范和遏制安全事故发生，现制定印发《××单位20××年度安全生产工作目标计划》，请认真贯彻执行。

附件：
×××单位20××年度安全生产工作目标计划

×××单位
20××年××月××日

×××单位20××年度安全生产工作目标计划

一、总体目标和要求

贯彻落实"安全第一、预防为主、综合治理"的方针，进一步强化红线意识和忧患意识，按照"党政同责、一岗双责、失职追责"的要求，围绕单位现代化目标建设中心工作，全面落实安全生产责任和管理措施，以事故防控为主线，以责任落实为基础，以安全教育和隐患排查治理为重点，进一步巩固安全标准化建设成果，着力强化源头治理，消除事故隐患，堵塞管理漏洞，杜绝生产安全事故，确保全单位安全生产形势持续稳定向好。

二、20××年度目标计划

（一）生产安全事故控制目标

1. 死亡事故为0；
2. 重伤事故为0；
3. 轻伤人数控制在1人以内；
4. 职业病为0；
5. 不发生经济损失10万元（含）以上的火灾责任事故；
6. 机械电气设备重大事故为0；
7. 道路交通责任事故为0；
8. 公共安全事故为0；
9. 无非法违法经营建设行为。

（二）隐患排查治理目标

1. 无重大事故隐患；
2. 一般隐患排查率95%，治理率100%。

（三）安全生产管理目标

1. 职工年度安全教育培训率100%，新职工三级安全教育率100%；
2. 安全管理人员及特种作业人员持证上岗率达到100%；
3. 特种设备、机动车辆按时检测率100%，设备保护装置安全有效率达到100%；
4. 生产现场安全达标合格率达到100%；
5. 项目施工现场达标率为100%；
6. 安全指令性工作任务完成率100%；
7. 各类事故"四不放过"处理率100%；
8. 全面开展安全生产标准化建设工作。

（四）职业健康

1. 每年开展一次职工职业健康检查，检查率100%；
2. 对职工进行职业健康宣传并定期培训，普及率100%，职工职业健康管理制度需上墙明示。

三、保障措施

（一）目标职责

1. 制定安全生产目标管理制度、安全生产总目标和年度目标，根据各部门在安全生产中的职能，分解安全生产总目标和年度目标，逐级签订安全生产责任书，并制定目标保证措施。

2. 定期对安全生产目标完成情况进行检查、评估，必要时及时调整安全生产目标实施计划。定期考核安全生产目标完成情况。

3. ×××单位将根据人员变动情况及时调整安全生产组织机构，按规定设置或明确安全生产管理机构，配备专（兼）职安全生产管理人员，健全组织网络。

4. 制定安全生产责任制度，明确各部门及人员的安全生产职责、权限和考核奖惩等内容。主要负责人全面负责安全生产工作，并履行相应责任和义务；分管负责人应对各自职责范围内的安全生产工作负责；各级管理人员应按照安全生产责任制的相关要求，履行其安全生产职责。

5. ×××单位每月召开一次安全会议，做好会议记录。安全领导小组每季度至少召开一次安全专题会议，总结分析本单位的安全生产情况，评估本单位存在的风险，研究解决安全生产工作中的重大问题，决策安全生产的重大事项，并形成会议纪要。

6. ×××单位年底对部门负责人和兼职安全员的履职情况进行评估和考核。

7. 制定安全生产投入制度，并根据制度保证必要的安全生产费用投入。

8. 编制安全生产费用使用计划，审批程序符合规定并严格落实，健全安全生产费用使用台账。

9. 落实费用使用计划，并保证专款专用。保证安全生产费用主要用于安全技术和劳动保护措施、应急管理、安全检测、安全评价、事故隐患排查治理、安全生产标准化建设实施与维护、安全监督检查、安全教育及安全月活动等与安全生产密切相关的其他方面。

10. 每年对安全生产费用使用情况进行检查，并进行公布。

11. 确立×××单位安全生产和职业病危害防治理念及行为准则，并教育、引导全体人员贯彻执行。制定安全文化建设规划和计划，开展安全文化建设活动。

12. 建立安全生产日常管理、重大危险源监控、职业病危害防治、应急管理、安全风险管控和隐患自查自报、安全生产预测预警等电子台账或信息系统,利用信息化手段加强安全生产管理工作。

(二)制度化管理

1. 及时传达贯彻上级安全文件精神,获取最新的国家法律法规和行业标准规范,修订完善相关的安全管理制度和操作规程,及时向员工传达并配备适用的安全生产法律法规和其他要求。

2. 组织开展安全标准化管理制度、安全应急预案学习培训,每月至少实施一次安全生产教育培训。

3. 安全领导小组根据厂房及设备现状,组织编制齐全、完善、适用的新的运行规程、检修规程、设备试验规程、系统图册等安全生产规程。

4. 将安全生产规程发放到相关班组、岗位,每月至少实施一次安全生产教育培训,并在年中和年末实施培训知识考核。

5. 加强档案管理,建立健全安全生产过程、事件、活动、检查的安全记录档案,并实施有效管理。做好操作票、工作票、值班日志、交接班记录、巡检记录、检修记录、设备缺陷记录、事故调查报告、安全生产通报、安全会议记录、安全活动记录、安全检查记录等档案归档。

6. 每年进行一次安全生产法律法规、标准规范、规范性文件、规章制度、操作规程的适用性、有效性和执行情况评估。

7. 根据评估结果,修订安全生产规章制度、操作规程等。

(三)教育培训

1. 制定安全教育培训制度,编制培训计划,按计划进行培训,对培训效果进行评价,并根据评价结论进行改进,建立教育培训记录、档案。

2. 对在岗人员进行经常性安全生产教育和培训。主要负责人和安全生产管理人员,必须具备相应的安全生产知识和管理能力,按规定经有关部门培训考核合格后方可上岗任职,按规定进行复审、培训;新员工上岗前接受三级安全教育培训;在新工艺、新技术、新材料、新设备投入使用前,对有关管理、操作人员进行专门的安全技术和操作技能培训;作业人员转岗、离岗3个月以上重新上岗前,应进行安全教育培训,经考核合格后方可上岗。

3. 特种作业人员按照国家有关规定经过专门的安全作业培训,并取得特种作业操作资格证书后上岗作业;特种作业人员离岗6个月以上重新上岗前,应进行实际操作考核,合格后方可上岗工作,建立特种作业人员档案。

4. 对外来承接项目施工的作业人员进行告知,需持证上岗的岗位,不得安排无证人员上岗作业。×××单位要组织被派遣劳动者或临时工进行安全知识教育培训,特种作业人员要持证上岗。

5. 对外来参观、学习等人员进行有关安全规定、可能接触到的危险有害因素、职业病危害防护措施、应急知识等内容的安全教育和告知,并由专人带领。

(四)现场管理

1. 设备设施管理

(1)定期对设备设施进行检查并做好相关记录。

(2) 做好设备评级,完善设备标识,设备操作要认真核对操作票内容和操作设备名称,严格按操作规程的规定进行操作和监护。分类建立完善设备、技术资料和图纸等台账。

(3) 根据检修规程、试验规程,编制检修计划和方案,明确检修人员、安全措施、检修质量、检修进度和验收要求,各种检修记录要规范。

(4) 定期对设备内外进行保洁除尘,保证设备整洁、卫生,无小动物活动痕迹。

2. 作业安全

(1) 严格执行"两票三制"。核对操作票、工作票的内容和设备名称,加强操作监护并逐项进行操作。交接班人员按要求做好交接班准备工作,填写各项记录,办理交接班手续。认真监视设备运行工况,按规定时间、内容及线路对设备进行巡回检查,随时掌握设备运行情况,合理调整设备状态参数,正确处理设备异常情况。按规定时间和方法做好设备定期轮换和试验工作,做好相关记录。

(2) 严格执行调度命令,落实调度指令;严格执行运行规程和相关特种作业规程。

(3) 安全设施、安全器具、消防设施等均要符合安全要求,保证生产现场紧急逃生路线标识清晰及通道畅通;验电器、绝缘杆等安全用具试验记录完整。建立消防管理制度,建立健全消防安全组织机构,落实消防安全责任制;防火重点部位和场所配备种类和数量足够的消防设施、器材,并完好有效;建立消防设施、器材台账;开展消防培训和演练;建立防火重点部位或场所档案。

3. 职业健康

(1) 按消防规定配置消防器具,并建立消防台账;定期开展消防培训和消防演练。

(2) 定期对职业危害场所进行检测,并将检测结果形成记录。及时、如实向上级部门申报生产过程存在的职业危害因素,发生变化后及时补报。

(3) 对从事接触职业病危害的作业人员应按规定组织上岗前、在岗期间和离岗时职业健康检查,建立健全职业卫生档案和员工健康监护档案。

(4) 按规定给予职业病患者及时的治疗、疗养;患有职业禁忌证的员工,应及时调整到合适岗位。

(5) 与从业人员订立劳动合同时,如实告知作业过程中可能产生的职业危害、后果及防护措施等。在有职业危害场所,设置警示标识和警示说明,警示说明应载明职业危害的种类、后果、预防和应急救治措施。

4. 警示标志

按照规定和现场的安全风险特点,在存在重大安全风险和职业危害因素的工作场所,设置明显的安全警示标志和职业病危害警示标识,告知危险的种类、后果及应急措施等;在危险作业场所设置警戒区、安全隔离设施。定期对警示标志进行检查维护,确保其完好有效并做好记录。

(五) 安全风险管控及隐患排查治理

1. 安全风险管理

(1) 建立安全风险管理制度,对安全风险进行全面且系统的辨识,并定期进行评估,确定安全风险等级,制定控制措施。

(2)对本单位的设备、设施或场所等进行危险源辨识,确定重大危险源和一般危险源;对危险源的安全风险进行评估,确定安全风险等级。对重大危险源、一般危险源按照"一源一案"制定应急预案,并进行重点管控,同时按规定上报水利安全生产信息采集系统进行备案。

(3)制定并实施重大事故隐患治理方案,整改目标、整改措施、整改资金、整改期限、整改责任人做到"五落实"。

(4)每月进行安全隐患排查,对相关数据进行统计、分析、评估、验收、上报。

2. 预测预警

(1)接到自然灾害预报时,能及时发出预警信息;对自然灾害可能导致事故的隐患采取相应的预防措施,根据×××单位相关预案执行。

(2)每年汛前、每季度均按规定对本单位事故隐患排查治理情况进行统计分析、评估、验收,开展安全生产预测预警。

(六)应急管理

1. 应急准备

(1)建立健全生产安全事故应急预案体系(包括防洪度汛、防台抗台、地质灾害、重大火灾、人身伤亡等突发事件的应急预案)。确保预案齐全,员工熟悉预案,并按规定进行审核和报备。

(2)按要求储备应急物资,建立应急装备、物资台账,明确存放地点和具体数量。建立应急资金投入保障机制。

(3)对应急装备和物资进行经常性的检查、维护、保养,确保其完好、可靠。

(4)配备应急保安电源,能满足突发事件的要求,并定期进行检查、维护保养。定期检查、维护保养记录应齐全。

(5)每年组织一次综合应急预案演练或者专项应急预案演练,每半年组织一次现场处置方案演练,做到一线从业人员参与应急演练全覆盖,掌握相关的应急知识。

(6)对应急演练的效果进行评估,并根据评估结果,修订、完善应急预案。

2. 应急处置

编写应急预案,若发生事故,能立即采取应急处置措施,启动相关应急预案,开展事故救援,必要时寻求社会支援。

3. 应急评估

每年进行一次应急准备工作的总结评估。

(七)事故管理

1. 事故报告

(1)建立事故报告、调查和处理制度。

(2)建立应急救援组织体系,在发生事故后,主要负责人或其代理人能立即到现场组织抢救,采取有效措施,防止事故扩大,并保护事故现场及有关证据。

2. 事故调查和处理

(1)建立备用的事故调查表。发生事故后有能力按照《生产安全事故报告和调查处理条例》(国务院令第493号)相关规定及时、准确、完整地向事故发生地县级以上人民政府安全生产监督管理部门和水行政主管部门报告。有能力按照"四不放过"的原则,对事故责任人员进行责任追究,落实防范和整改措施。

(2) 电气检修及运行人员按照国家电工作业人员安全技术考核条例要求持证上岗;特种作业人员持特种作业证上岗。确保持证上岗率100%。

3. 事故信息管理

建立完善的事故档案和事故管理台账,并定期按照有关规定对事故进行统计分析。

(八) 持续改进

1. 绩效评定

(1) 每年至少组织一次安全生产标准化实施情况的检查评定,验证各项安全生产制度措施的适宜性、充分性和有效性,检查安全生产工作目标、指标的完成情况,提出改进意见,形成评定报告。发生死亡事故后,应重新进行评定,全面查找安全生产标准化管理体系中存在的缺陷。

(2) 评定报告以正式文件发布,向所有部门通报安全检查相关文件并现场检查。

(3) 将安全生产标准化工作评定结果,纳入单位年度安全绩效考评。

2. 持续改进

年末根据安全生产标准化绩效评定结果和安全生产预测预警系统所反映的趋势,客观分析本单位安全生产标准化管理体系的运行质量,及时调整完善相关规章制度和过程管控,不断提高安全生产绩效。

四、目标分解

根据各部门的工作实际,将安全生产目标进行分解,确保各项任务圆满完成,具体情况见《20××年度安全生产目标分解表》。

4.1.1.3 根据部门和所属单位在安全生产中的职能,分解安全生产总目标和年度目标。

【考核内容】

根据部门和所属单位在安全生产中的职能,分解安全生产总目标和年度目标。(4分)

【赋分原则】

查相关文件;目标未分解,扣4分;目标分解不全,每缺一个部门或单位扣1分;目标分解与职能不符,每项扣1分。

【条文解读】

1. 水管单位根据其职能部门和基层单位在安全生产中的职能,将年度安全生产目标进行全面分解,包括所有的职能部门(如技术、生产运行、财务、政办等部门)。

2. 水管单位各职能部门根据岗位职责,对本部门的年度安全目标进行分解,切实做到责任到人。确保所有部门、所有人员都有安全目标要求。

3. 水管单位在制定年度安全生产目标的同时,将目标分解到所属各部门,制定具体的实施计划,并根据目标管理考核制度制定考核细则。定期对各职能部门、各人员目标执行情况进行考核,全面保障年度安全生产目标与指标的完成。

【规程规范技术标准及相关要求】

《国务院关于进一步加强企业安全生产工作的通知》(国发〔2010〕23号)。

【备查资料】
1. 年度安全生产工作目标计划。
2. 年度目标分解文件。

【实施要点】
1. 水管单位制定年度目标计划与分解年度安全生产目标同研究、同部署、同下发文件,并体现所属单位和部门在安全生产中的职能,明确目标的主管部门、重点单位(部门)、监督部门、相关部门、考核部门。
2. 根据安全目标管理制度要求,修订年度目标定期考核细则,完成自下而上层层考核。
3. 分解的年度安全生产目标纳入安全目标责任书,作为年度目标任务进行考核。

【参考示例】

×××单位文件

×安〔20××〕×号

关于印发《×××单位20××年度安全生产工作目标计划》的通知

各部门:

为深入贯彻落实国务院关于安全生产工作的重要指示精神,牢固树立新发展理念,坚持安全发展,坚守发展决不能以牺牲生命安全为代价这条不可逾越的红线,全面落实安全生产责任和管理措施,有效地防范和遏制安全事故发生。

现制定印发《×××单位20××年度安全生产工作目标计划》,请认真贯彻执行。

附件:
1. ×××单位20××年度安全生产工作目标计划
2. ×××单位20××年度安全生产目标分解

×××单位

20××年××月××日

×××单位20××年度安全生产工作目标计划

一、总体目标和要求

二、20××年度目标计划

三、保障措施

四、目标分解

×××单位20××年度安全生产目标分解

×××单位安全生产目标分解内容是根据×××单位年度安全生产目标计划编制,目的是保证×××单位年度安全生产目标得到有效执行,×××单位在整个生产过程中依据相关项目编制的各部门安全生产目标进行安全生产管理,为了进一步落实各级安全目标,实行部门安全目标管理,确保×××单位安全生产和文明生产,将各级安全目标进行分解,根据分解的办法进行安全目标考核。

(一)各部门安全生产目标分解

1. 综合办公室

2. 技术部门

3. 生产运行部门

4. 财务部门

(二)各岗位安全生产目标分解

1. 安全生产领导小组

2. 组长

3. 副组长

4. 安全员

5. 班组长

6. 生产运行人员

具体各部门目标分解见安全生产目标分解表(如表4.1所示)。

表4.1 ×××单位20××年安全生产目标分解表

序号	部门	安全生产目标	责任人
1	安全生产运行部门	生产安全事故控制目标: ……	
		隐患排查治理目标: ……	

续表

序号	部门	安全生产目标	责任人
1	安全生产运行部门	安全生产管理目标： …… 职业健康目标： ……	
2	财务部门	……	
3	……	……	

4.1.1.4 逐级签订安全生产责任书,并制定目标保证措施。

【考核内容】

逐级签订安全生产责任书,并制定目标保证措施。(5分)

【赋分原则】

查相关文件;未签订责任书,扣5分;责任书签订不全,每缺一个部门、单位或个人扣1分;未制定目标保证措施,每缺一个部门、单位或个人扣1分;责任书内容与安全生产职责不符,每项扣1分。

【条文解读】

1. 水管单位安全生产目标的贯彻落实,应通过与目标分解的部门、人员签订目标责任书来体现。增强各级组织、每位职工的安全责任感,将一级抓一级、层层抓落实的要求落到实处。

2. 签订安全生产目标责任书应做到全方位、全覆盖、自上而下逐级签订。

3. 安全责任书要确定量化的年度安全生产事故控制目标、年度安全生产工作目标,并予以考核。

4. 目标责任单位(部门)应围绕安全目标责任,制定年度安全工作计划,以保证年度安全目标的有效完成。

【规程规范技术标准及相关要求】

1.《国务院关于进一步加强企业安全生产工作的通知》(国发〔2010〕23号)。

2.《国务院安委会办公室关于全面加强企业全员安全生产责任制工作的通知》(安委办〔2017〕29号)。

【备查资料】

安全生产责任书。

【实施要点】

1. 水管单位自上而下拟定安全目标责任书。水管单位根据上级主管部门与本单位签订的目标管理责任书,结合本单位年度安全目标,研究拟定各职能部门年度安全目标责任书。各职能部门拟定各岗位、各人员的安全目标责任书。

2. 安全目标责任书的内容包括：目的、责任部门、责任人、安全生产事故控制目标、安全生产工作目标、主要责任内容、双方权利义务、责任追究及考核奖惩、责任期限等。安全生产目标责任书内容与本单位、本部门、本岗位安全生产职责要相符。

3. 安全目标责任书签订的层次：本单位与所属部门、本单位与相关方单位、部门与职工个人。

【参考示例1】

责任书（与上级单位签订）

　　为全面落实安全生产责任制，强化安全管理，有效防范和遏制事故发生，维护正常的生产、工作和生活秩序，确保人民生命和财产安全，根据《中华人民共和国安全生产法》，签订本责任书。

责任单位			
单位负责人		手机号码	

一、安全生产目标

（一）生产安全事故控制目标

（二）隐患排查治理目标

（三）安全生产管理目标

二、主要责任内容

三、责任追究及奖惩

四、附则

上级单位（印章）：　　　　　责任单位（印章）：
上级领导（签字）：　　　　　责任单位负责人（签字）：
20××年××月××日

【参考示例2】

责任状（与各部门签订）

　　为了进一步贯彻"安全生产，预防为主，综合治理"的方针，全面落实安全生产责任制，强化安全管理，有效防范和遏制重特大事故的发生，维护正常的生产、工作和生活秩序，保障国家、集体和个人的财产及生命安全，依据相关安全生产法律法规要求，结合本单位年度工作计划，签订20××年度安全生产责任状，责任期为20××年度。

责任部门：　　　　　负责人：

一、责任目标

二、责任要求

×××单位(章)×××单位
单位负责人签字：　　　　　　　　责任部门负责人签字：
20××年××月××日

4.1.1.5　定期对安全生产目标完成情况进行检查、评估，必要时，及时调整安全生产目标实施计划。

【考核内容】

定期对安全生产目标完成情况进行检查、评估，必要时，及时调整安全生产目标实施计划。（6分）

【赋分原则】

查相关文件和记录；未定期检查、评估，扣6分；检查、评估的部门或单位不全，每缺一个扣3分；必要时，未及时调整实施计划，扣3分。

【条文解读】

1. 安全生产目标检查周期。定期检查目标完成情况的目的是及时调整工作计划，保证目标的实现。部分单位的检查周期设置不合理，只在每年年末做一次检查考核工作，不能发挥监督检查的作用，当年年末检查发现目标发生偏差时，已无调整的余地。

2. 目标实施计划的调整。在目标实施过程中，如因工作情况发生重大变化，致使目标不能按计划实施的，或检查过程中发现目标发生偏离时，应调整目标实施计划，而不应调整目标。部分单位工作过程中，在目标不能完成时对安全生产目标进行了调整，使目标失去了严肃性。

3. 监督检查范围。在进行目标完成情况的监督检查过程中，应对所有签订目标责任书的部门（项目法人单位还应包括各参建单位）、人员进行检查，不应遗漏，实现全覆盖。

【规程规范技术标准及相关要求】

1.《国务院关于进一步加强企业安全生产工作的通知》（国发〔2010〕23号）：

28. 严格落实安全目标考核。对各地区、各有关部门和企业完成年度生产安全事故控制指标情况进行严格考核，并建立激励约束机制。加大重特大事故的考核权重，发生特别重大生产安全事故的，要根据情节轻重，追究地市级分管领导或主要领导的责任；后果特别严重、影响特别恶劣的，要按规定追究省部级相关领导的责任。加强安全生产基础工作考核，加快推进安全生产长效机制建设，坚决遏制重特大事故的发生。

2.《水利部关于印发2016年水利安全生产工作要点的通知》（水安监〔2016〕38号）：

二、主要任务

（一）完善安全生产责任体系，严格目标考核和责任追究

3. 强化安全生产监管工作考核。推动各级水行政主管部门建立完善水利安全生产目标考核机制，深入开展安全生产目标考核工作。

【备查资料】

安全生产目标实施情况的检查、评估记录。

【实施要点】

1. 按照安全目标管理制度的规定对目标执行情况进行监督检查,内容包括周期与频次、检查方式、记录要求等。

2. 保存相关的检查评估资料。

3. 目标调整后要重新制定实施计划。

【参考示例】

×××单位文件

×安〔20××〕×号

关于开展20××年第×季度安全生产目标检查的通知

各部门、全体职工:

根据《安全生产目标管理制度》的规定和要求,各部门组织开展20××年第×季度安全生产目标检查,以便及时调整安全生产目标实施计划,推进安全生产标准化工作有效运行。现就有关事项通知如下:

一、检查领导小组

组长:　　　　副组长:

成员:

二、检查时间:20××年××月××日

三、检查主要内容:对各部门控制目标及存在隐患问题进行检查。

四、考核标准:《农村水电站安全生产标准化评审标准》、《安全生产目标责任制》、其他相关安全文件。

五、考核奖惩:根据考核标准,季度的考评与季度安全奖的发放挂钩。

×××单位

20××年××月××日

×××单位安全生产目标检查表如表4.2所示。

表4.2　×××单位安全生产目标检查表

20××年第×季度

部门:　　　　　　　　　　　　　　检查日期:　　年　　月　　日

部门人员	部门负责人: 成员:
存在问题	
评估意见	评估负责人: 　　年　　月　　日

安全生产目标管理第×季度检查问题整改通知单如表4.3所示。

表 4.3　安全生产目标管理第×季度检查问题整改通知单

×××部门：		
根据第×季度安全生产目标检查情况，发现以下问题并提出改进建议。		
存在问题	改进建议	完成时间
部门负责人(签字)	签收日期：	年　月　日
接此通知后，请认真研究改进，并将改进情况及时反馈。	通知人： 通知时间：	年　月　日
改进效果验证：	验证部门： 验证人： 验证日期：	年　月　日

20××年度第×季度安全生产目标执行情况监督检查统计表如表 4.4 所示。

表 4.4　20××年度第×季度安全生产目标执行情况监督检查统计表

序号	安全生产目标	职能部门		
统计人：		统计时间：		

4.1.1.6　定期对安全生产目标完成情况进行考核奖惩。

【考核内容】

定期对安全生产目标完成情况进行考核奖惩。(6 分)

【赋分原则】

查相关文件和记录；未定期考核奖惩，扣 6 分；考核奖惩不全，每缺一个部门或单位扣 2 分。

【条文解读】

1. 考核奖惩是安全生产目标闭环管理的最重要环节，是对安全目标任务、安全职责执行情况监督检查的总结，是落实完成安全生产重要指标和主要任务的保障措施。

2. 应在目标管理制度中明确具体的考核周期，如季度、半年或年度。评审标准或相关法规规范中要求定期开展工作的，落实到单位规章制度时，应将"定期"的时间进行明确，奖惩兑现可与考核同步或与年终考评同步。

3. 考核的主要内容分为安全生产控制目标和安全生产工作目标两部分。考核内容应与被考核部门所承担的安全工作职责相对应。安全生产控制目标就是考核下达给各职能部门的控制指标，工作目标包括组织保障、基础保障、日常工作。

4. 水管单位考核的主管部门应由安全生产监督科负责，应进行自下而上的考核，水管单位各部门、各基层对职工进行考核，安监科对各部门、各基层进行考核，安委办对安监科进行考核。

【规程规范技术标准及相关要求】

《国务院关于进一步加强企业安全生产工作的通知》(国发〔2010〕23号):

28. 严格落实安全目标考核。对各地区、各有关部门和企业完成年度生产安全事故控制指标情况进行严格考核,并建立激励约束机制。加大重特大事故的考核权重,发生特别重大生产安全事故的,要根据情节轻重,追究地市级分管领导或主要领导的责任;后果特别严重、影响特别恶劣的,要按规定追究省部级相关领导的责任。加强安全生产基础工作考核,加快推进安全生产长效机制建设,坚决遏制重特大事故的发生。

【备查资料】

1. 考核记录。
2. 奖惩记录。

【实施要点】

1. 制定考核奖惩制度,明确考核的组织、范围、频次、实施办法、结果运用等。
2. 制定《安全目标管理考核表》,明确考核内容、评分标准、目标执行情况、上级考核意见等。考核意见要及时反馈给被考核的部门、个人。
3. 严格按照奖惩办法兑现,安全表彰要形成正式文件,安全奖金要及时兑现,并有兑现相关财务凭证。

【参考示例1】

×××单位文件
×安〔20××〕×号

关于开展20××年安全生产目标管理考核的通知

各部门、全体职工:

根据《安全生产目标管理制度》的规定和要求,拟对×××单位20××年度安全生产目标进行考核,查摆问题,以便安全生产标准化工作有效运行并持续改进。现就有关事项通知如下:

一、考核领导小组

组长:

副组长:

成员:

二、考核时间

20××年××月××日

三、考核主要内容

对各部门及×××单位控制目标及工作目标进行评分考核。

四、考核标准

……相关安全文件。

五、考核奖惩

根据考核标准,季度的考评与季度安全奖的发放挂钩,年终的考评与年终奖励性绩效挂钩。

×××单位
20××年××月××日

【参考示例 2】

×××单位文件
×安〔20××〕×号

关于 20××年安全生产目标管理考核情况的通报

各部门、全体职工:

根据安全生产目标的制定、分解、实施、考核的要求,每年上级水管单位与×××单位签订安全生产责任状,×××单位与各部门签订安全生产责任状,各部门与个人签订责任状,形成横向到边、纵向到底的目标责任体系。年度目标考核评估情况如下:

目标管理的控制目标已经全部完成,没有发生工程运行、工程施工死亡、群伤、重特大火灾、食物中毒及危化品事故等,未发生轻微伤事故、交通事故、较大及以下火灾和危化品事故等。

工作目标存在问题已形成整改通知单,请各部门及时整改并反馈。

附件:×××单位20××年目标管理考核整改通知单

×××单位
20××年××月××日

检查问题整改通知单如表 4.5 所示。

表 4.5　检查问题整改通知单
×××安〔20××〕××号

×××部门: 根据安全生产目标管理考核领导小组对单位年度安全生产目标工作进行考核评定,现提出如下持续改进意见:			
存在问题	改进建议	完成时间	
部门负责人(签字)		签收日期:	年　月　日
接此通知后,请认真研究改进,并将改进情况进行及时反馈。		通知人: 通知时间:	年　月　日
改进效果验证:		验证部门: 验证人: 验证日期:	年　月　日

4.1.2 机构和职责

4.1.2.1 成立由主要负责人、其他领导班子成员、有关部门负责人等组成的安全生产委员会(安全生产领导小组),人员变化时及时调整发布。

【考核内容】

成立由主要负责人、其他领导班子成员、有关部门负责人等组成的安全生产委员会(安全生产领导小组),人员变化时及时调整发布。(5分)

【赋分原则】

查相关文件;未成立或未以正式文件发布,扣5分;成员不全,每缺一位领导或相关部门负责人扣1分;人员发生变化,未及时调整发布,扣2分。

【条文解读】

1. 安委会是水管单位安全生产管理的重要组织形式,安委会成员由单位主要负责人、单位分管领导、各职能部门负责人等相关人员组成。主任由单位主要负责人担任,副主任由单位分管领导担任,办公室主任由安全生产监管部门负责人兼任。

2. 水管单位基层应成立安全生产领导小组,对本单位的安全生产事项进行决策,一般由主要负责人、分管安全负责人、技术人员、工会代表、安全员等组成,组长由主要负责人担任。

【规程规范技术标准及相关要求】

1.《中华人民共和国安全生产法》(2021年修正):

第二十四条 矿山、金属冶炼、建筑施工、运输单位和危险物品的生产、经营、储存、装卸单位,应当设置安全生产管理机构或者配备专职安全生产管理人员。前款规定以外的其他生产经营单位,从业人员超过一百人的,应当设置安全生产管理机构或者配备专职安全生产管理人员;从业人员在一百人以下的,应当配备专职或者兼职的安全生产管理人员。

2.《水利工程建设安全生产管理规定》(水利部令第26号)。

3.《国家安全监管总局关于进一步加强企业安全生产规范化建设 严格落实企业安全生产主体责任的指导意见》(安监总办〔2010〕139号)。

【备查资料】

1. 以正式文件发布的安委会(安全生产领导小组)成立文件。
2. 以正式文件发布的安委会(安全生产领导小组)调整文件。

【实施要点】

1. 安委会(安全生产领导小组)须以正式文件发布,人员变化后要及时调整公布。
2. 制定安委会(安全生产领导小组)工作规则,明确工作目标、工作方式、安委会(安全生产领导小组)及成员单位工作职责、安委会(安全生产领导小组)会议要求等。

【参考示例】

×××单位文件
×安〔20××〕×号

关于调整×××单位安全生产领导小组及安全生产组织网络的通知

各部门：

为切实加强×××单位安全生产管理，落实安全生产责任制，根据×××单位人事变动和岗位调整情况，现对安全生产领导小组及安全生产组织网络进行调整，调整后的安全生产领导小组如下：

组长：

副组长：

成员：

专职安全员：

安全生产日常管理机构设在×××部门。

附件：×××单位安全生产组织网络

×××单位
20××年××月××日

4.1.2.2 按规定设置或明确安全生产管理机构。

4.1.2.3 按规定配备专(兼)职安全生产管理人员，建立健全安全生产管理网络。

【考核内容】

按规定设置或明确安全生产管理机构。（5分）

按规定配备专(兼)职安全生产管理人员，建立健全安全生产管理网络。（5分）

【赋分原则】

查相关文件；未按规定设置，扣5分；安全管理人员配备不全，每少一人扣2分；人员不符合要求，每人扣2分。

【条文解读】

1. 安全生产管理机构是水管单位专门负责安全生产监督管理的内设机构，是安全生产管理的职能部门，是对单位安全生产进行全面管理的专职机构，大中型水利工程管理单位应配备专职安全生产管理人员，小型水管单位可配备专职或兼职安全生产管理人员。

2. 安全生产管理网络就是形成从安委会（安全领导小组）、安全生产管理机构，覆盖各部门以至最基层组织的纵横向管理图，以建立和落实责任制为保障。

【规程规范技术标准及相关要求】

1.《中华人民共和国安全生产法》(2021年修正)：

第二十四条 矿山、金属冶炼、建筑施工、运输单位和危险物品的生产、经营、储存、装卸单位，应当设置安全生产管理机构或者配备专职安全生产管理人员。前款规定以外的其他生产经营单位，从业人员超过一百人的，应当设置安全生产管理机构或者配备专职安全生产管理人员;从业人员在一百人以下的,应当配备专职或者兼职的安全生产管理人员。

2.《中华人民共和国职业病防治法》(中华人民共和国主席令第八十一号)。

【备查资料】

1. 安全生产管理机构成立的文件与安全生产管理网络图。

2. 安全生产专(兼)职人员配备文件(可与机构文件合并)及相关人员的证件。

【实施要点】

1. 水管单位以文件明确安全生产管理机构负责人,所聘任的安全生产管理人员应具备相应的知识和能力等要求,并取得相应的安全生产知识和管理能力培训合格证书。

2. 形成一级抓一级的安全生产管理组织网络图。

【参考示例】

×××单位文件
×安〔20××〕×号

关于调整×××单位安全生产领导小组及安全生产组织网络的通知

各部门:

为切实加强×××单位安全生产管理,落实安全生产责任制,根据×××单位人事变动和岗位调整情况,现对安全生产领导小组及安全生产组织网络进行调整,调整后的安全生产领导小组如下:

组长:

副组长:

成员:

专职安全员:

安全生产日常管理机构设在×××部门。

附件:×××单位安全生产组织网络

×××单位

20××年××月××日

4.1.2.4 安全生产责任制度应明确各级单位、部门及人员的安全生产职责、权限和考核奖惩等内容。主要负责人全面负责安全生产工作,并履行相应责任和义务;分管负责人应对各自职责范围内的安全生产工作负责;各级管理人员应按照安全生产责任制的相关要求,履行其安全生产职责。

【考核内容】

安全生产责任制度应明确各级单位、部门及人员的安全生产职责、权限和考核奖惩等内容。主要负责人全面负责安全生产工作,并履行相应责任和义务;分管负责人应对各自职责范围内的安全生产工作负责;各级管理人员应按照安全生产责任制的相关要求,履行其安全生产职责。(15分)

【赋分原则】

查制度文本；未以正式文件发布，扣3分；责任制不全，每缺一项扣3分；责任制内容与安全生产职责不符，每项扣1分。

【条文解读】

1. 安全生产责任制是规定单位各级领导、各职能部门、各基层单位、各岗位及每位职工在安全生产方面应做的事情和应承担的责任的一种制度。水管单位应建立横向到边、纵向到底的安全责任体系。

2. 水管单位安全生产责任体系包括：

（1）安委会（安全领导小组）的安全工作职责、安委会各成员单位的安全工作职责；

（2）单位每个岗位的安全职责；

（3）党、政、工等职能部门的安全职责。

3. 安全生产责任制应满足合规性、适用性、可操作性的要求：

（1）要符合最新法律法规要求；

（2）根据本单位、部门、岗位实际制定，明确具体，可操作，并适时修订；

（3）有配套的监督、检查、考核等制度，保证真正落实。

【规程规范技术标准及相关要求】

1.《中华人民共和国安全生产法》（2021年修正）。

2.《中华人民共和国职业病防治法》（中华人民共和国主席令第八十一号）。

3.《水利工程建设安全生产管理规定》（水利部令第26号）。

4.《国务院安委会办公室关于全面加强企业全员安全生产责任制工作的通知》（安委办〔2017〕29号）。

【备查资料】

以正式文件发布的安全生产责任制。

【实施要点】

1. 建立具体的纵、横向系列责任制，并以正式文件发布。

2. 制定水管单位安全生产责任制。主要内容包括岗位安全生产职责、部门安全生产职责、考核奖惩办法。

3. 制定安全生产"党政同责、一岗双责"的规定。主要内容包括党委及党支部安全工作职责、行政部门安全工作职责、考核奖惩等。

【参考示例】

×××单位文件

×安〔20××〕×号

关于修订《×××单位安全生产制度汇编》的通知

各部门：

为全面落实安全生产责任制，强化安全管理，有效防范和遏制事故发生，维护正常的生产、工作和生活秩序，根据国家安全生产法律法规、规范、规程，并结合绩效评定结果及持续改进要求,×××单位对20××年制度进行了修订。

现印发给你们,希望认真贯彻执行。执行过程中如遇到问题,请及时向安全生产领导小组反馈。特此通知。

附件:×××单位安全生产制度汇编

×××单位
20××年××月××日

(注:《×××单位安全生产制度汇编》内涵盖安全生产责任制,定期对汇编进行修订印发。)

安全生产责任制

第一章 总则

第二章 各部门安全生产职责

第三章 各岗位安全生产职责

第四章 考核奖惩

4.1.2.5 安全生产委员会(安全生产领导小组)每季度至少召开一次会议,总结分析本单位的安全生产情况,评估本单位存在的风险,研究解决安全生产工作中的重大问题,并形成会议纪要。

【考核内容】

安全生产委员会(安全生产领导小组)每季度至少召开一次会议,跟踪落实上次会议要求,总结分析本单位的安全生产情况,评估本单位存在的风险,研究解决安全生产工作中的重大问题,并形成会议纪要。(10分)

【赋分原则】

查相关文件和记录;会议频次不够,每少一次扣2分;未跟踪落实上次会议要求,每次扣2分;重大问题未经安委会(安全生产领导小组)研究解决,每项扣2分;未形成会议纪要,每次扣2分。

【条文解读】

1. 定期召开安全专题会议是安全生产委员会(安全生产领导小组)工作规则的重要组成部分。其目的是协调和解决单位安全生产的重大问题,部署安全生产工作任务。

2. 会议的主要内容包括:分析本单位的安全生产情况,评估本单位存在的风险,研究解决安全生产工作中的重大问题,决定安全生产的重大事项。

【规程规范技术标准及相关要求】

1.《中华人民共和国安全生产法》(2021年修正)。

2.《水利工程建设安全生产管理规定》(水利部令第26号)。

【备查资料】

1. 安全生产委员会(安全领导小组)会议纪要。
2. 跟踪落实安全生产委员会(安全领导小组)会议纪要相关要求的措施及实施记录。

【实施要点】

1. 为保证生产经营单位安全管理最高议事机构工作实现常态化,《评审标准》要求安全生产委员会(安全领导小组)召开会议的频次不应低于每季度一次。

2. 安全生产委员会(安全领导小组)是单位(包括二级单位)的最高议事机构,在召开会议过程中应对单位安全管理工作进行分析、研究、部署、跟踪、落实,处理重大安全管理问题,如安全生产目标、安全生产责任制的制定、安全生产风险分析、安全生产考核奖惩及重大事项,日常安全管理工作中的细节问题不宜作为会议的主题。

3. 针对每次会议中提出的需要解决、处理的问题,除在会议纪要中进行记录外,还应在会后责成责任部门制定整改措施,并监督落实情况。在下次会议时,对上次会议提出问题的整改措施及落实情况进行监督反馈,实现闭环管理。

4. 会议记录资料应齐全,成果格式规范。通常每召开一次会议,应收集整理会议通知、会议签到、会议记录、会议音像等资料。会后应形成会议纪要,会议纪要应符合公文写作格式的要求。

【参考示例1】

×××**单位文件**

×安〔20××〕×号

关于召开20××年××月安全生产工作会议的通知

各部门:

  为做好安全生产工作总结、部署,×××单位召开1月安全生产工作会议,会议安排如下:

  一、参会人员:领导、各部门负责人、安全员

  二、会议时间:20××年××月××日

  三、会议地点:

  四、会议内容:汇报安全隐患整改情况、安全生产工作完成情况,拟定第一季度及下月安全生产工作计划等。

  五、其他要求:

  1. 各部门提前做好安全生产工作情况汇总;

  2. 安全员做好会议纪要整理工作。

×××单位

20××年××月××日

【参考示例2】

×××单位安全生产工作会议纪要

编号:××－××－AQ－××－20××

时间:20××年××月××日

地点:

参加人员:

主持人:

记录人:

会议主题:开展安全专项检查、部署安全生产工作

会议内容:安全生产领导小组开展安全生产专项检查,检查后召开安全生产专题会议,纪要如下:

一、上月安全生产工作计划完成情况

二、安全生产专项检查情况

三、第一季度安全生产工作计划

四、下月安全生产工作安排

主持人(签名):

×××单位

20××年××月××日

安全生产专题会议签名表如表4.6所示。

表4.6 安全生产专题会议签名表

日期:20××年××月××日

序号	姓名	职务	签名
1			
2			
3			
4			
……			

会议照片

……

会议材料

……

4.1.3 全员参与

4.1.3.1 定期对部门、所属单位和从业人员的安全生产职责的适宜性、履职情况进行评估和监督考核。

【考核内容】

定期对部门、所属单位和从业人员的安全生产职责的适宜性、履职情况进行评估和监督考核。(8分)

【赋分原则】

查相关记录;未进行评估和监督考核,扣8分;评估和监督考核不全,每缺一个部门、单位或个人扣2分。

【条文解读】

1. 水管单位按照相关岗位要求开展教育培训,使各级、各岗位人员熟悉本岗位安全生产职责,并定期开展部门、从业人员的安全生产职责的适宜性、履职情况评估和监督考核。

2. 履行岗位安全生产职责情况根据部门、个人责任制定,主要体现在:责任人对设施设备的养护情况,日常检查、经常检查、定期检查、特别检查的执行情况,"两票三制"执行情况,项目施工现场管理情况等。

3. 安全生产责任制重在落实,对责任制落实情况进行检查是安全生产责任体系实行闭环管理的重要环节,是对安全生产责任体系建设情况的全面考核。

4. 对责任制落实情况的主要检查内容:查思想、查意识、查制度、查管理、查事故处理、查隐患、查整改。

5. 检查方式可以仅针对责任制落实情况进行,也可以结合其他检查事项进行。根据相关监督、检查制度规定的办法进行检查,发现问题及时处理,以促进责任制真正落到实处。

【规程规范技术标准及相关要求】

1.《中华人民共和国安全生产法》(2021年修正)。

2.《水利工程建设安全生产管理规定》(水利部令第26号)。

【备查资料】

部门、从业人员的安全生产职责的适宜性、履职情况评估和监督考核记录。

【实施要点】

1. 水管单位的职能部门、工程单位要按照本部门岗位设置,制定明确的各岗位安全生产职责。

2. 按照水利工程规程规范要求,制定安全生产管理措施,如巡视检查制度、设备养护制度、值班制度等。

3. 将各级、各岗、各人员的安全生产责任和工作要求列入年度安全生产目标责任状,并定期考核(每季度或每半年)。

4. 岗位安全职责履行情况、安全生产管理规定执行情况应有相应记录,并存档。

5. 水管单位应结合自身工程管理实际,制定本单位安全生产监督检查办法。明确监督检查的内容、监督检查的组织与实施等,按规定进行检查,发现问题及时处理,并做好有关检查记录。

6. 安全生产责任制的考核奖惩可与安全目标考核同步进行。

【参考示例】

安全生产责任制落实情况考核记录表如表 4.7 所示。

表 4.7　安全生产责任制落实情况考核记录表

责任部门		责任人	
考核人员		安全生产领导小组	
考核时间		记录人	
考核内容		存在问题	
结论			

安全生产职责履行情况考核表如表 4.8 所示。

表 4.8　安全生产职责履行情况考核表

单位:×××单位

被考核人		职务		考核日期	
职责范围					
序号	安全职责考核内容		标准分		考核分
扣分原因:					
考核结果				考核负责人: 年　月　日	

×××单位文件

×安〔20××〕×号

×××单位 20×× 年安全生产责任制考核情况通报

各部门:

为切实做好安全生产工作规范化、科学化、制度化、标准化,推进各项安全管理制度的落实,进一步全面提升安全生产管理水平,现将 20×× 年安全生产有关情况通报如下:

一、考核范围

全体职工

二、考核情况

管理所对全体职工的安全生产责任制落实情况进行考核。全体员工认真完成了各项安全生产的指令和工作;在全所范围内开展安全检查,对发现的隐患进行及时整改;参加安全活动和安全培训,落实了安全生产责任制的内容,本年度考核全部合格。

×××单位安全生产领导小组
20××年××月××日

4.1.3.2　建立激励约束机制,鼓励从业人员积极建言献策,建言献策应有回复。

【考核内容】

建立激励约束机制,鼓励从业人员积极建言献策,建言献策应有回复。(7分)

【赋分原则】

查相关文件和记录;未建立激励约束机制,扣7分;未对建言献策回复,每少一次扣1分。

【条文解读】

安全标准化建设工作或安全生产管理工作,全员参与是工作取得成效的重要保证。生产经营单位鼓励、激励全体员工共同参与到工作中来,积极建言献策,从而提升整个单位的安全生产管理水平。

【规程规范技术标准及相关要求】

《中华人民共和国安全生产法》(2021年修正):

第五十三条　生产经营单位的从业人员有权了解其作业场所和工作岗位存在的危险因素、防范措施及事故应急措施,有权对本单位的安全生产工作提出建议。

【备查资料】

1. 激励约束机制或管理办法。
2. 建言献策记录及回复记录。

【实施要点】

建立建言献策机制。生产经营单位应从安全管理体制、机制上营造全员参与安全生产管理的工作氛围,从工作制度和工作习惯上予以保证。建立奖励、激励机制,鼓励各级人员对安全生产管理工作积极建言献策,群策群力共同提高安全生产管理水平。

【参考示例】

安全生产提案表如表4.9所示。

表4.9　安全生产提案表

部门		提案人	
提案内容			提案人(签字):
提案回复			回复人(签字):

4.1.4 安全生产投入

4.1.4.1 安全生产费用保障制度应明确费用的提取、使用、管理的程序、职责及权限。

4.1.4.2 按有关规定保证具备安全生产条件所必需的资金投入。

【考核内容】

安全生产费用保障制度应明确费用的提取、使用、管理的程序、职责及权限。(3分)

按有关规定保证具备安全生产条件所必需的资金投入。(5分)

【赋分原则】

查制度文本；未以正式文件发布，扣3分；制度内容不全，每缺一项扣1分；制度内容不符合有关规定，每项扣1分。

查相关文件和记录；资金投入不足，扣5分。

【条文解读】

1. 制定安全生产投入管理制度，明确安全生产投入资金相关管理部门的职责、安全生产投入的内容和要求，安全生产投入的计划和实施、监督管理等，并以正式文件下发。

2. 按照安全生产投入管理制度要求，保证投入的资金专款专用。

3. 计划投入的安全经费应当年完成或超额完成，如未能完成应说明原因，结余资金结转下年度使用。

【规程规范技术标准及相关要求】

1.《中华人民共和国安全生产法》(2021年修正)。

2.《中华人民共和国职业病防治法》(中华人民共和国主席令第八十一号)。

3.《水利部关于发布〈水利工程设计概(估)算编制规定〉的通知》(水总〔2014〕429号)。

【备查资料】

1. 以正式文件发布的安全生产投入管理制度。

2. 安全生产资金投入明细。

【实施要点】

1. 制定安全生产投入管理制度，明确安全生产投入资金相关管理部门的职责、安全生产投入的内容和要求，安全生产投入的计划和实施、监督管理等，并以正式文件下发。

2. 按照安全生产投入管理制度要求，保证投入的资金专款专用。

3. 计划投入的安全经费应当年完成或超额完成，如未能完成应说明原因，结余资金结转下年度使用。

【参考示例】

安全生产投入制度

第一章 总则

第二章 安全生产投入的提取

第三章　安全生产投入的内容和要求

第四章　安全生产投入的计划和实施

第五章　安全生产投入的监督管理

4.1.4.3　根据安全生产需要编制安全生产费用使用计划，并严格审批程序，建立安全生产费用使用台账。

4.1.4.4　落实安全生产费用使用计划，并保证专款专用。

【考核内容】

根据安全生产需要编制安全生产费用使用计划，并严格审批程序，建立安全生产费用使用台账。(3 分)

落实安全生产费用使用计划，并保证专款专用。(6 分)

【赋分原则】

查相关记录；未编制安全生产费用使用计划，扣 3 分；审批程序不符合规定，扣 1 分；未建立安全生产费用使用台账，扣 3 分；台账不全，每缺一项扣 1 分；未落实安全生产费用使用计划，每项扣 2 分；未专款专用，每项扣 2 分。

【条文解读】

1. 水管单位安全生产费用的使用要按照相关法律规章规定进行制度化管理，按财务有关制度实施控制，做到投入有计划，财务有专门台账，计划审批和使用审批程序合法合规，并形成完整和准确的记录档案。

2. 水管单位应严格执行上级批复的安全生产费用使用计划，做到当年计划当年完成。按规定范围安排使用，不得挤占、挪用，年度结余资金结转下年度使用。

3. 安全生产费用应用于与安全生产直接相关的支出。如完善、改造和维护安全防护设施设备支出；配备、维护、保养应急救援器材、设备支出和应急演练支出；开展重大危险源和事故隐患评估、监控和整改支出；安全生产检查、评价的咨询及标准化建设支出；安全生产宣传、教育、培训及安全生产月活动支出；配备和更新现场作业人员安全防护用品支出；安全生产适用的新技术、新标准、新工艺、新装备的推广应用支出；安全设施及特种设备检测检验支出。

【规程规范技术标准及相关要求】

1.《中华人民共和国安全生产法》(2021 年修正)。

2.《水利部关于发布〈水利工程设计概(估)算编制规定〉的通知》(水总〔2014〕429 号)。

【备查资料】

1. 安全生产投入年度计划及审批记录。

2. 安全生产费用投入使用台账。

3. 安全生产费用投入使用凭证。

【实施要点】

1. 严格按照有关规定进行预算管理。水管单位向上级水行政主管部门申请年度财务预算,上级主管部门有批复文件,支出预算明细中应列入安全投入经费项目。

2. 安全生产费用在财务中应设立专项科目,审批程序符合财务规定,做到专款专用。

3. 安全生产费用的使用要建立使用台账,有完整的费用明细账。

4. 每年年初由各职能部门申报年度安全投入计划,综合办公室汇总审核后会同财务等部门共同制定本年度安全生产费用的使用计划。

5. 使用计划纳入单位年度财务预算,应经单位主要负责人批准后向上级水行政主管部门上报,并有正式批复。

6. 经上级批复的计划应分发到相关部门相互配合执行。

7. 安全生产费用的采购、验收、审核、批准应符合财务管理相关规定。

【参考示例】

×××单位文件

×××单位20××年度安全生产费用投入计划

为认真贯彻"安全第一、预防为主、综合治理"的方针,规范安全生产投入管理工作,结合单位实际情况,制定安全生产费用使用计划如下。

一、20××年度安全生产费用投入概述

×××单位20××年度安全生产费用投入预算:×××万元。主要包含:

1. 安全生产培训及劳动防护用品配备

……

二、安全生产费用使用计划

三、安全生产投入计划的实施

四、安全生产投入的监督管理

具体安全生产费用投入计划表如表 4.10 所示。

表 4.10 具体安全生产费用投入计划表

序号	费用名称	项目	计划投入费用

安全生产费用使用台账如表 4.11 所示。

表 4.11 安全生产费用使用台账

单位名称:×××单位

序号	材料名称	单位	数量	单价	总价	规格	采购时间	备注

4.1.4.5 每年对安全生产费用的落实情况进行检查、总结和考核,并以适当方式公开安全生产费用提取和使用情况。

【考核内容】

每年对安全生产费用的落实情况进行检查、总结和考核,并以适当方式公开安全生产费用提取和使用情况。(3分)

【赋分原则】

查相关记录;未进行检查、总结和考核,扣3分;未公开安全生产费用提取和使用情况,扣1分。

【条文解读】

1. 安全生产费用的监督检查是保证安全生产费用是否合规有效使用的手段。

2. 主要检查安全费用是否专款专用、程序是否合规、资金是否有保障等,发现问题及时纠正,为下年度安全经费的使用等提供参考。

3. 检查应按照有关制度规定进行,年底应进行总结,分析全年经费使用情况,并以适当形式公布。

【规程规范技术标准及相关要求】

《中华人民共和国安全生产法》(2021年修正)。

【备查资料】

安全生产费用投入使用总结、考核记录。

【实施要点】

1. 水管单位应按安全生产投入管理制度及安全生产监督检查办法进行检查,由财务审计部门组织,安监、工会、审计、监察等相关部门配合,每半年检查一次,发现的问题应告知相关部门并及时落实整改。

2. 每半年一次对安全费用使用情况进行公布,在安委会会议上通报或张贴经费使用明细;每年对安全费用使用情况进行总结,纳入财务预决算报告,向职工代表大会报告,并做好有关记录。

【参考示例】

×××单位文件

×安〔20××〕×号

×××单位20××年度安全生产费用投入使用情况检查报告

为认真贯彻"安全第一、预防为主、综合治理"的方针,规范安全生产投入管理工作,结合单位实际情况,单位安全生产领导小组会同财务部门等相关部门对20××年度安全生产经费的使用情况进行检查,现将结果汇报如下。

一、20××年度安全生产费用投入预算

二、安全生产费用使用情况

三、安全生产费用使用情况检查结论

详细费用投入表如表 4.12 所示。

表 4.12　详细费用投入表

序号	费用名称	项目	投入费用	备注
1				

×××单位

20××年××月××日

4.1.4.6　按照有关规定,为从业人员及时办理相关保险。

【考核内容】

按照有关规定,为从业人员及时办理相关保险。(5分)

【赋分原则】

查相关记录;未办理相关保险,扣5分;参保人员不全,每缺一人扣1分。

【条文解读】

1. 办理相关保险是保障职工健康的有效方式。
2. 保险主要有员工工伤保险、意外伤害保险。
3. 保险费用应清晰可循。

【规程规范技术标准及相关要求】

1.《中华人民共和国安全生产法》(2021年修正)。
2.《工伤保险条例》(国务院令第586号)。

【备查资料】

1. 员工花名册、考勤记录、工资发放表。
2. 员工工伤保险、意外伤害保险清单及凭证。
3. 工伤认定决定书、工伤伤残等级鉴定书等员工保险待遇档案记录。
4. 企业缴纳工伤保险凭证。
5. 保险理赔凭证。

【实施要点】

相关保险主要是指工伤保险和意外伤害保险。工伤保险的作用是保障因工作遭受事故伤害或者患职业病的职工获得医疗救治和经济补偿;意外伤害是指意外伤害所致的死亡和残疾,不包括疾病所致的死亡,投保该险种,是为了弥补工伤保险补偿不足的缺口。

【参考示例】

×××单位文件

×安〔20××〕×号

×××单位20××年度安全生产费用投入使用情况检查报告

为认真贯彻"安全第一、预防为主、综合治理"的方针,规范安全生产投入管理工作,结合单位实际情况,单位安全生产领导小组会同财务部门等相关部门对20××年度安全生产经费的使用情况进行检查,现将结果汇报如下。

一、20××年度安全生产费用投入预算

二、安全生产费用使用情况

三、安全生产费用使用情况检查结论

详细费用投入表如表4.13所示。

表4.13 详细费用投入表

序号	费用名称	项目	投入费用	备注
1	保险费用	工伤保险		
		意外伤害保险		
		……		

4.1.5 安全文化建设

根据实际情况,建立安全生产电子台账管理、重大危险源监控、职业病危害防治、应急管理、安全风险管控和隐患自查自报、安全生产预测预警等信息系统,利用信息化手段加强安全生产管理工作。(10分)

【考核内容】

1. 确立本单位安全生产和职业病危害防治理念及行为准则,并教育、引导全体人员贯彻执行。(5分)

2. 制定安全文化建设规划和计划,开展安全文化建设活动。(5分)

【赋分原则】

查相关文件和记录;未确立理念或行为准则,扣5分;未教育、引导全体人员贯彻执行,扣5分;未制定安全文化建设规划或计划,扣5分;未按计划实施,每项扣2分;单位主要负责人未参加安全文化建设活动,扣2分。

【条文解读】

1. 确立本单位安全生产和职业病危害防治理念及行为准则,以正式文件下发,并教育、引导全体人员贯彻执行。

2. 安全文化建设是单位提高职工安全意识、制定安全目标、强化安全责任、完善安全设施、加强安全监管、建立健全各项安全规章制度、提升安全管理水平、实现本质安全的重要途径,是水管单位水文化建设的重要组成部分。其目的是形成以人为本、安全发展的共同安全价值观。

3. 安全文化建设要通过安全载体来体现和推进,安全文化建设载体主要有:

(1) 文化艺术的方法,如安全文艺、安全文学等;

(2) 宣传教育的方法,如对安全法律法规、安全方针、安全目标的宣传等；

(3) 科学技术的方法,如普及安全科学、发展安全科学技术等；

(4) 管理的方法,如采用行政、法治、经济管理手段等,推行现代的安全管理模式；

(5) 安全文化活动的方法,如安全生产月活动、安全表彰、安全技能演练活动等。

4. 水管单位应根据本单位特点制定安全文化建设发展规划,分析本单位安全文化现状,明确本单位安全文化规划的指导思想与目标、安全文化建设的主要任务及保障机制和措施。

【备查资料】

1. 防治理念及行为准则

(1) 安全生产文化和职业病危害防治理念。

(2) 安全生产文化和职业病危害防治行为准则。

(3) 安全生产文化和职业病危害防治理念及行为准则教育资料。

2. 安全文化建设

(1) 安全文化建设规划。

(2) 安全文化建设计划。

(3) 安全文化活动记录。

【实施要点】

1. 确立安全生产管理理念和行为准则。生产经营单位应根据自身安全生产管理特点及要求,建立安全生产管理的理念和行为准则。

2. 制定本单位安全文化建设规划和计划(3～5年),并以正式文件下发。

3. 围绕单位安全文化建设规划,开展丰富多彩的安全生产活动,重要活动要制定详细的活动方案,活动有记录。

【参考示例1】

×××单位文件

×安[20××]×号

关于印发《×××单位安全文化建设年度计划(20××)》的通知

各部门：

为进一步加强本单位安全生产文化建设,强化安全生产思想基础和文化支撑,大力推进实施安全发展战略,根据上级水管单位20××年安全生产工作要点,结合单位工程管理实际,编制了《×××单位安全文化建设年度计划(20××)》,现印发给你们,请认真贯彻落实并有序推进实施。

特此通知。

附件：×××单位20××年安全文化建设计划

×××单位

20××年××月××日

×××单位20××年安全文化建设计划

为进一步增强本单位在安全文化建设中的主动性,塑造更为可行的适合单位安全发展需要的安全文化体系,明确安全文化建设的切入点和具体措施办法,制定本计划。

一、指导思想

二、安全文化工作计划

【参考示例2】

×××单位文件
关于举办×××培训的通知

各部门:

根据本单位20××年安全生产工作安排,为进一步强化安全管理水平,不断提高职工安全素质及法律意识,更好履行安全职责,经研究,决定举办一期×××培训。现将有关事项通知如下:

一、培训对象:

二、培训时间:

三、培训地点:

四、培训形式:

五、培训内容:

六、其他事项:

……

×××单位

20××年××月××日

安全教育培训记录表如表4.14所示。

表4.14 安全教育培训记录表

单位(部门):

培训主题				主讲人	
培训地点		培训时间		培训学时	
参加人员(签到)					
培训内容					
培训考核方式	□考试 □实际操作 □事后检查 □课堂评价				
培训效果评估					
填写人				日期	

4.1.6 安全生产信息化建设

根据实际情况,建立安全生产电子台账管理、重大危险源监控、职业病危害防治、应急管理、安全风险管控和隐患自查自报、安全生产预测预警等信息系统,利用信息化手段加强安全生产管理工作。

【考核内容】

根据实际情况,建立安全生产电子台账管理、重大危险源监控、职业病危害防治、应急管理、安全风险管控和隐患自查自报、安全生产预测预警等信息系统,利用信息化手段加强安全生产管理工作。(10 分)

【赋分原则】

查相关系统,未建立信息系统,扣 10 分;信息系统不全,每缺一项扣 2 分。

【条文解读】

当今经济社会各领域,信息已经成为重要的生产要素,渗透到生产经营活动的全过程,融入安全生产管理的各环节。安全生产信息化就是利用信息技术,通过对安全生产领域信息资源的开发利用和交流共享,提高安全生产管理水平,推动安全生产形势稳定好转。

【规程规范技术标准及相关要求】

《水利部关于贯彻落实〈中共中央 国务院关于推进安全生产领域改革发展的意见〉实施办法》(水安监〔2017〕261 号)。

【备查资料】

1. 安全生产信息管理系统。
2. 项目法人还应提供监督检查各参建单位开展此项工作的记录和督促落实工作记录。

【实施要点】

安全生产信息化建设是加强安全生产管理的重要手段和途径,可以大幅提升企业安全生产工作效率和工作成效。因此,在评审标准中要求生产经营单位根据自身实际情况,建立安全生产管理信息系统,系统内容包括电子台账、重大危险源监控、职业病危害防治、应急管理、安全风险管控和隐患自查自报、安全生产预测预警等功能模块。

【参考示例】

水利部水利安全生产信息系统如图 4.1 所示。

图 4.1 水利部水利安全生产信息系统

4.2 模块二:制度化管理

4.2.1 法规标准识别

4.2.1.1 安全生产法律法规、标准规范管理制度应明确归口管理部门、识别、获取、评审、更新等内容。

【考核内容】

安全生产法律法规、标准规范管理制度应明确归口管理部门、识别、获取、评审、更新等内容。(3分)

【赋分原则】

查制度文本;未以正式文件发布,扣3分;制度内容不全,每缺一项扣1分;制度内容不符合有关规定,每项扣1分。

【条文解读】

1. 国家、地方及各行业主管部门为保障安全生产出台了相关的法律法规、标准规范,并不断更新,形成较为完善的安全生产法规体系。

2. 水利工程管理单位应定期识别和获取适用的最新安全生产法律法规、行业标准、规程规范等,并结合本单位实际,制(修)订合规的各项安全规章制度和安全操作规程。

3. 为规范识别、获取、评审、更新等要求,必须制定安全生产法律法规、标准规范管理制度。

【规程规范技术标准及相关要求】

《中华人民共和国安全生产法》(2021年修正):

第四条 生产经营单位必须遵守本法和其他有关安全生产的法律、法规,加强安全生产管理,建立健全全员安全生产责任制和安全生产规章制度,加大对安全生产资金、物资、技术、人员的投入保障力度,改善安全生产条件,加强安全生产标准化、信息化建设,构建安全风险分级管控和隐患排查治理双重预防机制,健全风险防范化解机制,提高安全生产水平,确保安全生产。

【备查资料】

以正式文件发布的安全生产法律法规、标准规范管理制度。

【实施要点】

1. 制定《安全生产法律法规标准规范管理制度》,并以正式文件发布,其内容主要包括:

(1) 规定识别、获取、评审、更新安全生产法律法规等环节的主管部门、人员及其在各环节中的工作职责。

(2) 明确识别、获取的渠道、方式、周期。

(3) 明确识别和获取的范围,如法律法规、部门规章、地方性法规、国家和行业标准、规范性文件及其他要求等。

2. 及时将获取的最新适用的安全生产法律、标准规范融入本单位的管理制度、操作规程、精细化管理、作业指导书等相关规定中去。

3. 及时组织职工对更新后的法规进行学习和培训,并做好记录。
【参考示例】

×××单位文件
×安〔20××〕×号

关于修订《×××单位安全生产制度汇编》的通知

各部门:

为全面落实安全生产责任制,强化安全管理,有效防范和遏制事故发生,维护正常的生产、工作和生活秩序,根据国家安全生产法律法规、规范规程,并结合绩效评定结果及持续改进要求,×××单位对20××年制度进行了修订。

现印发给你们,希望认真贯彻执行。执行过程中如遇到问题及时向安全生产领导小组反馈。

特此通知。

附件:×××单位安全生产制度汇编

×××单位
20××年××月××日

4.2.1.2 职能部门和所属单位应及时识别、获取适用的安全生产法律法规和其他要求,归口管理部门每年发布一次适用的清单,建立文本数据库。

【考核内容】

职能部门和所属单位应及时识别、获取适用的安全生产法律法规和其他要求,归口管理部门每年发布一次适用的清单,建立文本数据库。(5分)

【赋分原则】

查相关文件和记录;未发布清单,扣5分;识别和获取不全,每缺一项扣1分;法律法规或其他要求失效,每项扣1分;未建立文本数据库,扣5分。

【条文解读】

1. 水管单位各职能部门、基层站所的专业性要求不同,应根据自身的专业特点和作用定期(每半年或一年)识别和获取本部门适用的安全生产法规。"其他要求"是指上级部门、行业惯例、地方及其他相关安全规定。

2. 各职能部门、基层站所应及时将识别的安全生产法律法规提供给主管部门汇总发布。

【备查资料】

1. 法律法规、标准规范辨识清单。
2. 法律法规、标准规范发放记录。

【实施要点】

1. 各职能部门和基层单位定期识别和获取适用的法律法规、行业标准、规程规范和其他要求,形成文本数据库,并以表单的形式递交给主管部门。

2. 主管部门每年及时发布或更新法律法规、标准清单,发布的形式除正式文件发布外,也可利用网络等其他形式。

3. 主管部门及时对识别获取的法律法规进行合规性评价,剔除过期、失效的法律法规。

4. 主管部门应按照安全生产法律法规效力层次建立目录清单(台账)和文本库(包括电子版)。

【参考示例】

×××单位文件
×安〔20××〕×号

关于印发《安全生产法律法规和其他要求清单》的通知

各部门:

为及时掌握适用的最新安全生产法律法规、标准规范及其他要求,保证本单位水利工程安全生产,经各部门识别和获取,安全领导小组评审,现将适用本单位的《20××年安全生产法律法规和其他要求清单》印发给你们。请对照清单的内容,及时搜集整理所需的法律法规和标准规范并配备到相关岗位,同时开展相关培训。作废的法律法规应及时辨识、回收、处理,防止误用。与20××年相比,清单增加了《水利水电工程(水电站、泵站)运行危险源辨识与风险评价导则》,更新了《生产经营单位生产安全事故应急预案编制导则》(GB/T 29639—2020)。

附件:20××年安全生产法律法规和其他要求目录清单

×××单位
20××年××月××日

4.2.1.3　及时向员工传达并配备适用的安全生产法律法规和其他要求。

【考核内容】

及时向员工传达并配备适用的安全生产法律法规和其他要求。(7分)

【赋分原则】

查相关记录;未及时传达或配备,扣7分;传达或配备不到位,每少一人扣1分。

【条文解读】

1. 为了让职工更好地掌握和遵守安全生产相关法律法规,应及时配备与岗位相适应的现行有效的法律法规、规程规范和标准。

2. 通过培训和考试使职工熟悉新的法规及其他要求,以便规范安全生产行为。

【备查资料】

1. 发放法律法规、标准规范记录。

2. 法律法规、标准规范教育培训记录。

3. 适用法律法规、标准规范文本数据库(包括电子版)。

【实施要点】

1. 各职能部门和基层单位将修订或更新后的法律法规文本发放至相关岗位,并留下发放记录备查。

2. 各职能部门和基层单位对职工进行安全生产法律法规培训和考试,并做好记录备查。

【参考示例】

×××单位文件

关于举办×××培训的通知

各部门：

根据本单位20××年安全生产工作安排,为进一步强化安全管理水平,不断提高职工安全素质及法律意识,更好履行安全职责,经研究,决定举办一期×××培训。现将有关事项通知如下：

一、培训对象：

二、培训时间：

三、培训地点：

四、培训形式：

五、培训内容：

六、其他事项：

1. 各部门要高度重视,尽可能安排全部人员参加培训。

2. 培训人员在培训期间应认真听讲,做好笔记。

×××单位

20××年××月××日

安全教育培训记录表如表4.15所示。

表4.15 安全教育培训记录表

单位(部门)：

培训主题			主讲人	
培训地点		培训时间		培训学时	
参加人员(签到)				
培训内容				
培训考核方式	□考试 □实际操作 □事后检查 □课堂评价			
培训效果评估				
填写人			日期	

4.2.2 规章制度

4.2.2.1 及时将识别、获取的安全生产法律法规和其他要求转化为本单位规章制度,结合本单位实际,建立健全安全生产规章制度体系。规章制度应包含但不限于：(1)目标管理；(2)安全生产承诺；(3)安全生产责任制；(4)安全生产会议；(5)安全生产奖惩管理；(6)安全生产投入；(7)教育培训；(8)安全生产信息化；(9)新技术、新工艺、新材料、新设备设施、新材料管理；(10)法律法规标准规范管理；(11)文件、记录和档案管理；(12)重大危险源辨识与管理；(13)安全风险管理、隐患排查治理；(14)班组安全活动;(15)特种作业人员管理;(16)建设项目安全设施、职业病防护设施"三同时"管理;(17)设备设施管理;(18)安全设施管理;(19)作业活动管理;(20)危险物品管理;(21)警示标志管理;(22)消防安全管理;(23)交通安全管理;(24)防洪度汛安全管理;(25)工程安全监测;(26)调度管理;(27)工程维修养护;(28)用电安全管理;(29)仓库管理;(30)安全保卫;(31)工程巡查巡检;(32)变更管理;(33)职业健康管理;(34)劳动防护用品(具)管理;(35)安全预测预警;(36)应急管理;(37)事故管理;(38)相关方管理;(39)安全生产报告;(40)绩效评定管理。

【考核内容】

及时将识别、获取的安全生产法律法规和其他要求转化为本单位规章制度,结合本单位实际,建立健全安全生产规章制度体系。规章制度应包含但不限于:(1)目标管理;(2)安全生产承诺;(3)安全生产责任制;(4)安全生产会议;(5)安全生产奖惩管理;(6)安全生产投入;(7)教育培训;(8)安全生产信息化;(9)新技术、新工艺、新材料、新设备设施、新材料管理;(10)法律法规标准规范管理;(11)文件、记录和档案管理;(12)重大危险源辨识与管理;(13)安全风险管理、隐患排查治理;(14)班组安全活动;(15)特种作业人员管理;(16)建设项目安全设施、职业病防护设施"三同时"管理;(17)设备设施管理;(18)安全设施管理;(19)作业活动管理;(20)危险物品管理;(21)警示标志管理;(22)消防安全管理;(23)交通安全管理;(24)防洪度汛安全管理;(25)工程安全监测;(26)调度管理;(27)工程维修养护;(28)用电安全管理;(29)仓库管理;(30)安全保卫;(31)工程巡查巡检;(32)变更管理;(33)职业健康管理;(34)劳动防护用品(具)管理;(35)安全预测预警;(36)应急管理;(37)事故管理;(38)相关方管理;(39)安全生产报告;(40)绩效评定管理。(15分)

【赋分原则】

查制度文本;未以正式文件发布,每项扣3分;制度内容不符合有关规定,每项扣1分。

【条文解读】

1. 安全生产规章制度是以安全生产责任制为核心,指引和约束安全生产行为的准则,目的是明确各岗位安全职责、规范安全生产行为、建立和维护安全生产秩序。

2. 水利工程管理单位安全生产规章制度的制定,必须以国家法律法规、标准规范和其他要求为依据,体现本单位的业务特点,符合工程管理的实际,同时又要注意制度之间的衔接配套。

3. 安全生产规章制度的制定应包括起草、会签、审核、签发、发布五个流程。

【规程规范技术标准及相关要求】

《中华人民共和国安全生产法》(2021年修正):

第二十一条 生产经营单位的主要负责人对本单位安全生产工作负有下列职责:

(二)组织制定本单位安全生产规章制度和操作规程;

第二十五条 生产经营单位的安全生产管理机构以及安全生产管理人员履行下列职责:

(一)组织或者参与拟订本单位安全生产规章制度、操作规程和生产安全事故应急救援预案;

【备查资料】
以正式文件发布的满足评审标准及安全生产管理工作需要的各项规章制度。
【实施要点】
1. 制定安全生产制度管理办法,明确安全生产制度的制定流程、更新修订、保管发放、职工获取途径等。
2. 制定本单位各项安全生产规章制度,并根据最新的法律法规要求修订完善。
3. 安全生产规章制度须以正式文件发布,并组织职工学习培训。
【参考示例】

×××单位文件
×安〔20××〕×号

关于修订《×××单位安全生产制度汇编》的通知

各部门:

为全面落实安全生产责任制,强化安全管理,有效防范和遏制事故发生,维护正常的生产、工作和生活秩序,根据国家安全生产法律法规、规范规程并结合绩效评定结果及持续改进要求,×××单位对20××年制度进行了修订。

现印发给你们,希望认真贯彻执行。执行过程中,如遇到问题及时向安全生产领导小组反馈。

特此通知。

附件:×××单位安全生产制度汇编　　　　　　　　　　　　　×××单位
　　　　　　　　　　　　　　　　　　　　　　　　　　　20××年××月××日

4.2.2.2　及时将安全生产规章制度发放到相关工作岗位,并组织培训。

【考核内容】
及时将安全生产规章制度发放到相关工作岗位,并组织培训。(10分)
【赋分原则】
查相关记录;工作岗位发放不全,每缺一个扣2分;规章制度发放不全,每缺一项扣2分。
【条文解读】
1. 水管单位应将安全生产规章制度发放到各个职能部门、基层单位及相关工作岗位。
2. 各单位部门应开展安全生产规章制度教育培训,使每位职工熟悉和掌握相关安全生产规章制度。
【规程规范技术标准及相关要求】
《中华人民共和国安全生产法》(2021年修正)。
【备查资料】
1. 满足评审标准及安全生产管理工作需要的各项规章制度。
2. 规章制度的印发记录。
3. 规章制度教育培训记录。

【实施要点】

1. 及时将安全生产规章制度通过文件汇编或电子文件等形式发放到相关岗位,并做好文件发放记录。

2. 规章制度发放后,应组织职工进行学习培训并做好记录。安全操作规程类的规章制度,还应对相关人员进行考核,合格后才能上岗作业。

【参考示例】

资料发放登记表如表 4.16 所示。

表 4.16　资料发放登记表

序号	发放时间	名称	数量	领取部门	领用人签字	备注

4.2.3　操作规程

4.2.3.1　引用或编制安全操作规程,确保从业人员参与安全操作规程的编制和修订工作。

4.2.3.2　新技术、新材料、新工艺、新设备设施投入使用前,组织编制或修订相应的安全操作规程,并确保其适宜性和有效性。

4.2.3.3　安全操作规程应发放到相关作业人员。

【考核内容】

1. 引用或编制安全操作规程,确保从业人员参与安全操作规程的编制和修订工作。(10 分)

2. 新技术、新材料、新工艺、新设备设施投入使用前,组织编制或修订相应的安全操作规程,并确保其适宜性和有效性。(5 分)

3. 安全操作规程应发放到相关作业人员。(10 分)

【赋分原则】

4.2.3.1　查规程文本和记录;未以正式文件发布,每项扣 3 分;规程内容不符合有关规定,每项扣 2 分;规程的编制和修订工作无从业人员参与,每项扣 1 分。

4.2.3.2　查规程文本和记录;"四新"投入使用前,未组织编制或修订安全操作规程,每项扣 2 分。

4.2.3.3　查相关记录并查看现场;未及时发放到相关作业人员,每缺一人扣 1 分。

【条文解读】

安全操作规程是指在生产经营活动中,为消除能导致人身伤亡或者造成设备、财产破坏以及危害环境的因素而制定的具体技术要求和实施程序的统一规定。安全操作规程与岗位紧密联系。水管单位主要负责人应当组织制定本单位的安全生产规章制度和操作规程,并保证其有效实施。

【规程规范技术标准及相关要求】

《中华人民共和国安全生产法》(2021 年修正)。

【备查资料】

1. 以正式文件发布的安全操作规程。
2. 安全操作规程编制、审批记录。
3. 从业人员参与编制操作规程的工作记录。
4. 安全操作规程发放记录(至岗位)。
5. 安全操作规程教育培训记录。

【实施要点】

1. 编制操作规程。梳理、列出可能涉及的工种、岗位清单,有针对性地编制操作规程。操作规程可自行编制,也可直接引用、借鉴国家或行业已经颁布的标准、规范。

2. 操作规程应保证全面性和适用性。所编制的操作规程,一是应覆盖本单位所涉及的工种、岗位;二是应结合本单位生产工艺、作业任务特点以及岗位作业安全风险与职业病防护要求,不得存在明显违反相关安全技术规定的内容。编制过程中,应创造条件确保相关岗位、工种的从业人员参与操作规程的编制,可提高操作规程的适用性和针对性,并能使其更深入掌握操作规程的内容。

3. 操作规程应发放到工种和岗位人员。操作规程是为作业工种、岗位操作人员服务和使用的技术文件,所以操作规程应发放到所对应的工种、岗位操作人员手中,并有签收记录,仅发放到工作队或班组的做法是不妥的。

4. 操作规程的教育培训。根据《中华人民共和国安全生产法》第二十八条规定:"生产经营单位应当对从业人员进行安全生产教育和培训,保证从业人员具备必要的安全生产知识,熟悉有关的安全生产规章制度和安全操作规程,掌握本岗位的安全操作技能,了解事故应急处理措施,知悉自身在安全生产方面的权利和义务。未经安全生产教育和培训合格的从业人员,不得上岗作业。"操作规程的教育培训工作应纳入单位的教育培训计划,结合《评审标准》中教育培训工作的相关要求开展,教育培训档案记录应符合《评审标准》的相关规定。

【参考示例1】

×××单位文件

×安〔20××〕×号

关于印发《×××单位运行规程》的通知

各部门:

  为规范工程运行管理,保证工程安全运行,根据国家安全生产法律法规、规范规程并结合单位实际情况,管理所编制了《×××单位运行规程》,现予以印发,希望认真贯彻执行。执行过程中,如遇到问题请向技术部门反馈。

  特此通知。

  附件:×××单位运行规程

×××单位

20××年××月××日

【参考示例2】

×××单位文件
×安〔20××〕×号

关于举办×××培训的通知

各部门：

根据本单位20××年安全生产工作安排,为进一步强化安全管理水平,不断提高职工安全素质及法律意识,更好履行安全职责,经研究决定举办一期×××培训。现将有关事项通知如下：

一、培训对象：

二、培训时间：

三、培训地点：

四、培训形式：

五、培训内容：

六、其他事项：

1. 各部门要高度重视,尽可能安排全部人员参加培训。

2. 培训人员在培训期间应认真听讲,做好笔记。

×××单位
20××年××月××日

安全教育培训记录表如表4.17所示。

表4.17 安全教育培训记录表

单位(部门)：

培训主题				主讲人	
培训地点		培训时间		培训学时	
参加人员(签到)					
培训内容					
培训考核方式	□考试　□实际操作　□事后检查　□课堂评价				
培训效果评估					
填写人				日期	

资料发放登记表如表4.18所示。

表4.18 资料发放登记表

序号	发放时间	名称	数量	领取部门	领用人签字	备注

4.2.4 文档管理

4.2.4.1 文件管理制度应明确文件的编制、审批、标识、收发、使用、评审、修订、保管、废止等内容,并严格执行。

【考核内容】

文件管理制度应明确文件的编制、审批、标识、收发、使用、评审、修订、保管、废止等内容,并严格执行。(3分)

【赋分原则】

查制度文本和记录;未以正式文件发布,扣3分;制度内容不全,每缺一项扣1分;制度内容不符合有关规定,每项扣1分;未按规定执行,每项扣1分。

【条文解读】

1. 建立安全文件管理制度是为规范安全体系文件的管理,确保各过程、环节、场所使用的文件具有统一性、完整性、正确性和有效性。

2. 水管单位安全生产文件的编制、收发、使用、保管、废止等方面的流程应符合本单位文件管理要求。

【备查资料】

以正式文件发布的文件管理制度。

【实施要点】

1. 制定文件管理制度,主要内容符合标准规范及上级公文处理办法的要求,并以正式文件发布。

2. 安全生产管理文件管理流程严格执行本单位文件管理制度的要求。

【参考示例】

×××单位文件

×安〔20××〕×号

关于修订《×××单位安全生产制度汇编》的通知

各部门:

为全面落实安全生产责任制,强化安全管理,有效防范和遏制事故发生,维护正常的生产、工作和生活秩序,根据国家安全生产法律法规、规范规程并结合绩效评定结果及持续改进要求,×××单位对20××年制度进行了修订。

现印发给你们,希望认真贯彻执行。执行过程中,如遇到问题请及时向安全生产领导小组反馈。

特此通知。

附件:×××单位安全生产制度汇编　　　　　　　　　　　　　×××单位
　　　　　　　　　　　　　　　　　　　　　　　　　　　20××年××月××日

(注:《×××单位安全生产制度汇编》内涵盖文件管理制度,定期对汇编文件进行修订印发。)

文件管理制度

第一章 总则

第二章 文件种类

第三章 文件标识

4.2.4.2 记录管理制度应明确记录管理职责及记录的填写、收集、标识、保管和处置等内容,并严格执行。

【考核内容】

记录管理制度应明确记录管理职责及记录的填写、收集、标识、保管和处置等内容,并严格执行。(3分)

【赋分原则】

查制度文本和记录;未以正式文件发布,扣3分;制度内容不全,每缺一项扣1分;制度内容不符合有关规定,每项扣1分;未按规定执行,每项扣1分。

【条文解读】

1. 安全生产记录应真实、完整、准确,能反映安全生产的过程和全貌,为今后的安全生产管理、工程运行、原因分析等提供有价值的信息。

2. 水管单位安全生产记录主要包括安全生产会议记录、隐患管理信息、培训记录、检查和整改记录、危险源及监控、职业健康管理记录、安全活动记录、法定检测记录、应急演练记录、事故管理记录、各类检查记录、设施设备维护保养记录、劳保防护用品领用记录等与安全生产相关的各类记录。

3. 安全记录管理制度应明确记录的管理职责及记录填写、标识、收集、存储、保护、检索和处置的要求。

【备查资料】

以正式文件发布的记录管理制度。

【实施要点】

1. 制定符合单位实际的安全记录管理制度,主要内容符合标准规范和档案管理要求,并以正式文件发布。

2. 单位安全记录应按照所制定的管理制度要求执行。

【参考示例】

×××单位文件
×安〔20××〕×号

关于修订《×××单位安全生产制度汇编》的通知

各部门：

  为全面落实安全生产责任制，强化安全管理，有效防范和遏制事故发生，维护正常的生产、工作和生活秩序，根据国家安全生产法律法规、规范规程并结合绩效评定结果及持续改进要求，×××单位对20××年制度进行了修订。

  现印发给你们，希望认真贯彻执行。执行过程中，如遇到问题请及时向安全生产领导小组反馈。

  特此通知。

  附件：×××单位安全生产制度汇编

×××单位

20××年××月××日

（注：《×××单位安全生产制度汇编》内涵盖记录管理制度，定期对汇编进行修订印发。）

记录管理制度

第一章　总则

第二章　……

第三章　……

4.2.4.3 档案管理制度应明确档案管理职责及档案的收集、整理、标识、保管、使用和处置等内容，并严格执行。

【考核内容】

档案管理制度应明确档案管理职责及档案的收集、整理、标识、保管、使用和处置等内容，并严格执行。（3分）

【赋分原则】

查制度文本和记录；未以正式文件发布，扣3分；制度内容不全，每缺一项扣1分；制度内容不符合有关规定，每项扣1分；未按规定执行，每项扣1分。

【条文解读】

1. 安全生产档案是反映安全生产活动的记录资料，其主要内容包括：安全生产文件、安全生产会议记录、隐患管理信息、培训记录、检查和整改记录、危险源及监控、职业健康管理记录、安全活动记录、法定检测记录、关键设备设施档案、应急演习信息、事故管理记录等反映安全生产活动的记录资料。

2. 安全生产档案的形成和归档、管理与使用等应符合安监总办〔2007〕126号及其他档案法规规定。

【规程规范技术标准及相关要求】

1.《中华人民共和国安全生产法》(2021年修正)：

第四十条　生产经营单位对重大危险源应当登记建档，进行定期检测、评估、监控，并制定应急预案，告知从业人员和相关人员在紧急情况下应当采取的应急措施。生产经营单位应当按照国家有关规定将本单位重大危险源及有关安全措施、应急措施报有关地方人民政府应急管理部门和有关部门备案。有关地方人民政府应急管理部门和有关部门应当通过相关信息系统实现信息共享。

2.《中华人民共和国档案法》：

第四条　档案工作实行统一领导、分级管理的原则，维护档案完整与安全，便于社会各方面的利用。

第九条　机关、团体、企业事业单位和其他组织应当确定档案机构或者档案工作人员负责管理本单位的档案，并对所属单位的档案工作实行监督和指导。

第十九条　档案馆以及机关、团体、企业事业单位和其他组织的档案机构应当建立科学的管理制度，便于对档案的利用；按照国家有关规定配置适宜档案保存的库房和必要的设施、设备，确保档案的安全；采用先进技术，实现档案管理的现代化。

【备查资料】

以正式文件发布的档案管理制度。

【实施要点】

1. 严格执行安全生产档案管理的制度，及时将应归档文件按规定时限归档，并满足安全记录资料要求。

2. 档案室的整理用具、温湿度控制设施以及灭火器材等硬件设施应符合有关规定。

3. 档案管理使用应做到规范化、信息化。

【参考示例】

×××单位文件

×安〔20××〕×号

关于修订《×××单位安全生产制度汇编》的通知

各部门：

为全面落实安全生产责任制，强化安全管理，有效防范和遏制事故发生，维护正常的生产、工作和生活秩序，根据国家安全生产法律法规、规范规程并结合绩效评定结果及持续改进要求，×××单位对20××年制度进行了修订。

现印发给你们，希望认真贯彻执行。执行过程中，如遇到问题请及时向安全生产领导小组反馈。

特此通知。
附件：×××单位安全生产制度汇编　　　　　　　　×××单位
　　　　　　　　　　　　　　　　　　　　　　20××年××月××日
（注：《×××单位安全生产制度汇编》内涵盖档案管理制度，定期对汇编进行修订印发。）

档案管理制度

第一章　总则

第二章　……

第三章　……

4.2.4.4 每年至少评估一次安全生产法律法规、标准规范、规范性文件、规章制度、操作规程的适用性、有效性和执行情况。

【考核内容】

每年至少评估一次安全生产法律法规、标准规范、规范性文件、规章制度、操作规程的适用性、有效性和执行情况。（3分）

【赋分原则】

查相关记录；未按时进行评估或无评估结论，扣3分；评估结果与实际不符，扣2分。

【条文解读】

1. 为了确保安全生产法律法规、技术标准、规章制度、操作规程的有效执行，规范职工的行为，消除违规现象，应按照有关规定对各条款进行识别、评审，查找日常生产作业和管理过程中不符合法律法规的有关制度，制定具体的整改措施，进一步规范作业行为，消除违规现象。从而满足法律法规相关条款的要求，达到保护环境、保障职工身体健康、实现本质安全的目的。

2. 检查评估的目的是查找违法现象和行为，确保每位职工能够遵守法律法规、规章制度、操作规程。

【备查资料】

法律法规、规程规范、规章制度、操作规程（水管单位）评估报告。

【实施要点】

1. 检查评估可以结合日常性检查开展，检查评估可由单位自行组织，也可聘请有关专业技术咨询中介机构或专家进行。

2. 安全监督部门每年组织进行一次全面的检查评估，可与安全生产标准化的绩效评定工作相结合。

3. 检查评估应形成评估报告并以文件形式发布，对评估中发现的问题应立即整改，整改的要求和方式与隐患治理工作相结合。

【参考示例】

×××单位文件

×安〔20××〕×号

关于印发《安全生产法律法规、技术标准、规章制度、操作规程有效性评价报告》的通知

各部门、全体职工：

　　为确保安全生产法律法规、技术标准、规章制度、操作规程的有效执行，规范职工的行为，消除违规现象，依据《水利工程管理单位安全生产标准化评审标准》要求，组织人员对识别的安全生产法律法规和其他要求、安全生产规章制度和操作规程进行了评价，形成了《安全生产法律法规、技术标准、规章制度、操作规程有效性评价报告》。现印发给你们，请认真贯彻执行已发布的安全生产法律法规、安全生产规章制度及操作规程，立即整改评估中发现的问题。

　　附件：安全生产法律法规、技术标准、规章制度、操作规程有效性评价报告

×××单位

20××年××月××日

4.2.4.5 根据评估、检查、自评、评审、事故调查等发现的相关问题，及时修订安全生产规章制度、操作规程。

【考核内容】

　　根据评估、检查、自评、评审、事故调查等发现的相关问题，及时修订安全生产规章制度、操作规程。（3分）

【赋分原则】

　　查相关记录；未及时修订，每项扣1分。

【条文解读】

　　1. 检查评估后，需要对不符合要求的安全生产规章制度或操作规程进行修订与完善、废止或者需要出台新规定。

　　2. 单位应每年至少进行一次评审和修订，确保其有效性和适用性，保证岗位所使用的是最新有效版本。

　　3. 当发生下述情况时，应及时进行修订：在国家安全生产法律法规、规程、标准废止、修订或新颁布时；在单位归属、体制、规模发生重大变化时；在运行设施新建、扩建、改建时；在技术路线和装置设备发生变更时；在上级（安全监督部门）提出相关整改意见时；在安全检查、风险评价过程中发现涉及规章制度层面的问题时；在分析事故原因、发现制度性因素时。

【备查资料】

　　修订及重新发布的记录。

【实施要点】

安全生产管理规章制度和操作规程修订须按照安全生产制度管理办法规定的审批程序进行,并以正式文件发布。

【参考示例】

×××单位文件

×安〔20××〕×号

关于修订《×××单位安全生产制度汇编》的通知

各部门:

为全面落实安全生产责任制,强化安全管理,有效防范和遏制事故发生,维护正常的生产、工作和生活秩序,根据国家安全生产法律法规、规范规程,并结合绩效评定结果及持续改进要求,×××单位对20××年制度进行了修订。

现印发给你们,希望认真贯彻执行。执行过程中,如遇到问题请及时向安全生产领导小组反馈。

特此通知。

附件:×××单位安全生产制度汇编

×××单位

20××年××月××日

4.3 模块三:教育培训

4.3.1 教育培训管理

4.3.1.1 安全教育培训制度应明确归口管理部门、培训的对象与内容、组织与管理、检查和考核等要求。

【考核内容】

安全教育培训制度应明确归口管理部门、培训的对象与内容、组织与管理、检查和考核等要求。(3分)

【赋分原则】

查制度文本;未以正式文件发布,扣3分;制度内容不全,每缺一项扣1分;制度内容不符合有关规定,每项扣1分。

【条文解读】

1. 安全教育培训制度是提高职工安全思想意识和自我防护能力,预防和减少安全生产事故的发生,保障单位安全生产的一项重要制度。

2. 安全教育培训的对象包括:主要负责人、安全专(兼)职人员及其他管理人员、特种作业人员、新进单位人员、离岗后重新上岗人员、变换工种人员。

3. 安全教育培训的内容包括:国家、地方及行业安全生产的法律法规、规程规范、标准及其他要求,单位的规章制度、操作规程、运行规程、应急预案及新技术、新工艺、新设备、新材料、新流程的安全技术特性等。

4. 水管单位应建立健全安全教育培训的组织机构,明确主管部门及职责任务,教育培训主管部门应加强对安全教育培训的检查和考核,确保培训质量和效果。

【规程规范技术标准及相关要求】

1.《中华人民共和国安全生产法》(2021年修正):

第二十八条 生产经营单位应当对从业人员进行安全生产教育和培训,保证从业人员具备必要的安全生产知识,熟悉有关的安全生产规章制度和安全操作规程,掌握本岗位的安全操作技能,了解事故应急处理措施,知悉自身在安全生产方面的权利和义务。未经安全生产教育和培训合格的从业人员,不得上岗作业。生产经营单位使用被派遣劳动者的,应当将被派遣劳动者纳入本单位从业人员统一管理,对被派遣劳动者进行岗位安全操作规程和安全操作技能的教育和培训。劳务派遣单位应当对被派遣劳动者进行必要的安全生产教育和培训。生产经营单位应当建立安全生产教育和培训档案,如实记录安全生产教育和培训的时间、内容、参加人员以及考核结果等情况。

第二十九条 生产经营单位采用新工艺、新技术、新材料或者使用新设备,必须了解、掌握其安全技术特性,采取有效的安全防护措施,并对从业人员进行专门的安全生产教育和培训。

第三十条 生产经营单位的特种作业人员必须按照国家有关规定经专门的安全作业培训,取得相应资格,方可上岗作业。特种作业人员的范围由国务院安全生产监督管理部门会同国务院有关部门确定。

2.《中华人民共和国职业病防治法》(主席令第五十二号)。

【备查资料】

以正式文件发布的安全教育培训制度。

【实施要点】

1. 建立安全教育培训制度,内容包括:组织机构及职责、教育培训活动的要求、培训计划及实施、检查与考核等。

2. 制度的内容应全面,不应漏项,并以正式文件发布。

【参考示例】

×××单位文件
×安〔20××〕×号

关于修订《×××单位安全生产制度汇编》的通知

各部门:

为全面落实安全生产责任制,强化安全管理,有效防范和遏制事故发生,维护正常的生产、工作和生活秩序,根据国家安全生产法律法规、规范规程并结合绩效评定结果及持续改进要求,×××单位对20××年制度进行了修订。

现印发给你们,希望认真贯彻执行。执行过程中,如遇到问题请及时向安全生产领导小组反馈。

特此通知。

附件：×××单位安全生产制度汇编　　　　　　　　　　　×××单位

20××年××月××日

（注：《×××单位安全生产制度汇编》涵盖安全教育培训制度，定期对汇编进行修订印发。）

4.3.1.2　定期识别安全教育培训需求，编制培训计划，按计划进行培训，对培训效果进行评价，并根据评价结论进行改进，建立教育培训记录、档案。

【考核内容】

定期识别安全教育培训需求，编制培训计划，按计划进行培训，对培训效果进行评价，并根据评价结论进行改进，建立教育培训记录、档案。（17分）

【赋分原则】

查相关文件和记录；未编制年度培训计划，扣17分；培训计划不合理，扣3分；未进行培训效果评价，每次扣2分；未根据评价结论进行改进，每次扣2分；记录、档案资料不完整，每项扣2分。

【条文解读】

1. 水管单位应注重安全教育的全过程管理，具体包括：识别需求、制定计划、落实场地、实施培训以及效果评估改进等。

2. 水管单位应组织各单位部门每年识别安全培训需求，主管安全培训部门拟定年度安全培训教育计划。

3. 安全教育培训计划应包含培训工作目标、主要内容、培训经费、工作要求，保障教育培训场地、教材、教师等资源。

4. 培训计划拟定后，各部门要严格落实安全教育培训计划，对安全培训效果进行评估和改进，评估通过现场评价、考试、实际操作、检查等方式进行。培训主管部门要对安全培训计划执行情况进行跟踪检查。

【规程规范技术标准及相关要求】

1.《中华人民共和国职业病防治法》（主席令第五十二号）。

2.《国务院安委会关于进一步加强安全培训工作的决定》（安委〔2012〕10号）。

【备查资料】

1. 以正式文件发布的年度培训计划。

2. 教育培训档案资料包括：培训通知、回执、培训资料、照片资料、考试考核记录、成绩单、培训效果评价等。

3. 根据效果评价结论而实施的改进记录。

【实施要点】

1. 培训主管部门征求各部门意见，收集培训需求，制定培训计划。

2. 落实每次培训的地点、教材、教师等资源，确定培训的内容，按计划进行培训。

3. 通过现场评价、考试、实际操作、检查等形式对培训效果进行评估，对存在的问题，分析原因，加以改进。

4. 安全教育培训要有相应的记录,建立档案,以备查询。培训记录包括培训时间、培训内容、主讲人员以及参加人员(可以做成签到表),与评估资料收集在一起,建立专门档案。

【参考示例1】

×××单位文件

×安〔20××〕×号

关于印发20××年×××单位安全生产教育培训计划的通知

各部门、全体职工:

  为认真贯彻"安全第一、预防为主、综合治理"的方针,规范安全生产培训管理工作,结合本单位职工教育培训实际情况,为达到运行人员培训全覆盖,印发安全生产教育培训计划。

  附件:×××单位20××年安全生产教育培训计划表

×××单位
20××年××月××日

【参考示例2】

×××单位文件

关于举办×××培训的通知

各部门:

  根据本单位20××年安全生产工作安排,为进一步强化安全管理水平,不断提高职工安全素质及法律意识,更好履行安全职责,经研究,决定举办一期×××培训。现将有关事项通知如下:

  一、培训对象:

  二、培训时间:

  三、培训地点:

  四、培训形式:

  五、培训内容:

  六、其他事项:

  1. 各部门要高度重视,尽可能安排全部人员参加培训。

  2. 培训人员在培训期间应认真听讲,做好笔记。

×××单位
20××年××月××日

20××年安全生产教育培训计划表如表4.19所示。

表 4.19 20××年安全生产教育培训计划表

单位(盖章)：

序号	培训班名称	培训内容	培训范围	办班期数	办班时间（年　月）	学时	办班地点	培训规模（人/期）	主办单位	联系人及联系电话
1										
2										
3										
4										
5										
6										
7										
8										
9										
10										

单位领导(签字)：　　　　　　　填表人：　　　　　　　联系电话：

安全教育培训记录表如表 4.20 所示。

表 4.20 安全教育培训记录表

单位(部门)：

培训主题				主讲人	
培训地点		培训时间		培训学时	
参加人员(签到)					
培训内容					
培训考核方式	□考试　□实际操作　□事后检查　□课堂评价				
培训效果评估					
填写人：				日期：	

4.3.2　人员教育培训

4.3.2.1　应对各级管理人员进行教育培训，确保其具备正确履行岗位安全生产职责的知识与能力，每年按规定进行再培训。按规定经有关部门考核合格。

【考核内容】

应对各级管理人员进行教育培训，确保其具备正确履行岗位安全生产职责的知识与能力，每年按规定进行再培训。按规定经有关部门考核合格。(10 分)

【赋分原则】

查相关文件、记录并查看现场；培训不全，每少一人扣 1 分；对岗位安全生产职责不熟悉，每人扣 1 分；未按规定考核合格，每人扣 2 分。

【条文解读】

1. 主要负责人是指单位法定代表人，安全生产管理人员是指单位分管安全生产的负责人、安全生产机构负责人及其管理人员,以及未设安全生产机构的本单位专、兼职安全生产管理人员等。

2. 与管理活动相适应的安全生产知识和管理能力主要是指熟悉有关安全生产规章制度和安全操作规程,具备必要的安全生产知识,掌握本岗位的安全操作技能,增强预防事故、控制职业危害和应急处理的能力。

3. 水管单位主要负责人和安全生产管理人员经上级水行政主管部门或当地安全生产监管部门培训机构培训合格后,取得相应的培训合格证书。

【规程规范技术标准及相关要求】

1.《中华人民共和国安全生产法》(2021年修正):

第二十七条 生产经营单位的主要负责人和安全生产管理人员必须具备与本单位所从事的生产经营活动相应的安全生产知识和管理能力。

2.《国务院安委会关于进一步加强安全培训工作的决定》(安委〔2012〕10号)。

3.《生产经营单位安全培训规定》(安监总局令〔2015〕第80号):

第四条 生产经营单位应当进行安全培训的从业人员包括主要负责人、安全生产管理人员、特种作业人员和其他从业人员。

第六条 生产经营单位主要负责人和安全生产管理人员应当接受安全培训,具备与所从事的生产经营活动相适应的安全生产知识和管理能力。

第七条 生产经营单位主要负责人安全培训应当包括下列内容:

(一)国家安全生产方针、政策和有关安全生产的法律、法规、规章及标准;

(二)安全生产管理基本知识、安全生产技术、安全生产专业知识;

(三)重大危险源管理、重大事故防范、应急管理和救援组织以及事故调查处理的有关规定;

(四)职业危害及其预防措施;

(五)国内外先进的安全生产管理经验;

(六)典型事故和应急救援案例分析;

(七)其他需要培训的内容。

第八条 生产经营单位安全生产管理人员安全培训应当包括下列内容:

(一)国家安全生产方针、政策和有关安全生产的法律、法规、规章及标准;

(二)安全生产管理、安全生产技术、职业卫生等知识;

(三)伤亡事故统计、报告及职业危害的调查处理方法;

(四)应急管理、应急预案编制以及应急处置的内容和要求;

(五)国内外先进的安全生产管理经验;

(六)典型事故和应急救援案例分析;

(七)其他需要培训的内容。

第九条 生产经营单位主要负责人和安全生产管理人员初次安全培训时间不得少于32学时。每年再培训时间不得少于12学时。

【备查资料】

单位主要负责人及安全生产管理人员教育培训记录。

【实施要点】

1. 水管单位主要负责人和安全生产管理人员有相应的培训合格证书。

2. 对主要负责人和安全生产管理人员持证情况进行登记造册，内容包括姓名、证件类型、证件编号、发证单位、有效期限等。

【参考示例】

主要负责人及安全员培训记录如图4.2所示。

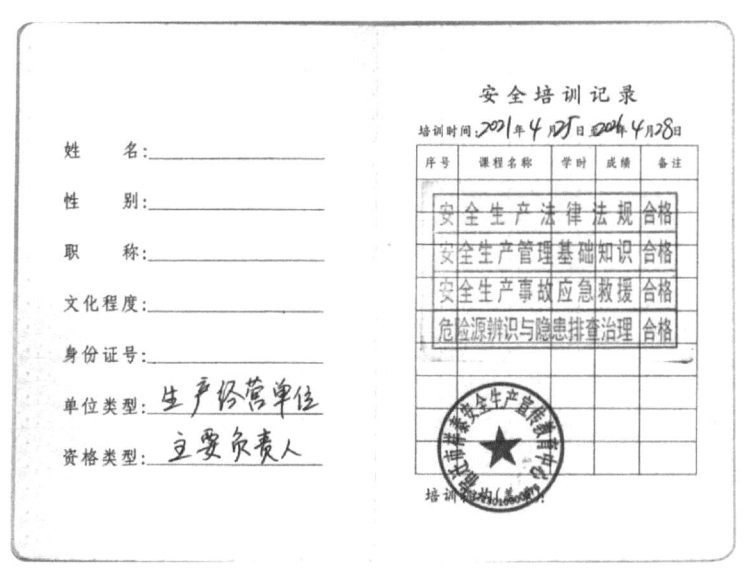

图 4.2 主要负责人及安全员培训记录

4.3.2.2 **新员工上岗前应接受三级安全教育培训，教育培训时间满足规定学时要求；在新工艺、新技术、新材料、新设备设施投入使用前，应根据技术说明书、使用说明书、操作技术要求等，对有关管理、操作人员进行培训；作业人员转岗、离岗一年以上重新上岗前，应经部门（站、所）、班组安全教育培训，经考核合格后上岗。**

【考核内容】

新员工上岗前应接受三级安全教育培训，教育培训时间满足规定学时要求；在新工艺、新技术、新材料、新设备设施投入使用前，应根据技术说明书、使用说明书、操作技术要求等，对有关管理、操作人员进行培训；作业人员转岗、离岗一年以上重新上岗前，应经部门（站、所）、班组安全教育培训，经考核合格后上岗。（10分）

【赋分原则】

查相关记录并查看现场；新员工未经培训考核合格上岗，每人扣2分；新工艺、新技术、新材料、新设备设施投入使用前，未按规定进行培训，每人扣1分；转岗、离岗复工人员未经培训考核合格上岗，每人扣2分。

【条文解读】

1. 新员工在上岗前应接受水管单位、部门、班组三级安全教育培训。

2. 水管单位新职工三级安全教育培训有：一级（上级水行政主管部门培训）、二级（部门培训)、三级(班组培训)。

(1) 一级岗前安全教育培训内容应包括：水法律规范、防汛防旱抢险知识；单位水利工程概况及安全生产基本知识；单位安全生产规章制度和劳动纪律；从业人员安全生产权利和义务；有关事故案例；事故应急救援、事故应急预案演练及防范措施等内容。

(2) 二级岗前安全培训内容应当包括：工作环境及危险因素；所从事工种可能遭受的职业危害和伤亡事故；所从事工种的安全职责、操作技能及强制性标准；自救互救、急救办法、疏散和现场紧急情况的处理；安全设备设施、个人防护用品的使用和维护；本部门安全生产状况及规章制度；预防事故和职业危害的措施及应注意的安全事项；有关事故案例；其他需要培训的内容。

(3) 三级岗前安全培训内容应当包括：岗位安全操作规程；岗位之间工作衔接配合的安全与职业卫生事项；有关事故案例；其他需要培训的内容。

3. 具备安全培训条件的水管单位，可以自主培训，也可委托具有相应资质的安全培训机构进行安全培训。不具备安全培训条件的单位，应当委托具有相应资质的安全培训机构进行安全培训。

【规程规范技术标准及相关要求】

1.《中华人民共和国安全生产法》(2021年修正)：

第二十八条 生产经营单位应当对从业人员进行安全生产教育和培训，保证从业人员具备必要的安全生产知识，熟悉有关的安全生产规章制度和安全操作规程，掌握本岗位的安全操作技能，了解事故应急处理措施，知悉自身在安全生产方面的权利和义务。未经安全生产教育和培训合格的从业人员，不得上岗作业。

第二十九条 生产经营单位采用新工艺、新技术、新材料或者使用新设备，必须了解、掌握其安全技术特性，采取有效的安全防护措施，并对从业人员进行专门的安全生产教育和培训。

第三十条 生产经营单位的特种作业人员必须按照国家有关规定经专门的安全作业培训，取得相应资格，方可上岗作业。特种作业人员的范围由国务院应急管理部门会同国务院有关部门确定。

2.《生产经营单位安全培训规定》(安监总局令〔2015〕第80号)：

第四条 生产经营单位应当进行安全培训的从业人员包括主要负责人、安全生产管理人员、特种作业人员和其他从业人员。生产经营单位使用被派遣劳动者的，应当将被派遣劳动者纳入本单位从业人员统一管理，对被派遣劳动者进行岗位安全操作规程和安全操作技能的教育和培训。劳务派遣单位应当对被派遣劳动者进行必要的安全生产教育和培训。生产经营单位接收中等职业学校、高等学校学生实习的，应当对实习学生进行相应的安全生产教育和培训，提供必要的劳动防护用品。学校应当协助生产经营单位对实习学生进行安全生产教育和培训。生产经营单位从业人员应当接受安全培训，熟悉有关安全生产规章制度和安全操作规程，具备必要的安全生产知识，掌握本岗位的安全操作技能，了解事故应急处理措施，知悉自身在安全生产方面的权利和义务。未经安全培训合格的从业人员，不得上岗作业。

第十二条 加工、制造业等生产单位的其他从业人员，在上岗前必须经过厂(矿)、车间(工段、区、队)、班组三级安全培训教育。生产经营单位应当根据工作性质对其他从业人员进行安全培训,保证其具备本岗位安全操作、应急处置等知识和技能。

第十三条 生产经营单位新上岗的从业人员,岗前安全培训时间不得少于24学时。

【备查资料】

1. 新进人员教育培训记录。
2. 教育培训的相关记录及统计资料。

【实施要点】

1. 新员工在上岗前应接受上级水管单位、部门、班组三级安全教育培训,培训时间不得少于24学时,考试合格后,方可上岗工作。保留培训记录,建立培训档案。

2. 水管单位新职工三级安全教育培训有:一级(上级水行政主管部门培训)、二级(部门培训)、三级(班组培训)。

(1) 上级水行政主管部门(一级)岗前安全教育培训内容应包括:安全生产情况及安全生产基本知识;安全生产规章制度和劳动纪律;从业人员安全生产权利和义务;有关事故案例;事故应急救援、事故应急预案演练及防范措施等内容。

(2) 部门(二级)岗前安全培训内容应当包括:工作环境及危险因素;所从事工种可能遭受职业危害和伤亡事故;所从事工种的安全职责、操作技能及强制性标准;自救互救、急救办法、疏散和现场紧急情况的处理;安全设备设施、个人防护用品的使用和维护;本部门安全生产状况及规章制度;预防事故和职业危害的措施及应注意的安全事项;有关事故案例;其他需要培训的内容。

(3) 班组(三级)岗前安全培训内容应当包括:岗位安全操作规程;岗位之间工作衔接配合的安全与职业卫生事项;有关事故案例;其他需要培训的内容。

3. 水管单位在新工艺、新技术、新材料、新装备、新流程投入使用之前,对有关从业人员重新进行有针对性的安全培训,将培训情况记入《安全生产教育培训台账》。

4. 水管单位在作业人员转岗、离岗一年以上重新上岗前,需对其进行部门、班组安全教育培训,经考核合格后方可上岗作业,并将培训情况记入《安全生产教育培训台账》。

【参考示例】

×××单位文件

关于举办×××培训的通知

各部门:

根据本单位20××年安全生产工作安排,为进一步强化安全管理水平,不断提高职工安全素质及法律意识,更好履行安全职责,经研究,决定举办一期×××培训。现将有关事项通知如下:

一、培训对象:

二、培训时间:

三、培训地点:

四、培训形式:

五、培训内容：

六、其他事项：

1. 各部门要高度重视，尽可能安排全部人员参加培训。
2. 培训人员在培训期间认真听讲，做好笔记。

×××单位
20××年××月××日

安全教育培训记录表如表4.21所示。

表4.21　安全教育培训记录表

单位（部门）：

培训主题			主讲人	
培训地点		培训时间	培训学时	
参加人员（签到）				
培训内容				
培训考核方式	□考试　□实际操作　□事后检查　□课堂评价			
培训效果评估				
填写人：			日期：	

新职工三级安全教育登记表如表4.22所示。

表4.22　新职工三级安全教育登记表

姓名		性别		联系方式	
身份证号				文化程度	
入职时间	年　月　日		进部门时间	年　月　日	
部门			班组/岗位		
三级安全教育内容		教育人		受教育人	
上级水管部门教育		签名 年　月　日		签名 年　月　日	
部门（单位）教育		签名 年　月　日		签名 年　月　日	
班组教育		签名 年　月　日		签名 年　月　日	

4.3.2.3　特种作业人员接受规定的安全作业培训，并取得特种作业操作资格证书后上岗作业；特种作业人员离岗6个月以上重新上岗，应经实际操作考核合格后上岗工作；建立健全特种作业人员档案。

【考核内容】

特种作业人员接受规定的安全作业培训，并取得特种作业操作资格证书后上岗作业；特种作业人员离岗6个月以上重新上岗，应经实际操作考核合格后上岗工作；建立健全特种作业人员档案。（15分）

【赋分原则】

查相关文件、记录并查看现场；未持证上岗，每人扣3分；离岗6个月以上，未经考核合格上岗，每人扣3分；特种作业人员档案资料不全，每少一人扣2分。

【条文解读】

1. 本条所称的特种作业人员是特殊工种作业人员和特种设备作业人员的统称。

2. 特种作业，是指容易发生事故，对操作者本人、他人的安全健康及设备、设施的安全可能造成重大危害的作业。

3. 水管单位特种作业主要包括：电工作业（高压电工作业、低压电工作业、防爆电气作业）、焊接与热切割作业（熔化焊接与热切割作业、压力焊作业、钎焊作业）、高处作业（登高架设作业，高处安装、维护、拆除作业）、锅炉、电梯、压力容器、起重机械、升船机等特种设备的管理和作业。

4. 《特种作业人员安全技术培训考核管理规定》中规定特种作业人员必须取得中华人民共和国特种作业操作证后方能从事相关作业。离开特种作业岗位6个月以上的特种作业人员，应当重新进行实际操作考试，经确认合格后方可上岗作业。

【规程规范技术标准及相关要求】

1. 《特种作业人员安全技术培训考核管理规定》（安监总局令第80号）：

第五条　特种作业人员必须经专门的安全技术培训并考核合格，取得中华人民共和国特种作业操作证（以下简称特种作业操作证）后，方可上岗作业。

第九条　特种作业人员应当接受与其所从事的特种作业相应的安全技术理论培训和实际操作培训。

第二十一条　特种作业操作证每3年复审1次。特种作业人员在特种作业操作证有效期内，连续从事本工种10年以上，严格遵守有关安全生产法律法规的，经原考核发证机关或者从业所在地考核发证机关同意，特种作业操作证的复审时间可以延长至每6年1次。

第二十三条　特种作业操作证申请复审或者延期复审前，特种作业人员应当参加必要的安全培训并考试合格。安全培训时间不少于8个学时，主要培训法律、法规、标准、事故案例和有关新工艺、新技术、新装备等知识。

2. 《特种设备作业人员监督管理办法》（质检总局令第140号）：

第二条　锅炉、压力容器（含气瓶）、压力管道、电梯、起重机械、客运索道、大型游乐设施、场（厂）内机动车辆等特种设备的作业人员及其相关管理人员统称特种设备作业人员。特种设备作业人员作业种类与项目目录由国家质量监督检验检疫总局统一发布。从事特种设备作业的人员应当按照本办法的规定，经考核合格取得特种设备作业人员证，方可从事相应的作业或者管理工作。

第五条　特种设备生产、使用单位（以下统称用人单位）应当聘（雇）用取得特种设备作业人员证的人员从事相关管理和作业工作，并对作业人员进行严格管理。特种设备作业人员应当持证上岗，按章操作，发现隐患及时处置或者报告。

第十一条　用人单位应当对作业人员进行安全教育和培训，保证特种设备作业人员具备必要的特种设备安全作业知识、作业技能和及时进行知识更新。作业人员未能参加用人单位培训的,可以选择专业培训机构进行培训。作业人员培训的内容按照国家质检总局制定的相关作业人员培训考核大纲等安全技术规范执行。

【备查资料】

1. 特种作业操作资格证书。

2. 特种作业人员重新上岗的考核合格证。

3. 特种作业人员档案资料、特种作业人员台账。

【实施要点】

1. 水管单位对本单位特种作业、特种设备进行梳理,确定需要培训的特种作业人员名单。

2. 根据《特种作业人员安全技术培训考核管理规定》《特种设备作业人员监督管理办法》相关要求和办法组织特种作业人员进行培训,按规定申领证书。

3. 及时组织对特种作业操作证进行复审,确保本单位特种作业操作证均在有效期之内。

4. 离开特种作业岗位6个月以上的特种作业人员,由返岗所在的部门或委托培训机构进行实际操作考试,经确认合格后方可上岗作业。

5. 建立特种作业人员档案并及时更新。

【参考示例】

特种作业人员登记表如表 4.23 所示。

表 4.23 特种作业人员登记表

特种作业类别：　　　　　　　　　　填报日期：　　　年　　月　　日

序号	姓名	工种	性别	年龄	证书编号	初次取证时间	复审时间和结果

4.3.2.4 每年对在岗作业人员进行安全生产教育和培训,培训时间和内容应符合有关规定。

【考核内容】

每年对在岗作业人员进行安全生产教育和培训,培训时间和内容应符合有关规定。(5分)

【赋分原则】

查相关记录;未按规定进行培训,每人扣1分。

【条文解读】

1. 经常性安全生产教育培训目的是保证在岗人员具备与所从事的生产经营活动相适应的安全生产知识和管理能力。培训对象应覆盖单位所有部门所有人员。

2. 经常性培训的频次按安全教育培训制度执行,一般人员每年应不少于12学时,危险性较大的作业人员每年培训时间应不少于20学时。

3. 经常性培训的主要内容包括岗位安全职责,安全生产法规、规程、标准,新技术、新知识,安全生产事故案例等。

【规程规范技术标准及相关要求】

1.《中华人民共和国安全生产法》(2021年修正)。

2.《生产经营单位安全培训规定》(安监总局令〔2015〕第80号)。

3.《国务院安委会关于进一步加强安全培训工作的决定》(安委〔2012〕10号)。

4.《水利部关于进一步加强水利安全培训工作的实施意见》(水安监〔2013〕88号)。

【备查资料】

教育培训的相关记录及统计资料。

【实施要点】

1. 水管单位应按规定对在岗人员进行经常性教育培训,培训学时及培训内容符合有关规定。

2. 做好培训记录,记入安全生产培训档案。

【参考示例1】

×××单位文件
×安〔20××〕×号

关于印发20××年×××单位安全生产教育培训计划的通知

各部门、全体职工:

为认真贯彻"安全第一、预防为主、综合治理"的方针,规范安全生产培训管理工作,结合本单位职工教育培训实际情况,为达到运行人员培训全覆盖,现印发安全生产教育培训计划。

附件:×××单位20××年安全生产教育培训计划表

×××单位
20××年××月××日

【参考示例2】

×××单位文件
关于举办×××培训的通知

各部门:

根据本单位20××年安全生产工作安排,为进一步强化安全管理水平,不断提高职工安全素质及法律意识,更好履行安全职责,经研究,决定举办一期×××培训。现将有关事项通知如下:

一、培训对象:

二、培训时间：
三、培训地点：
四、培训形式：
五、培训内容：
六、其他事项：

1. 各部门要高度重视，尽可能安排全部人员参加培训。
2. 培训人员在培训期间应认真听讲，做好笔记。

×××单位
20××年××月××日

20××年安全生产教育培训计划表如表4.24所示。

表4.24　20××年安全生产教育培训计划表

单位（盖章）：

序号	培训班名称	培训内容	培训范围	办班期数	办班时间（年 月）	学时	办班地点	培训规模（人/期）	主办单位	联系人及联系电话
1										
2										
3										
4										
5										
6										
7										
8										
9										
10										

单位领导（签字）：　　　　　　　填表人：　　　　　　　联系电话：

安全教育培训记录表如表4.25所示。

表4.25　安全教育培训记录表

单位（部门）：

培训主题			主讲人	
培训地点		培训时间	培训学时	
参加人员（签到）				
培训内容				
培训考核方式		□考试　□实际操作　□事后检查　□课堂评价		
培训效果评估				
填写人：　　　　　　　　　　　　　　　　日期：				

20××年安全生产教育培训完成情况统计表如表4.26所示。

表4.26 20××年安全生产教育培训完成情况统计表

教育培训类别	培训主题	日期	参培人员	备注

注：已按培训计划申报内容完成培训。

4.3.2.5 督促检查相关方的作业人员进行安全生产教育培训及持证上岗情况。

【考核内容】

督促检查相关方的作业人员进行安全生产教育培训及持证上岗情况。（5分）

【赋分原则】

查相关记录；未督促检查，扣5分；督促检查不全，每缺一个单位扣2分。

【条文解读】

1. 本条所称的相关方是指与单位的安全绩效相关联或受其影响的团体和个人，包括供货商、承包方、服务方、参观者、检查者等。

2. 水管单位应对在本单位范围内从事施工作业的人员进行安全教育培训，对相关方作业需持证上岗人员进行现场验证，确认合格后方可上岗作业。

【规程规范技术标准及相关要求】

《中华人民共和国安全生产法》（2021年修正）：

第二十八条　生产经营单位应当对从业人员进行安全生产教育和培训，保证从业人员具备必要的安全生产知识，熟悉有关的安全生产规章制度和安全操作规程，掌握本岗位的安全操作技能，了解事故应急处理措施，知悉自身在安全生产方面的权利和义务。未经安全生产教育和培训合格的从业人员，不得上岗作业。

生产经营单位使用被派遣劳动者的，应当将被派遣劳动者纳入本单位从业人员统一管理，对被派遣劳动者进行岗位安全操作规程和安全操作技能的教育和培训。劳务派遣单位应当对被派遣劳动者进行必要的安全生产教育和培训。

生产经营单位接收中等职业学校、高等学校学生实习的,应当对实习学生进行相应的安全生产教育和培训,提供必要的劳动防护用品。学校应当协助生产经营单位对实习学生进行安全生产教育和培训。

生产经营单位应当建立安全生产教育和培训档案,如实记录安全生产教育和培训的时间、内容、参加人员以及考核结果等情况。

第四十四条　生产经营单位应当教育和督促从业人员严格执行本单位的安全生产规章制度和安全操作规程;并向从业人员如实告知作业场所和工作岗位存在的危险因素、防范措施以及事故应急措施。

生产经营单位应当关注从业人员的身体、心理状况和行为习惯,加强对从业人员的心理疏导、精神慰藉,严格落实岗位安全生产责任,防范从业人员行为异常导致事故发生。

第四十五条　生产经营单位必须为从业人员提供符合国家标准或者行业标准的劳动防护用品,并监督、教育从业人员按照使用规则佩戴、使用。

【备查资料】

1. 分包单位(相关方)进场人员验证资料档案。
2. 分包单位(相关方)各工种安全生产教育培训、考核的记录。
3. 分包单位(相关方)的岗位作业及特种作业人员证书。

【实施要点】

1. 水管单位在项目实施前与相关方签订安全协议,明确双方安全责任与义务。督促项目承包方对其员工进行安全生产教育培训,经考核合格后进入施工现场。对经常进入本单位的相关方要定期进行培训。
2. 项目开工前检查相关方作业人员持证情况并现场验证。
3. 做好教育培训和特种作业人员持证情况检查记录。

【参考示例】

外来人员作业前安全培训记录如表 4.27 所示。

表 4.27　外来人员作业前安全培训记录

本次作业内容			作业地点		
作业开始时间					
作业结束时间					
培训地点			培训日期		
安全培训内容					
培训效果确认					
参加培训外来人员签到(由临时用工人员填写,管理所现场负责人确认)					
序号	姓名	年龄	性别	工种	联系方式

相关方特种作业人员持证情况现场验证表如表4.28所示。

表4.28 相关方特种作业人员持证情况现场验证表

单位(章)： 　　　　　　　　　　　　　　　填写日期： 　年 　月 　日

项目名称		项目负责人		安全监督	
施工单位		施工单位现场负责人			
项目开始时间		项目结束时间			
序号	姓名	作业类别	证件号码	身份证号码	验证人

验证结果：

　　　　　　　　　　　　　　　　　　　　　　　　　　项目单位负责人：

4.3.2.6 对外来人员进行安全教育，主要内容应包括：安全规定、可能接触到的危险有害因素、职业病危害防护措施、应急知识等，并由专人带领做好相关监护工作。

【考核内容】

对外来人员进行安全教育，主要内容应包括：安全规定、可能接触到的危险有害因素、职业病危害防护措施、应急知识等，并由专人带领做好相关监护工作。(5分)

【赋分原则】

查相关记录；未进行安全教育，扣5分；安全教育内容不符合要求，扣3分；无专人带领，扣5分。

【条文解读】

1. 水管单位应当对实习学生进行相应的安全生产教育和培训，教育培训主要内容包括相关安全生产规章制度、操作规程、岗位危害以及应急知识等。

2. 对外来参观学习、检查人员在进入现场前进行有关安全注意事项(现场存在的危险源、危险部位)、可能接触到的危害及应急知识等内容的告知，并由专人带领方可进入现场。

【规程规范技术标准及相关要求】

《中华人民共和国安全生产法》(2021年修正)。

【备查资料】

对外来参观、学习等人员进行安全教育或危险告知的记录。

【实施要点】

1. 对外来实习人员进行教育和培训，并有详细的教育和培训记录。

2. 对外来参观学习、检查人员进行安全告知并有记录。

3. 现场有专人陪同，一般不少于2人，并提供必要的防护用品。

【参考示例】
外来参观人员安全告知记录表如表 4.29 所示。

表 4.29　外来参观人员安全告知记录表

时间	年　　月　　日	事由	
参观单位/人员			
参观学习地点			
劳动防护用品		配备情况	
参观学习安全告知			
参观学习单位(代表)： 　　　　　　　　　　　　　告知人：			

4.4　模块四：现场管理

4.4.1　设施设备管理

4.4.1.1　基本要求

【考核内容】

按规定进行注册、变更登记；按规定进行安全鉴定，评价安全状况，评定安全等级，并建立安全技术档案；其他工程设施工作状态应正常，在一定控制运用条件下能实现安全运行。（10 分）

【赋分原则】

查相关文件并查看现场；技术档案不全，每缺一项扣 3 分。

【条文解读】

1. 注册登记

（1）水闸注册登记实行一闸一证制度。水闸注册登记采用网络申报方式进行，通过水闸注册登记管理系统开展工作。

（2）水闸注册登记实行分级负责制。国务院水行政主管部门负责指导和监督全国水闸注册登记工作，负责全国水闸注册登记的汇总管理。国务院水行政主管部门在国家确定的重要江河、湖泊设立的流域管理机构(以下简称流域管理机构)和新疆生产建设兵团水利局负责其所属水闸的注册登记、汇总、上报工作。县级以上地方人民政府水行政主管部门负责本地区所管辖水闸的注册登记、汇总、逐级上报工作。其他行业管辖的水闸向所在地县级人民政府水行政主管部门办理注册登记。受理水闸注册登记的流域管理机构、新疆生产建设兵团水利局和县级以上地方人民政府水行政主管部门，统称水闸注册登记机构。

（3）已建成运行的水闸，由其管理单位申请办理注册登记。无管理单位的水闸，由其主管部门或管理责任主体负责申请办理注册登记。新建水闸竣工验收之后3个月以内，应申请办理注册登记。

（4）水闸注册登记需履行申报、审核、登记、发证程序。

（5）水闸管理单位应向水闸注册登记机构申报登记，负责填报以下申报信息，并应确保申报信息的真实性、准确性。

① 水闸基本信息；

② 管理单位信息；

③ 工程竣工验收鉴定书（扫描件）；

④ 水闸控制运用计划（方案）批复文件（扫描件）；

⑤ 水闸安全鉴定报告书（扫描件）；

⑥ 病险水闸限制运用方案审核备案文件（扫描件）；

⑦ 水闸全景照片；

⑧ 其他资料。

（6）水闸注册登记机构负责审核水闸注册登记申报信息，复核申报信息的真实性、准确性。审核工作应在15个工作日内完成。

（7）水闸注册登记机构对申报信息审核合格的水闸予以登记。

（8）水闸注册登记后，系统自动生成电子注册登记证书（附有二维码）。水闸管理单位应根据工程管理需要自行打印，并在适当场所明示。

（9）已注册登记的水闸，水闸管理单位或管理单位的隶属关系发生变更的，或者由于安全鉴定、除险加固、改（扩）建、降等情况导致水闸注册登记信息发生变化的，水闸管理单位应在3个月内，通过水闸注册登记管理系统向水闸注册登记机构申请办理变更事项登记。变更审核工作应在15个工作日内完成。

（10）经主管部门批准报废的水闸，水闸管理单位应在3个月内通过水闸注册登记管理系统提供水闸报废批准文件（扫描件），向水闸注册登记机构申请办理注销登记。注销审核工作应在15个工作日内完成。

2. 安全鉴定

（1）水闸安全鉴定工作应按照《水闸安全评价导则》（SL 214—2015）执行，工作内容包括现状调查、安全检测、安全复核、安全评价等。

（2）现状调查应进行工程（含改扩建、除险加固）设计、建设、运行管理和规划与功能变化等技术资料收集，在了解工程概况、设计和施工、运行管理等基本情况基础上，初步分析工程存在的问题，提出现场安全检测和安全复核项目，编写工程现状调查分析报告。

（3）安全检测包括确定检测项目、内容和方法，主要是针对地基土和回填土的工程性质，防渗、导渗与消能防冲设施的完整性和有效性，砌体结构的完整性和安全性，混凝土与钢筋混凝土结构的耐久性，金属结构的安全性，机电设备的可靠性，监测设施的有效性，其他有关设施专项测试等，按有关规程进行检测后，分析检测资料，评价检测部位和结构的安全状态，编写安全检测（评价）报告。

（4）安全复核应以最新的设计资料、施工资料、运行管理资料、安全检测成果为依据，按照有关规范,水闸安全复核应包括防洪标准、渗流安全、结构安全、抗震安全、金属结构安全、机电设备安全等。

(5) 安全评价应在现状调查、安全检测和安全复核基础上,充分论证数据资料可靠性和安全检测、复核计算方法及其结果的合理性,提出工程存在的主要问题、水闸安全类别评定结果和处理措施建议,并编制水闸安全评价总报告。

(6) 由鉴定审定部门或委托有关单位,主持召开水闸安全鉴定审查会,组织成立专家组,对水闸安全评价报告进行审查,形成水闸安全鉴定报告书。鉴定审定部门审定并印发水闸安全鉴定报告书。

(7) 水闸主管部门及管理单位对鉴定为三类、四类的水闸,应采取除险加固、降低标准运用或报废等相应处理措施,在此之前必须制定保闸安全应急措施,并限制运用,确保工程安全。

(8) 经安全鉴定,水闸安全类别发生改变的,水闸管理单位应在接到水闸安全鉴定报告书之日起3个月内,向水闸注册登记机构申请变更注册登记。

(9) 鉴定组织单位应当按照档案管理的有关规定,及时对水闸安全评价报告和水闸安全鉴定报告书等资料进行归档,并妥善保管。

【规程规范技术标准及相关要求】

1.《水闸注册登记管理办法》(水运管〔2019〕260号)。

2.《水闸安全鉴定管理办法》(水建管〔2008〕214号)。

3.《水闸安全评价导则》(SL 214—2015)。

4.《水工钢闸门和启闭机安全运行规程》(SL/T 722—2020)。

5.《企业安全生产标准化基本规范》(GB/T 33000—2016)。

6.《水利安全生产标准化通用规范》(SL/T 789—2019)。

【实施要点】

1. 按规定进行注册、变更和注销登记,有相关注册登记证。

2. 按规定进行安全鉴定、评价安全状况和评定安全等级,形成完善的安全鉴定报告。

3. 按规定进行安全监测、检测,安全检查的类别和内容符合规定要求。

4. 按规定开展设备管理等级评定,及时将评定结果报上级主管部门核定。

5. 被鉴定为三类的水利工程应尽快编制除险加固计划,报上级主管部门批准后实施,消除安全隐患。

6. 按规定建立安全技术档案及相应数据库。

【现场管理】

自动化监测

【管理台账】

1. 水闸注册登记信息。

2. 水闸注册登记证。

水闸注册登记证如图 4.3 所示。

图 4.3　水闸注册登记证

3. 水闸注册登记变更事项登记表。
4. 水闸安全评价资料汇编。
5. 水行政主管部门印发的安全鉴定报告书。
6. 水闸除险加固前安全度汛措施(如有)。
7. 水闸除险加固期间安全度汛措施(如有)。
8. 水闸除险加固工程资料(如有)。
9. 关于×××水闸管理所设备等级评定结果认定的请示。

×××单位文件
××闸发〔20××〕×号　　签发人：×××

关于×××水闸设备等级评定的请示

×××单位：

根据《水工钢闸门和启闭机安全运行规程》(SL/T 722—2020)相关规定,我单位组织技术力量对×××闸工程的主要设备进行了设备等级评定。按照评定标准及实际情况,我单位对工程闸门×扇评定为一类设备(100%),启闭机×台套评定为一类设备(100%)。

当否,请予批示。

附件：1. ×××水闸工程设备等级评定报告
2. ×××水闸工程设备等级评定材料

×××单位
20××年××月××日

10. 20××年设备评级总结报告。

×××水闸工程设备等级评定报告

×××水闸管理所

1. 工程概况

2. 评定范围

3. 评定工作开展

4. 评定结果

5. 存在问题

6. 评定级表

……

12. 工程设备等级评定汇总表

13. 设备等级评定表

14. 关于×××水闸闸门和启闭机设备等级评定结果的批复

4.4.1.2 土工建筑物

【考核内容】

外观整齐美观,无雨淋沟、缺损、塌陷;无獾狐、白蚁等洞穴;与其他建筑物的连接处无绕渗或渗流量符合有关规定;导渗沟等附属设施完整;各主要监测量的变化符合有关规定。(15分)

【赋分原则】

查相关记录并查看现场;外观有缺陷,每处扣2分;外观有洞穴,每处扣2分;渗流量不符合规定,每处扣5分;附属设施不完整,每项扣2分;主要监测量变化异常,每项扣3分。

【条文解读】

1. 土工建筑物是以土石为主要建筑材料的水工建筑物。水管单位所管水工建筑物是水库、堤防、水闸及泵站的一种或几种。

2. 土工建筑物安全运行管理工作包括日常检查、定期检查、特别检查、养护与修理、工程观测、险情处理等。

3. 日常检查包括日常巡查和经常检查,一般日常巡查每日1次,可结合经常检查进行,在高水位、大流量运行时应增加巡查频次;工程建成5年内,经常检查每周检查不少于2次,5年后经常检查每周检查不少于1次。主要检查内容为土工建筑物主体与其他设施是否完好,常规检查方法主要为眼看、耳听、手摸、鼻嗅、脚踩等直观方法。

4. 定期检查由管理单位或其上级主管部门组织专业人员进行。每年汛前、汛后、引水前后、严寒地区的冰冻期起始和结束时进行。

5. 当发生大暴雨、台风、地震、超警戒水位等情况时,应进行专项检查,专项检查内容根据遭受灾害或事故的特点确定。

6. 水管单位应及时对土工建筑物进行检修养护工作,确保工程设施的完好。主要针对渗漏、裂缝、滑坡等情况进行修理,保证土工建筑物的安全运行。

7. 土工建筑物观测项目有沉陷、位移、浸润线、渗流量等。建筑物的观测时间应根据工程运用情况而定。在特殊情况下,如地震或发现不正常现象等,应增加测次测点,必要时增加观测项目,按规定做好记录,对观测资料进行整编归档。

【规程规范技术标准及相关要求】

1.《水闸技术管理规程》(SL 75—2014)。

2.《企业安全生产标准化基本规范》(GB/T 33000—2016)。

3.《水利安全生产标准化通用规范》(SL/T 789—2019)。

【实施要点】

1. 按规定对土工建筑物开展日常检查工作,检查过程中应认真仔细,不留死角,检查记录清楚、完整。

2. 针对土工建筑物检查中发现的问题,按规定及时开展养护与修理工作,完善维修养护记录,确保土工建筑物主体及其他设施安全完好。

3. 按规定开展沉降、渗流等观测工作,并按规定做好观测资料的整编和建档。必须对观测结果分析、评价。

4. 密切注视危及土工建筑物安全的险情发展情况,按照抢护方案及时抢护,确保工程设施安全运行。

【现场管理】

1. 外观整齐美观,无缺陷。

2. 无雨淋沟、缺损、塌陷,无白蚁等洞穴。

3. 与其他建筑物的连接处无绕渗或渗流量符合有关规定。

4. 导渗沟等附属设施完整。

【管理台账】

1. 日常巡查记录表。

2. 经常检查记录表。

3. 定期检查表。

4. 水闸专项检查记录表。

5. 观测资料。

6. 维修养护记录、施工管理卡。

4.4.1.3 圬工建筑物

【考核内容】

表面无裂缝,无松动、塌陷、隆起、倾斜、错动、渗漏、冻胀等缺陷,基础无冒水冒沙、沉陷等缺陷;防冲设施无冲刷破坏,反滤设施等保持畅通;各主要监测量的变化符合有关规定。(10分)

【赋分原则】

查相关记录并查看现场;表面、基础有缺陷,每处扣 2 分;墙身有异常,每处扣 5 分;防冲设施冲刷破坏,每处扣 2 分;反滤设施堵塞,每处扣 2 分;主要监测量变化异常,每项扣 3 分。

【条文解读】

1. 圬工建筑物主要是指用干砌石、浆砌石、砖建造的浆砌石坝、渡槽、桥等建筑物。

2. 圬工建筑物安全运行管理工作包括日常检查、定期检查、特别检查、养护与修理、工程观测、险情处理等。

3. 日常检查包括日常巡查和经常检查,一般日常巡查每日1次,可结合经常检查进行,在高水位、大流量运行时应增加巡查频次;工程建成5年内,经常检查每周检查不少于2次,5年后经常检查每周检查不少于1次。主要检查内容为圬工建筑物主体及其他设施是否完好,常规检查方法主要为眼看、耳听、手摸、鼻嗅、脚踩等直观方法。当发生大暴雨、台风、地震、超警戒水位等情况时,应进行特别检查。

4. 定期检查由管理单位或其上级主管部门组织专业人员进行。每年汛前、汛后、引水前后、严寒地区的冰冻期起始和结束时进行。

5. 当发生大暴雨、台风、地震、超警戒水位等情况时,应进行专项检查,专项检查内容根据遭受灾害或事故的特点确定。

6. 水管单位应及时对圬工建筑物进行检修养护工作,确保工程设施的完好。主要针对渗漏、剥蚀、冲刷、磨损、气蚀等情况进行修理,保证圬工建筑物的安全运行。

7. 圬工建筑物观测项目有沉陷、位移、伸缩缝、扬压力、渗流量等。建筑物的观测时间应根据工程运用情况而定。在特殊情况下,如地震或发现不正常现象等,应增加测次测点,必要时增加观测项目,按规定做好记录,对观测资料进行整编归档。

8. 对圬工建筑物影响较大的重大工程缺陷和隐患,应当限期进行除险、加固治理。密切注视险情发展情况,及时抢护,保证安全。

【规程规范技术标准及相关要求】

1.《水闸技术管理规程》(SL 75—2014)。

2.《企业安全生产标准化基本规范》(GB/T 33000—2016)。

3.《水利安全生产标准化通用规范》(SL/T 789—2019)。

【实施要点】

1. 按规定对圬工建筑物开展日常检查工作,检查过程中应认真仔细,不留死角,检查记录清楚、完整。

2. 针对圬工建筑物检查中发现的问题,按规定及时开展养护与修理工作,完善维修养护记录,确保圬工建筑物主体及其他设施安全完好。

3. 按规定开展沉降、渗流等观测工作,并按规定做好观测资料的整编和建档。必须对观测结果分析、评价。

4. 密切注视危及圬工建筑物安全的险情发展情况,按照抢护方案及时抢护,确保工程设施安全运行。

【现场管理】

1. 表面无裂缝,基础无缺陷。

2. 墙身完好。

3. 防冲设施完好。

4. 反滤设施正常,无堵塞。

【管理台账】

1. 日常巡查记录表。
2. 经常检查记录表。
3. 定期检查表。
4. 水闸专项检查记录表。
5. 观测资料。
6. 维修养护记录。

4.4.1.4 混凝土建筑物

【考核内容】

表面整洁,无塌陷、变形、脱壳、剥落、露筋、裂缝、破损、冻融破坏等缺陷;伸缩缝填料无流失;附属设施完整;各主要监测量的变化符合有关规定。(15分)

【赋分原则】

查相关记录并查看现场;表面有缺陷,每项扣2分;裂缝严重,每处扣5分;伸缩缝填料流失,扣5分;附属设施不完整,扣5分;主要监测量变化异常,每项扣3分。

【条文解读】

1. 混凝土建筑物主要指用混凝土(含钢筋砼)材料制成的砼坝、护坡、挡水墙等水工砼建筑物。混凝土建筑物安全运行管理的规程规范较多,具体主要有:《水闸技术管理规程》(SL 75—2014)、《混凝土坝安全监测技术规范》(SL 601—2013)、《水工混凝土建筑物缺陷检测和评估技术规程》(DL/T 5251—2010)等。

2. 混凝土建筑物安全运行管理工作包括日常检查、定期检查、特别检查、养护与修理、工程观测、险情处理等。

3. 日常检查包括日常巡查和经常检查,一般日常巡查每日1次,可结合经常检查进行,在高水位、大流量运行时应增加巡查频次;工程建成5年内,经常检查每周检查不少于2次,5年后经常检查每周检查不少于1次。主要检查内容为混凝土建筑物主体及其他设施是否完好,常规检查方法主要为眼看、耳听、手摸、鼻嗅、脚踩等直观方法。当发生大暴雨、台风、地震、超警戒水位等情况时,应进行特别检查。

4. 定期检查由管理单位或其上级主管部门组织专业人员进行。每年汛前、汛后、引水前后、严寒地区的冰冻期起始和结束时进行。

5. 当发生大暴雨、台风、地震、超警戒水位等情况时,应进行专项检查,专项检查内容根据遭受灾害或事故的特点确定。

6. 混凝土建筑物观测项目有沉陷、位移、伸缩缝、扬压力(轻型坝免测)、渗流量和混凝土温度等。建筑物的观测时间应根据工程运用情况而定。在特殊情况下,如地震或发现不正常现象等,应增加测次测点,必要时增加观测项目,按规定做好记录,对观测资料进行整编归档。

7. 对混凝土建筑物影响较大的重大工程缺陷和隐患,应当限期进行除险、加固治理。密切注视险情发展,及时抢护,保证安全。

【规程规范技术标准及相关要求】

1.《水闸技术管理规程》(SL 75—2014)。

2.《混凝土坝安全监测技术规范》(SL 601—2013)。

3.《水工混凝土建筑物缺陷检测和评估技术规程》(DL/T 5251—2010)。

4.《企业安全生产标准化基本规范》(GB/T 33000—2016)。

5.《水利安全生产标准化通用规范》(SL/T 789—2019)。

【实施要点】

1. 按规定对混凝土建筑物开展日常检查工作,检查过程中应认真仔细,不留死角,检查记录清楚、完整。

2. 水管单位应及时对混凝土建筑物进行检修养护工作,针对混凝土建筑物检查中发现的问题,按规定及时开展养护与修理工作,完善维修养护记录,确保混凝土建筑物主体及其他设施安全完好。

3. 按规定开展沉降、渗流等观测工作,并按规定做好观测资料的整编和建档。必须对观测结果分析、评价。

【现场管理】

1. 公路桥面平整、无不均匀塌陷。

2. 工作桥平整、无磨损。

3. 检修便桥无裂缝、腐蚀、磨损、剥蚀、露筋(网)及钢筋锈蚀等。

4. 胸墙无裂缝、腐蚀、磨损、剥蚀、露筋(网)及钢筋锈蚀等。

5. 翼墙无裂缝、腐蚀、磨损、剥蚀、露筋(网)及钢筋锈蚀等。

6. 伸缩缝填料完好,无损坏、漏水及填充物流失等。

7. 附属设施完整。

【管理台账】

1. 日常巡查记录表。

2. 经常检查记录表。

3. 定期检查表(每年汛前、汛后各一次)。

4. 水闸专项检查记录表。

5. 观测资料。

6. 维修养护记录。

4.4.1.5 机(厂)房

【考核内容】

外观整洁,结构完整,稳定可靠,满足抗震及消防要求,无裂缝、漏水、沉陷等缺陷;梁、板等主要构件及门窗、排水等附件完好;通风、防潮、防水满足安全运行要求;避雷装置安全可靠;边坡稳定,并有完好的监测手段。(10分)

【赋分原则】

查相关记录并查看现场;主要构件有缺陷,每项扣5分;不满足消防要求,扣2分;附件损毁,每项扣2分;通风、防潮、防水不满足要求,每项扣2分;避雷装置不符合规定,每项扣2分;边坡不稳定,扣2分。

【条文解读】

1. 水管单位管理的电站厂房、启闭机房、泵房、通信机房、发电机房等的管理用房是枢纽建筑物的重要组成部分，如果管理不善，会直接或间接造成安全事故。机(厂)房安全运行的管理规程有：《水工建筑物抗震设计规范》(SL 203—97)、《建筑物防雷设计规范》(GB 50057—2010)、《建筑物防雷装置检测技术规范》(GB/T 21431—2015)、《水闸技术管理规程》(SL 75—2014)等。

2. 机(厂)房安全运行管理工作包括日常检查、定期检查、特别检查、维修养护、避雷装置检测等。

3. 按规定对机(厂)房主要结构每一个月进行一次日常安全检查，当发生大暴雨、台风、地震、超警戒水位等情况时，应进行特别检查。

4. 水管单位应及时对机(厂)房进行检修养护工作，确保工程设施的完好。主要针对裂缝、漏水、门窗损坏等情况进行修理，保证建筑物的安全。

5. 为防止和减少雷击建筑物所发生的人身伤亡和文物、财产损失，以及雷击电磁脉冲引发的电气和电子系统的损害或错误运行，水管单位应定期进行防雷检测，并采取有效的防雷措施，保证建筑物的安全。

【规程规范技术标准及相关要求】

1. 《水工建筑物抗震设计规范》(SL 203—97)。
2. 《建筑物防雷设计规范》(GB 50057—2010)。
3. 《建筑物防雷装置检测技术规范》(GB/T 21431—2015)。
4. 《水闸技术管理规程》(SL 75—2014)。
5. 《企业安全生产标准化基本规范》(GB/T 33000—2016)。
6. 《水利安全生产标准化通用规范》(SL/T 789—2019)。

【实施要点】

1. 制定机(厂)房安全管理制度，定期开展安全检查，并做好记录。
2. 按规定开展安全观测和安全鉴定。
3. 针对日常安全检查中所发现的问题，对建筑物进行维修养护，确保主体及附属结构完整，并做好维修保养记录。
4. 按规定定期对避雷装置进行检测，确保其接地可靠，安全运行。

【现场管理】

1. 外观整洁，结构完整(如图 4.4 所示)。

图 4.4　机(厂)房外观整洁，结构完整

2. 消防设施完备、可靠(如图4.5所示)。

图4.5 消防设施

3. 主要构件及附件完好。
4. 通风、防潮、防水满足要求。
5. 避雷装置安全可靠。
6. 边坡稳定。
7. 制度需上墙明示。

【管理台账】

1. 日常巡查记录表。
2. 经常检查记录表。
3. 定期检查表。
4. 水闸专项检查记录表。
5. 观测资料。
6. 维修养护记录。
7. 定期防雷检测记录。

4.4.1.6 金属结构

【考核内容】

启闭机及升船机零部件及安全保护装置正常可靠,满足运行要求;按规定程序操作,并向有关单位通报信息;按规定开展启闭机及升船机设备管理等级评定;符合报废条件的及时按规定程序申请报废;运行记录规范;闸门表面无明显锈蚀;闸门止水装置密封可靠;闸门行走支承零部件无缺陷,平压设备(充水阀或旁通阀)完整可靠;门体的承载构件无变形;运转部位的加油设施完好、畅通;金属结构无变形、裂纹、锈蚀、气蚀、油漆剥落、磨损、振动以及焊缝开裂、铆钉或螺栓松动等现象;安全或附属装置运行正常;压力钢管伸缩节完好,无渗漏;每年汛前应对泄洪闸门进行检查和启闭试验。(20分)

【赋分原则】

查相关记录并查看现场;未按规定程序操作,每次扣3分;未向有关单位通报信息,每次扣10分;符合报废条件的,未按规定申请报废,扣5分;运行记录不全或不规范,每项扣2分;金属结构装置存在缺陷,每项扣2分;汛前未进行检查和启闭试验,扣5分。

【条文解读】

1. 启闭机用于各类大型给排水、水利水电工程。用于控制各类大、中型铸铁闸门及钢制闸门的升降达到开启与关闭的目的。启闭机由电机、机架、防护罩等组成;按照国家质检总局公布的《特种设备目录》,升船机属于特种设备,应该按照特种设备进行登记、检测等。

2.《水闸技术管理规程》《水利工程启闭机使用许可管理办法》《水工钢闸门和启闭机安全运行规程》《水工钢闸门和启闭机安全检测技术规程》《水利水电工程启闭机制造安装及验收规范》《水利水电工程金属结构报废标准》等规程规范对启闭机和升船机的安全运行作了明确规定。

3. 水管单位对启闭机等设备开展日常检查、定期检查和特别检查。日常检查间隔不宜超过1个月。定期检查应每年2次,宜在汛期前后或供水期前后检查,汛期前宜对设备进行运行试验,并保证设备运行正常。对无防汛功能的工程可根据工程运行情况每半年安排一次检查。特别检查应在设备运行期间发生影响设备安全运行的事故、超设计工况运行、遭遇不可抗拒的自然灾害等特殊情况后进行。

4. 为加强水利水电工程设备的运行管理,提高设备完好率和安全运行水平,延长设备使用寿命,宜每5年对闸门、拦污栅和启闭机进行一次设备管理等级评定。

5. 按规定对设备磨损、腐蚀情况、工艺要求等进行鉴定,符合报废条件的及时按规定程序申请报废,并做好应急救援预案,确保设备安全运行。

6. 运行记录妥善保存。记录内容应包括:启闭依据,操作时间、人员,启闭过程及历时,上、下游水位及流量、流态,操作前后设备状况,操作过程中出现的不正常现象及采取的措施等。

【规程规范技术标准及相关要求】

1.《水利工程管理考核办法》(水建管〔2016〕361号)。

2.《水工钢闸门和启闭机安全检测技术规程》(SL 101—2014)。

3.《水利水电工程金属结构报废标准》(SL 226—98)。

4.《水利水电工程启闭机制造安装及验收规范》(SL/T 381—2021)。

5.《水工钢闸门和启闭机安全运行规程》(SL/T 722—2020)。

6.《企业安全生产标准化基本规范》(GB/T 33000—2016)。

7.《水利安全生产标准化通用规范》(SL/T 789—2019)。

【实施要点】

1. 按规定开展安全检测,如日常检查、定期检查、特别检查、启闭机检查等。

2. 按规定开展管理等级评定,制作设备等级评定表。

3. 符合报废要求的及时进行报废,保证设备安全运行。

4. 按规定进行操作,并记录规范。

【现场管理】

1. 闸门表面无锈蚀,闸门防腐满足要求。

2. 闸门行走支承零部件无缺陷。

3. 门体的承载构件无变形。

4. 闸门埋件无变形、脱落。

5. 闸门止水完好,无老化、变形。

6. 卷扬式启闭机

(1)启闭机机架、减速器等外露部件,应保持清洁、干燥(如图4.6所示)。

图4.6 启闭机机架、减速器等外露部件,保持清洁、干燥

(2)启闭机钢丝绳无变形、打结、折弯、部分压扁、断股、电弧损坏等情况(如图4.7所示)。

图4.7 钢丝绳无变形、打结、断股等情况

(3)减速器油位应正常,端面、密封面应无油液渗漏(如图4.8所示)。

图4.8 油位观察孔

(4) 卷筒、卷筒轴无裂纹、变形(如图4.9所示)。

图4.9 卷筒、卷筒轴无裂纹、变形情况

(5) 传动轴、链条等零件无锈蚀、裂纹、变形、松动情况(如图4.10、图4.11所示)。

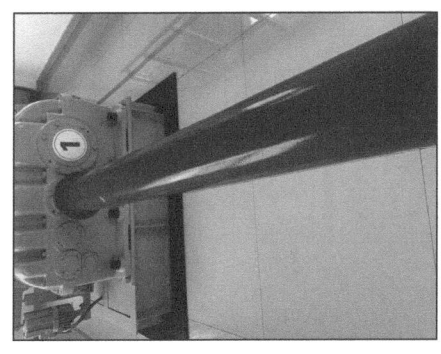   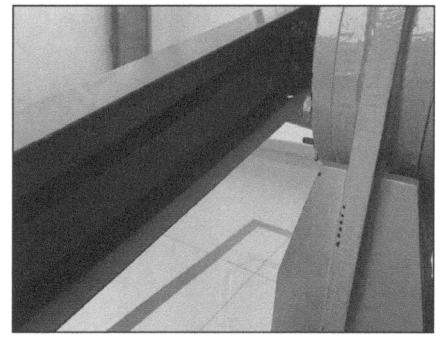

图4.10 传动轴无锈蚀、裂纹等情况　　图4.11 链条无锈蚀、松动等情况

(6) 液压制动器无漏油情况,制动可靠,制动间隙符合要求,负载弹簧无变形、裂纹现象(如图4.12至图4.14所示)。

图4.12 液压制动器无漏油情况　　图4.13 制动间隙符合要求

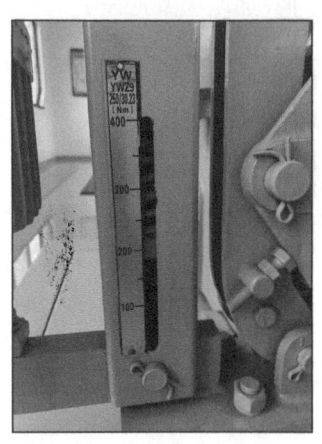

图 4.14　负载弹簧无变形、裂纹现象

（7）启闭机电机设备外壳有明接地（如图 4.15 所示）。

图 4.15　启闭机电机设备外壳有明接地

7. 液压启闭机

（1）机架、油缸、活塞杆等防腐蚀涂层应完好，结构无变形、裂纹。

（2）油缸与支座、活塞杆与闸门的连接牢固，油缸各部位连接件无变形。

（3）油箱内液压油的液位应正常。

（4）油箱、油泵、阀组、压力表及管路连接处无渗漏等现象。

（5）吸湿空气滤清器干燥剂无变色。

8. 螺杆式启闭机

（1）启闭机机架、电机等外露部件，保持清洁、干燥（如图 4.16 所示）。

（2）机架防腐蚀涂层完好，结构无变形、裂纹现象（如图 4.17 所示）。

（3）螺杆、螺母、蜗轮、蜗杆及轴承的润滑情况良好，螺杆螺纹完好、螺杆无明显变形。

（4）机箱油封和结合面无漏油情况（如图 4.18 所示）。

图 4.16　启闭机机架、电机等外露部件,保持清洁、干燥

图 4.17　机架防腐蚀涂层完好

图 4.18　机箱油封和结合面无漏油情况

【管理台账】
1. 设备等级评定。
2. 设备台账。
3. 维修保养记录。
4. 闸门启闭记录及操作票。
5. 日常检查、定期检查、特别检查记录。

4.4.1.7　电气设备

【考核内容】

发电机、变压器、输配电系统、厂用电系统、直流系统、继电保护系统、通信系统、励磁装置、自控装置、开关设备、电动机、防雷和接地、事故照明等设备运行符合规定;继电保护及安全自动装置配置符合要求;配电柜(箱)等末级设备运行可靠;各种设备的接地、防雷措施完善、合理,基础稳定;升压站、变电站周边防护及排水符合规定;操作票、工作票的管理和使用符合规定。(20分)

【赋分原则】

查相关记录并查看现场;用电设备运行不符合规定,每项扣 2 分;继电保护及安全自动装置配置不符合要求,每项扣 2 分;直流系统设备不符合规定,每项扣 2 分;末级设备运行不符合规定,每项扣2分;接地、防雷措施不符合规定,每项扣2分;电气设备基础不稳定,每台扣2分;无操作票、工作票,扣20分;操作票、工作票管理和使用不符合规定,每项扣5分;升压站、变电站围墙或围栏不满足要求,每处扣2分;升压站、变电站内排水不符合规定,扣2分。

【条文解读】

1. 电气设备是电力系统中电动机、发电机、变压器、电力线路、断路器等设备的统称,包括一次设备和二次设备,承担发电、输电、配电、贮存、测量、控制、调节、保护等功能。电气设备安全运行管理的规程有:《国家电气设备安全技术规范》(GB 19517—2009)、《继电保护和安全自动装置技术规程》(GB/T 14285—2006)、《电力变压器运行规程》(DL/T 572—2021)、《水利水电工程电气测量设计规范》(SL 456—2010)、《灌排泵站机电设备报废标准》(SL 510—2011)等。

2. 电气设备必须进行年度预防性试验,确保设备处于安全完好状态。

3. 继电保护和安全自动装置的配置方式要满足电力网结构和厂站主接线的要求,并考虑电力网和厂站运行方式的灵活性。配电等装置的安全净距,围栏、隔板以及防止误操作等防护措施,最高温升等安全标志,接地的安全要求等均应符合有关规定。

4. 操作票、工作票是为保证运行操作的正确可靠、防止误操作事故发生、保证人身和设备安全而设置的。操作票、工作票的使用范围、使用程序、检查及考核应做到标准化、规范化和程序化。

5. 为保证设施设备安全、高效、经济运行,按相关规定对电气设备进行报废。

【规程规范技术标准及相关要求】

1.《继电保护和安全自动装置技术规程》(GB/T 14285—2006)。
2.《国家电气设备安全技术规范》(GB 19517—2009)。
3.《水利水电工程电气测量设计规范》(SL 456—2010)。
4.《电力变压器运行规程》(DL/T 572—2021)。
5.《企业安全生产标准化基本规范》(GB/T 33000—2016)。
6.《水利安全生产标准化通用规范》(SL/T 789—2019)。

【实施要点】

1. 按规定保证一次设备和二次设备的安全运行。

2. 建立工作票、操作票使用和管理制度,并严格执行,防止误操作事故发生,保证人身和设备安全。

3. 汛前进行电气设备预防性试验和防雷检测,形成预防性试验报告和防雷检测报告,保证电气设备和防雷设施的安全运行。

4. 符合报废标准的电气设备应及时报废,以确保水利工程运行安全。

【现场管理】

1. 输配电线路架设满足要求。

2. 变压器外壳(箱体)完好,声音正常,温度正常(如图4.19所示)。

图 4.19 变压器外壳(箱体)完好

3. 高压开关柜外观完好,仪表指示正常(如图 4.20 所示)。

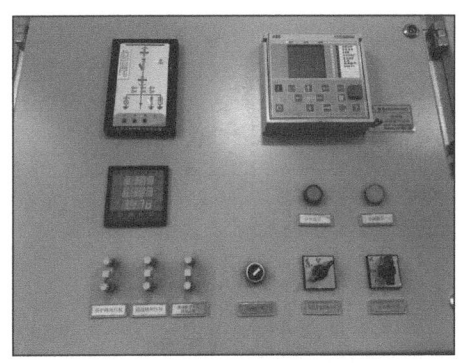

图 4.20 仪表指示正常

4. 低压、直流配电装置运行正常(如图 4.21 所示)。

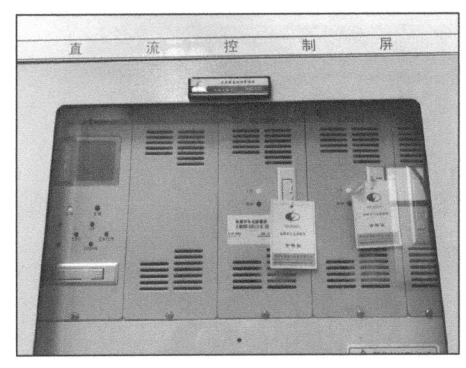

图 4.21 直流系统运行正常

5. 配电柜(箱)末级设备运行可靠,符合"一机一闸一漏"要求(如图 4.22 所示)。

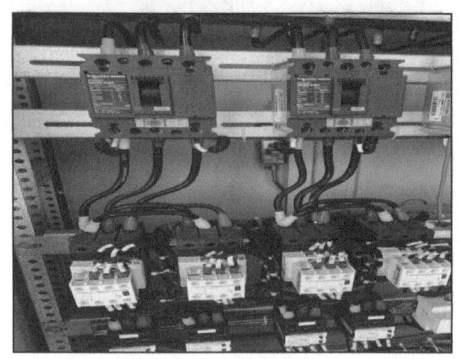

图 4.22　末级设备运行可靠

6. 设备接地完善、合理(如图 4.23 所示)。

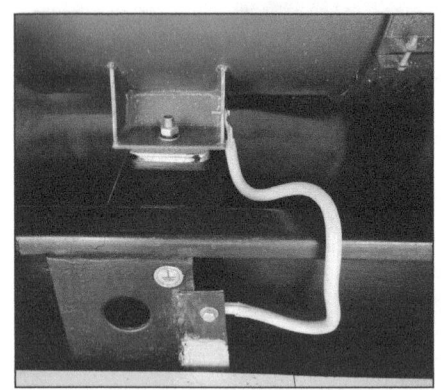

图 4.23　设备接地完善、合理

7. 电气设备柜内部清洁,接线规范,示温片位置规范、无变色(如图 4.24 所示)。

图 4.24　电气设备柜内部清洁,接线规范

8. 电气设备柜指示灯显示正常,试验合格(如图 4.25 所示)。

图 4.25　电气设备柜指示灯显示正常,试验合格

9. 现场引导标志、标线、警示标志、设备铭牌规范(如图 4.26、图 4.27 所示)。

图 4.26　现场引导标志、标线、警示标志、设备铭牌规范

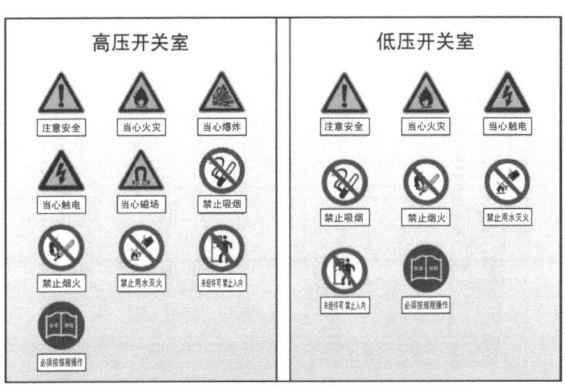

图 4.27　现场警示标志规范

10. 配电柜前后柜眉均设置柜名和编号,开关设置双编号(如图 4.28 所示)。

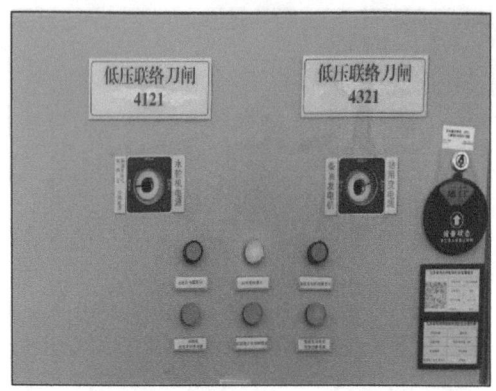

图 4.28 柜眉设置柜名和编号,开关设置双编号

11. 高低压柜周边按规范设置绝缘垫(如图 4.29 所示)。

图 4.29 高低压柜周边绝缘垫

12. 配备消防器材(如图 4.30 所示)。

图 4.30 配备消防器材

13. 配备防潮防霉的温湿度计(如图 4.31 所示)。

图 4.31　配备防潮防霉的温湿度计

14. 高低压室电气接线图、制度、规程需上墙明示(如图 4.32、图 4.33 所示)。

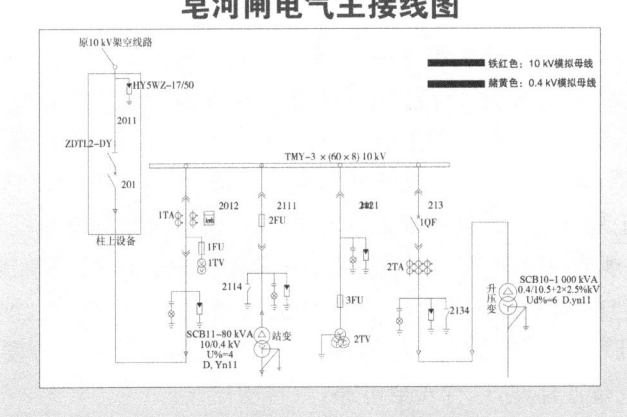

图 4.32　皂河闸电气主接线图

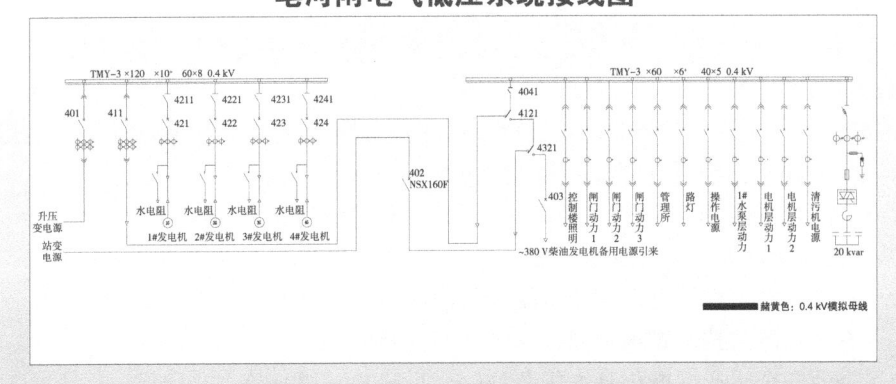

图 4.33　皂河闸电气低压系统接线图

【管理台账】
1. "两票三制"制度。
2. 工作票、操作票。
3. 运行记录。
4. 日常检查、定期检查、专项检查记录。
5. 设备维护保养记录。
6. 电气设备预防性试验和防雷检测。
7. 设备评定等级。

4.4.1.8 水力机械及辅助设备

【考核内容】

水轮机、水泵、调速器及油压装置、主阀油压装置、油气水系统设备状况良好;运行管理符合相关规范要求;运行状态良好;运行记录规范。(10分)

【赋分原则】

查相关记录并查看现场;存在缺陷,每处扣1分;运行记录不规范,每项扣1分。

【条文解读】

1. 水轮机、水轮发电机、调速器、励磁系统和其他控制设备共同组成水电站的主体。水泵、电动机、励磁系统、调速装置、断流设施和其他控制设备共同组成泵站的主体。油、气、水辅助系统是水电站、泵站主机设备的组成部分。油系统用于设备降温、润滑;气系统用于机组制动、锁定的投退;水系统为机组设备降温或为油降温。《泵站设计标准》(GB 50265—2022)、《水利水电工程机电设计技术规范》(SL 511—2011)、《灌排泵站机电设备报废标准》(SL 510—2011)等规范中对油、气、水等辅助设备应满足的要求作了明确规定。

2. 供水系统包括水轮发电机组/水泵电动机组、水冷式主变压器、油压装置集油箱和水冷式空气压缩机等主、辅设备的冷却和润滑用水的供水系统和内冷发电机组二次冷却水的供水系统。应布置合理,运行安全可靠,且自动操作。

3. 压缩空气系统应满足用户对供气量、供气压力和相对湿度的要求。

4. 油系统应满足贮油、输油和油净化等要求。

5. 辅助设备安全运行工作包括日常检查、维修养护等。

6. 日常检查每月定期检查一次,常规检查方法主要为眼看、耳听等直观方法。检查内容参考有关的规程规范。当发生大暴雨、台风、地震、超警戒水位等情况时,应进行特别检查。

7. 水管单位应及时对辅助设备进行检修养护工作,确保工程设施的完好。运行过程中做好相关记录,进行资料的整编,完善维修保养记录。

8. 按规定对符合报废条件的设备进行报废,确保设备安全运行。

【规程规范技术标准及相关要求】

1.《水利水电工程机电设计技术规范》(SL 511—2011)。
2.《农村水电站技术管理规程》(SL 529—2011)。
3.《企业安全生产标准化基本规范》(GB/T 33000—2016)。
4.《水利安全生产标准化通用规范》(SL/T 789—2019)。

【实施要点】

1. 编制本单位水轮机、水泵、调速器及油压装置、主阀油压装置、油气水系统的运行规程,检修规程及相关记录表格,提供相关文件和记录资料。

2. 参考《农村水电站技术管理规程》(SL 529—2011)对水轮机、水泵、调速器及油压装置、主阀油压装置、油气水系统的维护及试验,设备、设施评级,运行管理,检修管理,安全管理,记录表格等逐一进行完善。

3. 现场应悬挂水轮机、水泵、调速器及油压装置、主阀油压装置、油气水系统各类图表。

4. 油系统油位、油质应满足要求,安全装置可靠(如安全阀可靠,无渗漏现象)。

5. 技术供水的水质、水温、水压等满足运行要求,备用供水泵、排水泵等管路定期切换运行等,运行记录规范。

6. 水系统压力正常,安全装置(如安全阀)可靠,消防水系统定期试验及消防水压力满足技术要求,无渗漏现象。

7. 气系统中空气压缩机及安全装置应正常,储气罐及安全附件应定期检验,如属特种设备范畴,应悬挂检验合格证或安全使用许可证等,无渗漏现象。

8. 油、水、气系统应进行定期试验轮换,定期检验压力系统及其安全装置,确保工作压力值符合使用要求。

9. 油、水、气系统管道和阀门按规定涂刷明显的颜色标志,管道有介质流向标志,阀门按规定进行编号及命名。

10. 涉及特种设备(压力容器、安全附件),定期试验轮换记录资料,油质化验记录或更换记录,消防系统试验记录,定期巡视检查、维护保养等技术档案资料完整,整理规范。

11. 符合报废条件的辅助设备应及时报废。

【现场管理】

1. 水轮机外观良好,导叶处无漏水(如图 4.34 所示)。

图 4.34 水轮机外观良好,导叶处无漏水

2. 导叶有开关标识(如图 4.35 所示)。

图 4.35　导叶有开关标识

3. 水轮机调速器等完好(如图 4.36 所示)。

图 4.36　水轮机调速器等完好

4. 调速器有明接地(如图 4.37 所示)。

图 4.37　调速器有明接地

5. 水系统阀门密封良好,无渗漏及严重锈蚀。

6. 水系统涂装颜色规范,有流向标志(如图 4.38 所示)。

【管理台账】

1. 水轮机等设备评定等级。

2. 水轮机等日常检查、定期检查、专项检查记录表。

3. 运行记录(含上、下导轴承温度)。

4. 导叶检查调试记录。

5. 油、气、水系统设备安全检验报告。

4.4.1.9 自动化操控系统

【考核内容】

安全监测、防洪调度、调度通信、警报、供水调度、电站调度、水情测报等自动化操控系统运行正常,安全可靠;网络安全防护实施方案和网络安全隔离措施完备、可靠;定期对系统硬件进行检查和校验;运行记录规范。(10 分)

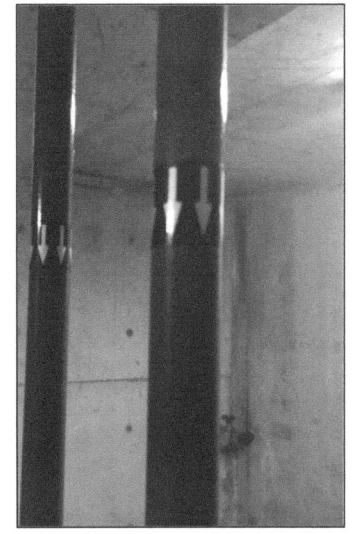

图 4.38　水系统涂装颜色规范,有流向标志

【赋分原则】

查相关记录并查看现场;自动化操控系统运行不正常,每项扣 2 分;网络安全防护不满足要求,每项扣 5 分;未定期对系统硬件检查和校验,扣 5 分;备份恢复能力不满足要求,扣 5 分;运行记录不规范,每项扣 2 分。

【条文解读】

1. 自动化操控系统是安全自动监测系统、防洪调度自动化系统、调度通信和报警系统、供水调度自动化系统、水情测报自动化系统、水文信息自动采集系统、实时汛情监视系统、防洪调度系统、大坝安全自动监控系统等系统的总称。

2. 自动化操控系统应具有安全性、可靠性、开放性、可扩充性和使用灵活性,做到技术先进,经济合理,实用可靠。

3. 随着计算机技术和网络技术在水利工程运行管理的应用,水管单位应高度重视水利网络安全,定期对系统硬件进行检查和校验,按照有关规定完善自动化操控系统并保证其安全运行。

4. 关于自动化操作控制系统运行管理的规范较多,主要有:《水利水文自动化系统设备检验测试通用技术规范》(GB/T 20204—2006)、《视频安防监控系统工程设计规范》(GB 50395—2007)、《安全防范工程技术标准》(GB 50348—2018)、《水力发电厂计算机监控系统设计规范》(NB/T 10879—2021)、《水电工程水情自动测报系统技术规范》(NB/T 35003—2013)等。

【规程规范技术标准及相关要求】

1.《水利水文自动化系统设备检验测试通用技术规范》(GB/T 20204—2006)。

2.《安全防范工程技术标准》(GB 50348—2018)。

3.《视频安防监控系统工程设计规范》(GB 50395—2007)。

4.《水电工程水情自动测报系统技术规范》(NB/T 35003—2013)。

5.《水力发电厂计算机监控系统设计规范》(NB/T 10879—2021)。

6.《互联网网络安全设计暂行规定》(YD/T 5177—2009)。

7.《电信网和互联网物理环境安全等级保护检测要求》(YD/T 1755—2008)。

8.《企业安全生产标准化基本规范》(GB/T 33000—2016)。

9.《水利安全生产标准化通用规范》(SL/T 789—2019)。

【实施要点】

1.自动化操控系统设备间的门窗应采取防护措施,并安装视频监控,设备间要注意散热和降噪。

2.自动化操控系统应有自动控制和手动控制两种功能,手动控制优先,当自动控制出现故障时,手动控制能确保工程设备设施的安全运行,并及时示警。视频监控系统应具有自动录制保存功能,方便提取和查验。

3.根据网络安全等级的需求,自动化系统应设置满足网络安全功能的防火墙,对于要求网络需物理隔离的自动化系统,还应设置网闸设备。

4.定期对自动化操作系统软件数据进行备份。

5.对于自动化操控系统的日常运行须有规范的记录。当自动化系统出现故障时,须及时检修,并认真填写检修记录。将对自动化操控系统的巡查加入日常巡查和月巡查中,做好记录,发现安全隐患及时消除。

【现场管理】

1.计算机监控制度需上墙明示(如图4.39所示)。

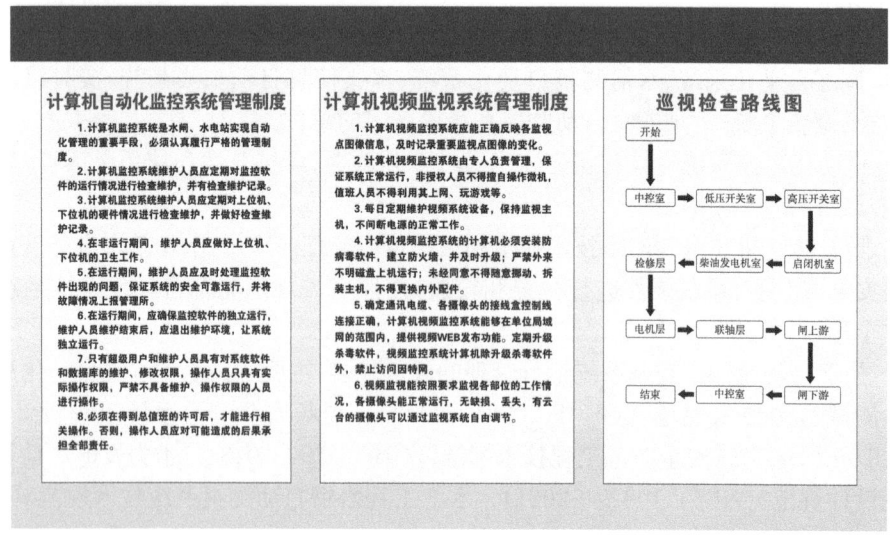

图4.39 计算机监控制度

2. 计算机监控系统截图(如图 4.40 所示)。

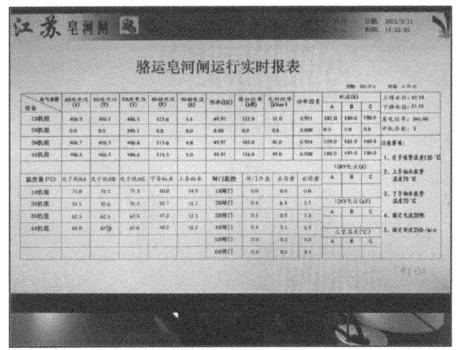

图 4.40　计算机监控系统截图

3. 采用不间断电源工作。
4. 具有网络安全功能的防火墙(如图 4.41 所示)。

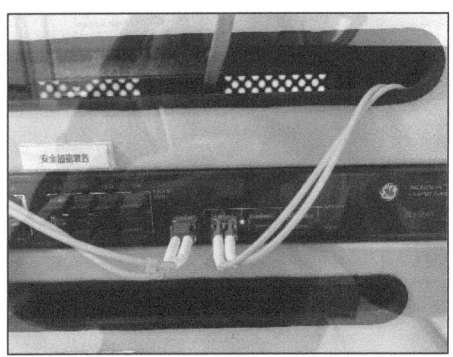

图 4.41　具有网络安全功能的防火墙

5. 视频监控系统截图(如图 4.42 所示)。

图 4.42　视频监控系统截图

6. PLC 屏幕完好(如图 4.43 所示)。

图 4.43　PLC 屏幕完好

7. 接线端子紧固(如图 4.44 所示)。

图 4.44　接线端子紧固

8. 电池符合要求(如图 4.45 所示)。

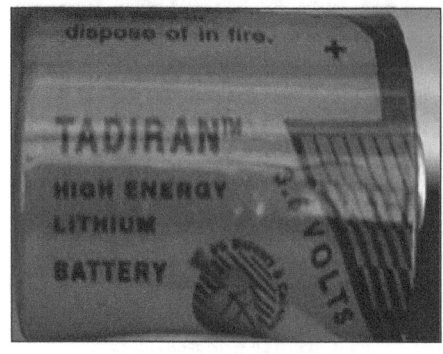

图 4.45　电池符合要求

9. 硬盘录像机正常。

【管理台账】

1. 监控系统运行打印件。
2. 定期检查表。

4.4.1.10 备用电源(柴油发电机)

【考核内容】

发电机的准备、启动、运行符合有关规定,及时维护保养,排除运行故障;运行记录规范。(10分)

【赋分原则】

查阅相关记录并查看现场;发电机无法正常启动,扣10分;现场无操作规程,扣2分;蓄电池电压不正常,扣2分;备用柴油量不满足要求,扣2分;维修养护不及时,扣5分;记录不规范,扣2分。

【条文解读】

1. 备用电源是当正常电源断电时,用来维护电气装置或其某些部分的电源。
2. 水管单位常用的备用电源一般是柴油发电机,柴油发电机是一种小型发电设备,指以柴油等为燃料,以柴油机为原动机带动发电机发电的动力机械。整套机组一般由柴油机、发电机、控制箱、燃油箱、起动和控制用蓄电池、保护装置、应急柜等部件组成。
3. 电源自动投入是当工作电源故障被断开以后,能自动地、迅速地将备用电源投入工作。自投装置的动作时间应符合有关规定。

【规程规范技术标准及相关要求】

1.《往复式内燃机驱动的发电机组 安全性》(GB/T 21428—2008)。
2.《水闸技术管理规程》(SL 75—2014)。
3.《江苏省水闸工程管理规程》(DB32/T 3259—2017)。
4.《建筑灭火器配置设计规范》(GB 50140—2005)。
5.《电力系统用蓄电池直流电源装置运行与维护技术规程》(DL/T 724—2000)。
6.《企业安全生产标准化基本规范》(GB/T 33000—2016)。
7.《水利安全生产标准化通用规范》(SL/T 789—2019)。

【实施要点】

1. 建立备用电源管理制度和运行规程,明确发电机启动原则和流程、启动准备工作、运行注意事项、停机方法以及停机检查项目等。
2. 按规定做备用电源日常保养,保证正常运行。
3. 运行记录和维修保养记录应齐全规范。

【现场管理】

1. 柴油发电机油位正常,油质合格(如图4.46所示)。
2. 绝缘电阻符合要求(低压设备大于等于0.5 MΩ)(如图4.47所示)。
3. 发电机转子无卡阻。
4. 风扇和机罩间隙正常(如图4.48所示)。

5. 机旁控制屏元件和仪表安装紧固、控制屏开关动作灵活,接触良好(如图 4.49 所示)。

图 4.46　柴油发电机油位正常,油质合格

 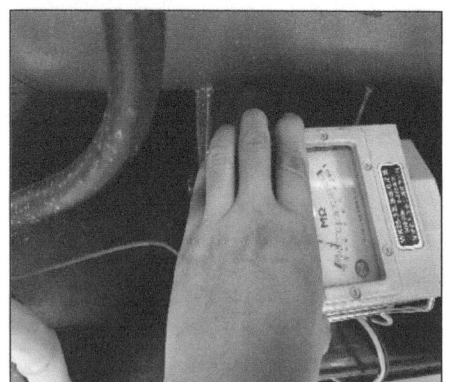

图 4.47　绝缘电阻符合要求

 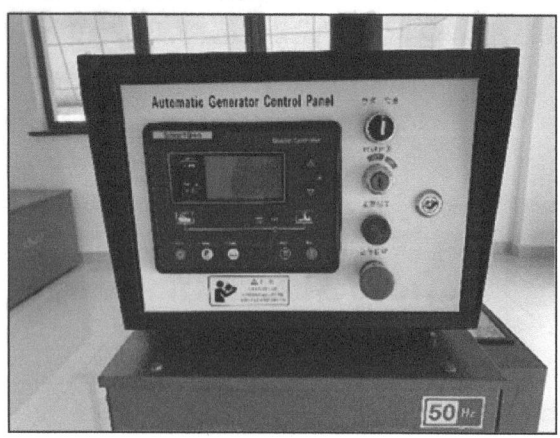

图 4.48　风扇和机罩间隙正常　　　　图 4.49　控制屏

6. 熔断器无损坏。
7. 蓄电池完整,无破损、漏液、变形,极板无硫化、弯曲短路,蓄电池连接部位牢

固,端子表面清洁,接触良好,蓄电池电荷饱满,现场有蓄电池电压监测记录(如图4.50所示)。

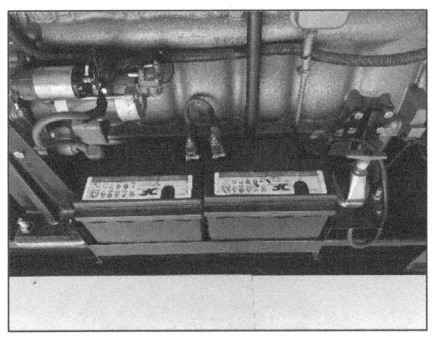

图 4.50 蓄电池

×××闸柴油发电机蓄电池电压检测记录表如表4.30所示。

表 4.30 ×××闸柴油发电机蓄电池电压检测记录表

单位：　　　　　　　　　　　安装地点：

电池型号		额定电压		额定容量		厂家		投运日期	
日期	1#电池电压(V)		2#电池电压(V)		总电压(V)		备注	环境温度(℃)	维护(测量)人员
1月　日									
2月　日									
3月　日									
4月　日									
5月　日									
6月　日									
7月　日									
8月　日									
9月　日									
10月　日									
11月　日									
12月　日									

8. 机体应有明接地标志(如图4.51所示)。

图 4.51 机体有明接地标志

9. 操作处应设置绝缘垫（如图4.52所示）。

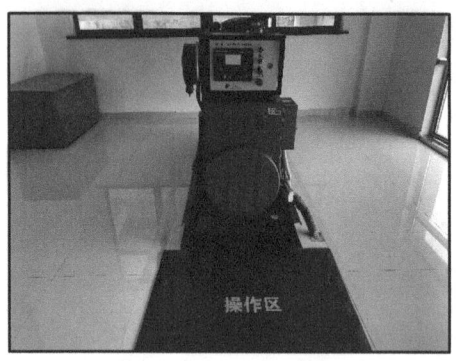

图4.52 操作处设置绝缘垫

10. 柴油发电机房应备消防沙箱，沙量足够，配备消防锹和消防桶，并配备灭火器（干粉）（如图4.53所示）。

图4.53 消防器材

11. 现场标识牌（如图4.54至图4.57所示）。

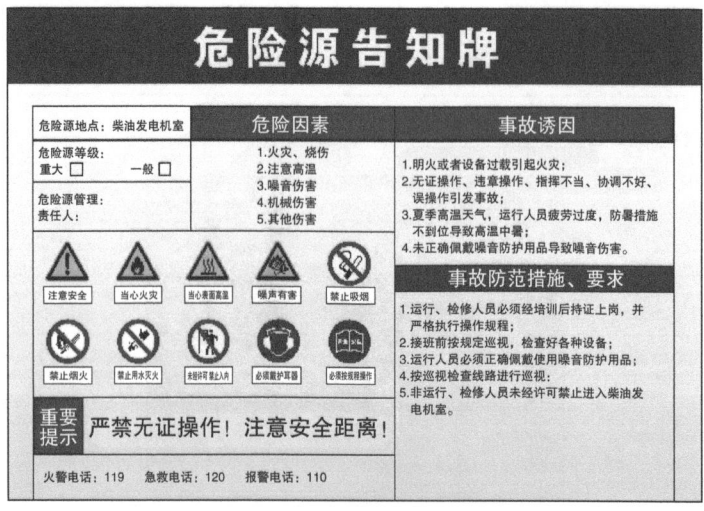

图4.54 危险源告知牌

第4章　安全生产标准化模块设置与实务

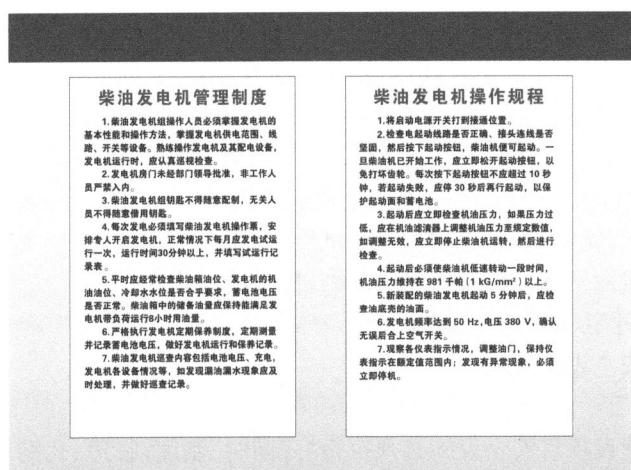

图 4.55　柴油发电机管理制度和操作规程

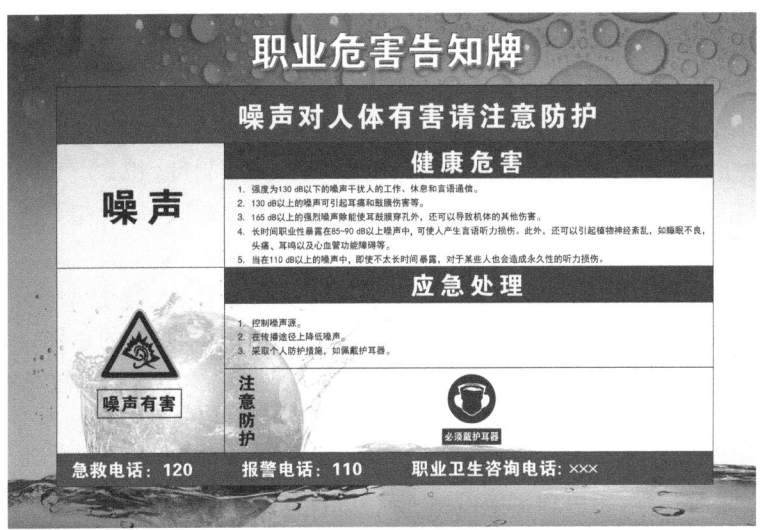

图 4.56　职业危害告知牌

图 4.57　柴油发电机室警示标识

【管理台账】

1. 柴油发电机运行保养记录（机组每月至少空载运行1次，年度至少带负荷运行1次，蓄电池定期充放电）。

2. 经常检查、定期检查记录（工程建成后5年内每周不少于2次，5年后每周不少于1次），主要检查运行状况是否正常，电线电缆有无破损，开关按钮、仪表、安全保护装置等动作是否灵活可靠；定期检查（每年汛前、汛后）在经常检查基础上，进行电机绝缘检查（定子线圈、转子线圈绝缘），检查滑环与碳刷，检查轴承等。

3. 设备等级评定、电气试验记录。

4.4.1.11 安全设施管理

【考核内容】

新、改、扩建建设项目安全设施必须执行"三同时"制度；临边、孔洞、沟槽等危险部位的栏杆、盖板等设施齐全、牢固可靠；高处作业等危险作业部位按规定设置安全网等设施；垂直交叉作业等危险作业场所设置安全隔离棚；机械、传送装置等转动部位安装防护栏等安全防护设施；临水和水上作业有可靠的救生设施；暴雨、暴风雪、台风等极端天气前后组织人员对安全设施进行检查或重新验收。（20分）

【赋分原则】

查阅相关记录并查看现场；未执行安全设施"三同时"制度，扣20分；安全设施不符合规定，每项扣2分；极端天气前后未对安全设施进行检查验收，每次扣5分。

【条文解读】

1. 安全设施：为防止生产活动中可能发生的人员误操作、人身伤害或外因引发的设备（施）损坏，而设置的安全标志、设备标志、安全警戒线和安全防护的总称。

2. 安全设施主要分为预防事故设施、控制事故设施、减少与消除事故影响设施3类。

（1）预防事故设施：检测、报警设施、设备安全防护设施、防爆设施、作业场所防护设施、安全警示标志；

（2）控制事故设施：泄压和止逆设施、紧急处理设施；

（3）减少与消除事故影响设施：防止火灾蔓延设施、灭火设施、紧急个体处置设施、应急救援设施、逃生避难设施、劳动防护用品和装备。

3. 水管单位应加强维修养护项目和水利在建工程项目安全设施的监督管理，督促检查施工企业按照建设项目安全设施"三同时"制度要求严格执行，特别加大对高处作业、交叉作业等危险作业安全设施的监管。

4. 经常检查变电所栏杆、临水栏杆、厂房及周边地面孔洞盖板、电缆沟槽盖板、启闭机传动部分罩壳等固定安全设施是否完好。加强对临水作业、水上水下作业人员救生设施配置和管理。

5. 暴雨、暴风雪、台风等极端天气来临前和过后，应组织人员对安全设施进行特别检查或重新验收，以保持安全防护设施始终处于完好、有效状态。

【规程规范技术标准及相关要求】

1.《中华人民共和国安全生产法》（2021年修正）。

2.《安全色》（GB 2893—2008）。

3.《安全标志及其使用导则》(GB 2894—2008)。

4.《机械电气安全 机械电气设备第1部分:通用技术条件》(GB/T 5226.1—2019)。

5.《水利水电工程施工通用安全技术规程》(SL 398—2007)。

6.《水利水电工程施工安全防护设施技术规范》(SL 714—2015)。

7.《水利水电工程施工安全管理导则》(SL 721—2015)。

8.《企业安全生产标准化基本规范》(GB/T 33000—2016)。

9.《水利安全生产标准化通用规范》(SL/T 789—2019)。

【实施要点】

1. 水管单位应制定《建设项目安全设施"三同时"制度》,并按照制度要求严格项目施工管理。

2. 变电所栏杆、临水栏杆、厂房及周边地面孔洞盖板、电缆沟槽盖板、启闭机传动部分罩壳等固定安全设施应加强日常巡查。

3. 接到暴雨、暴风雪、台风等极端天气预警时,组织人员对安全设施进行特别检查,解除警报后再对安全设施进行检查,对危险性较大的作业安全设施应重新进行验收。

【现场管理】

1. 检修孔遮栏(如图4.58所示)。

图4.58 检修孔遮栏

2. 孔洞盖板(如图4.59所示)。

图4.59 孔洞盖板

3. 启闭机防护罩(如图 4.60 所示)。

图 4.60　启闭机防护罩

4. 临水救生设备(如图 4.61 所示)。

图 4.61　临水救生设备

5. 上下游河道警示牌(如图 4.62 所示)。

图 4.62　上下游河道警示牌

【管理台账】

1.《建设项目安全设施"三同时"制度》。

2. 安全防护设施检查记录。

3. 安全警示牌维修记录。

4. 安全防护措施方案、图纸、验收记录。

4.4.1.12 检修管理

【考核内容】

制定并落实综合检修计划,落实"五定"原则(即定检修方案、定检修人员、定安全措施、定检维修质量、定检维修进度),检修方案应包含作业安全风险分析、控制措施、应急处置措施及安全验收标准,严格执行操作票、工作票制度,落实各项安全措施;检修质量符合要求;大修工程有设计、批复文件,有竣工验收资料;各种检修记录规范。(15分)

【赋分原则】

查阅相关记录并查看现场;未制定检修计划,扣15分;检修计划内容不全,扣3分;未检修或检修质量不合格,扣15分;未落实"五定"原则,扣3分;未执行操作票、工作票制度,扣15分;未落实安全措施,每次扣3分;大修工程无设计、批复文件,扣15分;大修工程竣工验收资料不全,每缺一项扣5分;记录不规范,扣3分。

【条文解读】

1. 水管单位设备检修主要有电气、机械、自动化、辅助等设备检修。制定并落实检修计划,进行安全技术交底,落实各项安全措施,加强检修全过程安全监督管理,特别是电气设备检修须严格执行工作票、操作票制度。

2. 设备检修完成后应进行质量验收,电气设备必要时要进行电气试验,检修质量符合标准规范要求。

3. 大修工程应有工程项目批复文件,经批准的设计文件以及图纸,符合项目验收管理要求,有完整的竣工验收资料。

【规程规范技术标准及相关要求】

1. 《土石坝养护修理规程》(SL 210—2015)。
2. 《混凝土坝养护修理规程》(SL 230—2015)。
3. 《堤防工程养护修理规程》(SL 595—2013)。

【实施要点】

1. 设施设备检修工作必须严格按照检修计划施工,并按照检修计划中所列的安全保护项进行安全交底。

2. 高处作业及电气设备检修等特种作业应详细填写工作票、操作票,并严格执行操作监护、唱票和复诵制度。

3. 对大修工程的设计、招标、施工、验收应符合水利工程项目管理要求。

4. 设施设备检修工作须有检修记录,检修人员须认真规范填写,设施设备检修完成后,质量必须符合要求才能重新投入使用。

【管理台账】

1. 设备检修计划。
2. 检修方案。
3. 工作票、操作票(检查安全措施内容)。
4. 设备维修保养记录。
5. 验收资料。
6. 设备年度综合维修(大修)完成情况登记表。

4.4.1.13 特种设备管理

【考核内容】

按规定进行登记、建档、使用、维护保养、自检、定期检验以及报废;有关记录规范;制定特种设备事故应急措施和救援预案;达到报废条件的及时向有关部门申请办理注销;建立特种设备技术档案安全附件、安全保护装置、安全距离、安全防护措施以及与特种设备安全相关的建筑物、附属设施,应当符合有关规定。(20分)

【赋分原则】

查相关记录并查看现场;未经检验或检验不合格使用的,扣20分;检验周期超过规定时间,扣20分;记录不全,每缺一项扣2分;未制定应急措施或预案,扣10分;达到报废条件的未按规定办理注销,每台扣2分;未建立特种设备技术档案,扣5分;档案资料不全,每缺一项扣1分;安全附件、安全保护装置、安全距离、安全防护措施以及与特种设备安全相关的建筑物、附属设施不符合有关规定,每项扣2分。

【条文解读】

1. 特种设备是指由国家认定的,因设备本身和外在因素的影响容易发生事故,并且一旦发生事故会造成人身伤亡及重大经济损失的危险性较大的设备。水管单位常用特种设备有:电站锅炉、生活锅炉;压力容器(压力储油罐、气瓶等);压力钢管;电梯;电站桥式、门式等各种起重机;电站牵引设备等轻小型起重设备;叉车、牵引车等场(厂)内专用机动车辆等,包括其所用的材料、附属的安全附件、安全保护装置和与安全保护装置相关的设施。

2. 按照《特种设备使用管理规则》(TSG 08—2017)的规定,特种设备在投入使用前,水管单位必须到所在地区的地、市级以上特种设备安全监察机构(质量技术监督行政部门)办理注册登记手续,注册登记后,才可以投入使用。

3. 水管单位应当建立完善、准确的特种设备技术档案,并长期保存。

4. 水管单位应严格执行安全运行管理制度和有关操作规程,确保正常运行和安全使用,同时应加强特种设备的日常检查、经常检查、定期检查(结合汛前检查)和维护保养,确保设备时刻处于良好状态,各种检查记录齐全,记录规范,装订成册,保存完好。

5. 水管单位必须严格执行特种设备定期报检制度,按时申请定期检验,及时更换安全检验合格标志中的有关内容,同时必须将特种设备安全检验合格标志及相关牌照和证书及时固定在规定的位置上。水管单位向监督检验机构申请验收检验时,应当提供以下资料:运行记录、水管单位自检报告、技术档案。

6. 特种设备或者其零部件,达到或者超过执行标准或者技术规程规定的寿命期限后,水管单位应予以报废处理。特种设备进行报废处理后,使用单位应当向该设备的注册登记机构报告,办理注销手续。厂内机动车辆报废后还应将车辆牌照交回原注册登记机构。

7. 水管单位根据所管的特种设备,有针对性地制定特种设备事故应急措施和救援预案,每年至少组织一次特种设备出现意外事件或者发生事故的紧急救援演练,演练情况应当记录备查。

8. 水管单位必须严格执行特种设备的维修保养制度，明确维修保养者的责任，对特种设备定期进行维修保养。特种设备的维修保养必须由持特种设备作业人员资格证的人员进行，人员数量应与工作量相适应。本单位没有能力维修保养的，必须委托有资格的单位进行维修保养，并对维修保养的质量和安全技术性能负责。使用单位自行承担特种设备维修保养的，维修保养的质量和安全技术性能由使用单位负责。

9. 水管单位应当严格执行特种设备日常检查、经常检查、定期检查等检查制度，发现有异常情况时，必须及时处理，严禁带故障运行。检查可根据本单位设备的具体情况进行，检查应当做详细记录，并存档备查。

10. 安全技术档案应当包括以下内容：

（1）特种设备的设计文件、制造单位、产品质量合格证明、使用维护说明等文件以及安装技术文件和资料；

（2）特种设备的定期检验和定期自行检查的记录；

（3）特种设备的日常使用状况记录；

（4）特种设备及其安全附件、安全保护装置、测量调控装置及有关附属仪器仪表的日常维护保养记录；

（5）特种设备运行故障和事故记录；

（6）高耗能特种设备的能效测试报告、能耗状况记录以及节能改造技术资料。

11. 水管单位与特种设备的设计、制造、维修、检验等各个单位通力合作建立完善的特种设备安全技术档案。

12. 水管单位应确立特种设备的主管部门，建立收集、整理、归档等制度，根据职责分工做好档案管理工作。

【规程规范技术标准及相关要求】

1.《中华人民共和国特种设备安全法》（主席令第四号）。

2.《特种设备安全监察条例》（国务院令第549号）。

3.《特种设备作业人员监督管理办法》（质检总局令第70号）。

4.《特种设备作业人员作业种类与项目》（质检总局公告2011年第95号）。

5.《起重机械安全规程》（GB 6067.1—2010）。

6.《固定式压力容器安全技术监察规程》（TSG 21—2016）。

7.《水利水电起重机械安全规程》（SL 425—2017）。

【实施要点】

1. 建立特种设备安全管理制度。

2. 严格执行有关安全操作规程，做好使用管理工作，做好特种设备的维修、检验、报废、注销等工作，保证正常运行。维修保养及检验记录规范齐全。

3. 制定特种设备事故应急措施和救援预案并严格执行。

4. 明确特种设备管理部门和档案管理部门。

5. 明确特种设备技术档案所涉及单位（部门）的责任，做好档案资料的收集、整理、归档等环节工作。

6. 按规定对上述资料建档、妥善保管。

【现场管理】

1. 上墙明示的特种设备操作规程(如图 4.63 所示)。

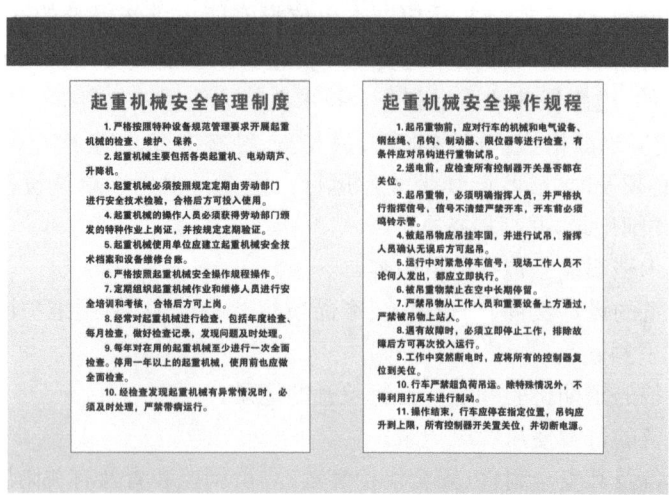

图 4.63　上墙明示的特种设备操作规程

2. 特种设备合格证(如图 4.64 所示)。

图 4.64　特种设备使用标志

3. 行车轨道接地(如图 4.65 所示)。

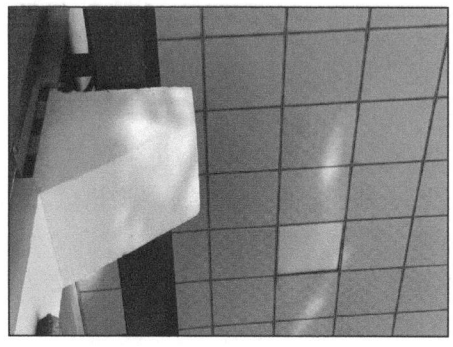

图 4.65　行车轨道接地

4. 停放位置正确(如图 4.66 所示)。

图 4.66　停放位置正确

5. 主钩标识清晰(如图 4.67 所示)。

图 4.67　主钩标识清晰

【管理台账】
1. 特种设备技术档案。
2. 安全附件登记表。
3. 安全生产许可证。
4. 特种设备登记备案记录。
5. 特种设备定期检测记录。
6. 特种设备检查维修保养记录。
7. 特种设备安装单位资质证明。
8. 特种设备事故应急救援预案。

4.4.1.14　设施设备安装、验收、拆除及报废

【考核内容】
　　对新设施设备按规定进行验收,设施设备安装、拆除及报废应办理审批手续,安装、拆除前应制定方案,涉及危险物品的应制定处置方案,作业前应进行安全技术交底并保存相关资料。(10 分)

【赋分原则】
　　查相关记录并查看现场;设备设施未进行验收,扣 10 分;未办理安装、拆除审批手

续,扣10分;安装、拆除无方案或未按方案执行,扣10分;未交底或交底不符合规定,每人扣2分;设备设施报废手续不全,每台扣2分;资料保存不全,每项扣1分。

【条文解读】

1. 国家及水利行业对于设施设备验收的规定较多,水管单位新设施设备验收时,参考相应的规程规范,具体有:《节水灌溉设备现场验收规程》(GB/T 21031—2007)、《泵站安装及验收规范》(SL 317—2004)、《水利水电工程启闭机制造安装及验收规范》(SL/T 381—2021)、《低压电气装置 第6部分:检验》(GB/T 16895.23—2020)等。

2. 验收时应按照安全设施"三同时"制度对安全设施、装置一起或专门验收。

3. 水管单位应对不符合安全条件的设施设备或更新淘汰的设备要及时报废,防止引发生产安全事故。

4. 在组织实施设施设备拆除作业前,要制定拆除计划和方案,办理拆除设备交接手续,并经清理、验收合格。对于用于存储易燃、易爆、有毒、有害物质的设施设备,应进行风险评估,制定拆除处置方案,进行危险性辨识,提出有效的风险对策,落实主要任务和安全措施,办理拆除手续(包括作业许可等)等方可实施拆除。

5. 有关规范、标准包括《灌区改造技术标准》(GB/T 50599—2020)、《泵站更新改造技术规范》(GB/T 50510—2009)、《大型灌区技术改造规程》(SL 226—98)、《水利水电工程金属结构报废标准》(SL 226—98)、《灌排泵站机电设备报废标准》(SL 510—2011)、《水库降等与报废管理办法(试行)》(水利部令第18号)等。

【规程规范技术标准及相关要求】

1. 《中华人民共和国安全生产法》(2021年修正)。
2. 《低压电气装置 第6部分:检验》(GB/T 16895.23—2020)。
3. 《水利水电工程金属结构报废标准》(SL 226—98)。
4. 《水利水电工程启闭机制造安装及验收规范》(SL/T 381—2021)。
5. 《企业安全生产标准化基本规范》(GB/T 33000—2016)。
6. 《水利安全生产标准化通用规范》(SL/T 789—2019)。

【实施要点】

1. 设施设备的规格、型号、数量等应与设计、清单和订货合同一致。
2. 设施设备有质量检测报告,装箱清单、产品合格证、说明书等齐全。
3. 有现场验收文字档案,验收人员签字确认。
4. 按报废的管理办法,办理拆除、报废申请手续。
5. 拆除过程中要按要求进行风险评估,建立风险评估相关记录,制定拆除处置方案。
6. 按确定的安全措施要求,落实安全技术交底。

【现场管理】

1. 安全隔离措施。
2. 标识标牌醒目。
3. 临时用电符合规范。
4. 灭火器等配备齐全。

【管理台账】
1. 新设备安装及验收记录。
2. 拆除报废管理制度。
3. 设备报废审批表。
4. 危险物品拆除处置方案。
5. 安全技术交底记录。
6. 设施设备拆除过程记录。

4.4.2 作业行为

4.4.2.1 安全监测

【考核内容】

安全监测范围、监测项目设置、监测点布置等符合有关规定；监测设施设备齐全完好，满足监测要求；监测频次、精度等符合有关要求；监测资料整编、分析、报告等符合有关规定；及时评估工程运行状态并提出措施与建议。（40分）

【赋分原则】

查相关记录并查看现场；安全监测范围不符合规定，扣10分；监测项目设置、监测点布置等不符合规定，每项扣3分；监测设施设备不满足监测要求，每台扣3分；监测频次、精度等不符合有关要求，每项扣3分；资料整编、分析、报告等不符合规定，每项扣3分；未及时评估工程状态并提出措施与建议，扣20分。

【条文解读】

1. 安全监测是保证工程安全运行的重要技术手段，通过监测可及时掌握工程状态和运行情况，分析变化趋势，对发现的工程隐患或异常现象采取相应措施，确保工程安全运行。

2. 工程安全监测范围应包括工程管理范围内的水工建筑物和重要的设备设施。通过工程观测和巡查对水工建筑物进行监测；设备设施主要通过自动化控制系统进行监测，在日常检查、定期检查和专项检查等各类检查中应明确检查的范围、部位、内容和方法。

3. 水管单位根据工程类别和等级、结构布局、地基土质和控制运用中存在的主要问题，确定观测项目。水管单位按照上级主管部门批准的观测任务书开展各项观测，观测项目、标点布置、观测频次和精度等应符合《水闸安全监测技术规范》(SL 768—2018)的要求。

4. 按照《水闸技术管理规程》(SL 75—2014)等规程规范的要求，对闸门、启闭机、主机泵等机电设备进行巡视检查，检查时应填写检查记录，及时记录机电设备运行参数，如有必要需增加巡查次数。

5. 水管单位应加强对观测设施的维护，定期校测自动监测数据，确保观测数据真实可靠，精度符合要求。

6. 及时对监测数据进行统计分析并形成报告，定期开展工程和设备状态评估，判断工程和设备是否存在隐患或异常，对工程的控制运用、维修加固提出建议，为工程的安全运行提供科学依据。

【规程规范技术标准及相关要求】

1.《水利水电工程安全监测设计规范》(SL 725—2016)。

2.《水利水电工程安全监测系统运行管理规范》(SL/T 782—2019)。
3.《水闸设计规范》(SL 265—2016)。
4.《水闸技术管理规程》(SL 75—2014)。
5.《水闸安全监测技术规范》(SL 768—2018)。
6.《工程测量规范》(GB 50026—2007)。
7.《水位观测标准》(GB/T 50138—2010)。
8.《水利水电工程安全监测设计规范》(SL 725—2016)。

【备查资料】
1. 安全监测管理制度。
2. 工程观测制度。
3. 观测设施统计表。
4. 工程日常检查。
5. 工程定期检查。
6. 工程专项检查。
7. 水闸运行记录。
8. 工程观测资料汇编。

【实施要点】
1. 制定安全监测管理制度。根据相关规程规范的要求明确监测范围、项目和方法。
2. 配备符合精度要求的监测设备,并定期对监测设备进行保养、维护、检验和校正,确保监测数据真实有效,监测设备维护记录和仪器检定报告需归档保存。
3. 落实工作责任制,相关成果按规定签署姓名,切实做到责任到人。
4. 及时整理分析监测资料,妥善保管数据成果。工程经常检查、定期检查和特别检查记录,各类监测设备定期校验成果和经上级主管部门审核后的观测资料成果汇编均需归入档案保存,其中观测资料成果汇编为永久保存。
5. 监测结果统计分析和工程状态评估。及时汇总、统计、分析监测成果,对工程和设备状态进行评估,对工程的控制运用、维修加固提出建议。

4.4.2.2 调度运行

【考核内容】
建立通畅的水文气象信息渠道;有调度规程和调度制度;调度原则及调度权限清晰,严格执行调度方案和指令并有记录;制定汛期调度运用计划,经上级主管部门审查批准后,报有管辖权的人民政府防汛指挥部备案,并严格执行。(15分)

【赋分原则】
查相关记录并查看现场;未建立水文气象信息渠道,扣15分;调度规程和调度制度未以正式文件发布,扣3分;调度原则、调度权限不清晰,扣3分;未严格执行调度方案和上级(指有调度权)指令,扣15分;无执行记录,扣5分;运用计划未经主管部门批准,扣5分;汛期调度运用计划未按规定备案,扣15分;未严格执行汛期调度运用计划,扣15分。

【条文解读】
1. 科学合理的调度运行是保证水利工程安全和人民生命财产安全的必然要求。水文气象信息在水利工程的调度运行中具有重要价值,水管单位应完善水文、气象信息传输方式,建立及时有效的信息交换系统,实现雨情、水情、旱情、风情、灾情等信息和预测预报成果的实时共享。

2. 为确保工程安全,充分发挥工程效益,实现工程管理的规范化、制度化,应制定调度规程和调度制度。

3. 水利工程的控制运用,应按照批准的控制运用原则、用水计划或上级主管部门的指令进行,不得接受其他任何单位和个人的指令。对上级主管部门的指令应详细记录、复核;执行完毕后,应向上级主管部门报告。

4. 汛期调度运用计划经批准后,由水库、水电站、拦河闸坝等工程的管理部门负责执行。

【规程规范技术标准及相关要求】

1.《中华人民共和国防汛条例》(国务院令〔2011〕第588号):

第十四条　水库、水电站、拦河闸坝等工程的管理部门,应当根据工程规划设计、经批准的防御洪水方案和洪水调度方案以及工程实际状况,在兴利服从防洪,保证安全的前提下,制定汛期调度运用计划,经上级主管部门审查批准后,报有管辖权的人民政府防汛指挥部备案,并接受其监督。经国家防汛总指挥部认定的对防汛抗洪关系重大的水电站,其防洪库容的汛期调度运用计划经上级主管部门审查同意后,须经有管辖权的人民政府防汛指挥部批准。

2.《水库大坝安全管理条例》(国务院令第77号):

第十二条　大坝及其设施受国家保护,任何单位和个人不得侵占、毁坏。大坝管理单位应当加强大坝的安全保卫工作。

第十九条　大坝管理单位必须按照有关技术标准,对大坝进行安全监测和检查;对监测资料应当及时整理分析,随时掌握大坝运行状况。发现异常现象和不安全因素时,大坝管理单位应当立即报告大坝主管部门,及时采取措施。

第二十条　大坝管理单位必须做好大坝的养护修理工作,保证大坝和闸门启闭设备完好。

第二十一条　大坝的运行,必须在保证安全的前提下,发挥综合效益。大坝管理单位应当根据批准的计划和大坝主管部门的指令进行水库的调度运用。在汛期,综合利用的水库,其调度运用必须服从防汛指挥机构的统一指挥;以发电为主的水库,其汛限水位以上的防洪库容及其洪水调度运用,必须服从防汛指挥机构的统一指挥。

第二十二条　大坝主管部门应当建立大坝定期安全检查、鉴定制度。汛前、汛后,以及暴风、暴雨、特大洪水或者强烈地震发生后,大坝主管部门应当组织对其所管辖的大坝的安全进行检查。

第二十四条　大坝管理单位和有关部门应当做好防汛抢险物料的准备和气象水情预报,并保证水情传递、报警以及大坝管理单位与大坝主管部门、上级防汛指挥机构之间联系通畅。

3.《水闸技术管理规程》(SL 75—2014):

2.1.3　水闸管理单位应根据水闸规划设计要求、所承担的任务和所在流域或区域防汛抗旱调度方案,按年度或分阶段制定控制运用计划,报上级主管部门批准后组织实施。

2.1.4 水闸运用应按批准的控制运用计划或上级主管部门的指令进行。对上级主管部门的指令应详细记录、复核,执行完毕后,向上级主管部门报告,留存水闸操作运行记录。

【备查资料】

1. 以正式文件发布的调度规程和调度制度。
2. 调度运行管理机构成立的文件。
3. 调度运行执行记录。
4. 汛期调度运用计划请示、批复、备案、发布及实施记录。

【实施要点】

1. 建立信息沟通渠道

为保证水利工程正常调度运用,水管单位应充分利用各种通信手段,必要时要设立专用通信设施,以保证水文气象信息传递及时准确,同时要做到与上、下游防汛指挥部门及有关单位通信联系畅通无阻。

2. 制定调度规程和调度制度

调度规程应包括调度依据和调度准则等内容;调度制度应包括调度流程等内容。

3. 调度指令执行和记录

工程调度通知单执行到位,开、停机操作票和开、关闸操作票填写规范。对工程运用情况、运行状态和引排水量均有详细统计和记录。

4. 汛期调度运用计划

汛期调度运用计划应包括工程基本情况、汛前准备和防御方案等内容。

4.4.2.3 防洪度汛

【考核内容】

防洪度汛组织机构健全,人员配置符合规定,岗位责任明确;按规定编制工程防洪度汛方案和应对超标准洪水应急预案;工程险工、隐患图表清晰,有度汛措施和预案;防洪度汛物资设备按规定备足,定期对抢险设备进行试车;开展防汛抢险队伍培训,汛前按规定组织险情的抢护演练;开展汛前、汛中和汛后检查,发现问题及时处理;日常管理记录规范。(15分)

【赋分原则】

查相关文件、记录并查看现场;防洪度汛组织机构不健全,扣5分;人员配置不符合规定,扣5分;岗位责任制不明确,扣5分;无度汛方案、超标准洪水应急预案,扣15分;度汛措施或预案不全面或操作性不强,每项扣5分;无工程险工、隐患统计图表,扣5分;工程险工、隐患统计图表不全,每缺一项扣2分;重要险工隐患没有度汛措施或预案,扣15分;防汛物资未按规定储备管理,扣5分;抢险设备未按规定进行试车,扣5分;未对抢险队伍进行培训或未按规定进行演练,扣5分;未开展汛前、汛中和汛后检查,扣15分;发现险情,未及时报告并采取抢护措施,扣15分;管理记录不规范,扣5分。

【条文解读】

1. 防洪度汛是水管单位基本的、主要的业务,水管单位通过防洪度汛管理,既要保证工程本身度汛安全，又要保证工程保护范围内人民生命、财产安全，为社会经济发展发挥作用。

2. 水管单位应建立健全防洪度汛组织指挥机构，落实防洪度汛责任人，明确各成员单位的工作职责。制定度汛实施细则、技术措施和超标准洪水的度汛预案。

3. 对排查出的各类度汛风险隐患，要完善细化工程风险隐患图表，制定应急处置方案，一时难以解决的要落实有效措施，完善可操作性的度汛预案，确保防汛安全。

4. 《中华人民共和国防洪法》规定，防汛物资实行分级负担、分级储备、分级使用、分级管理、统筹调度的原则。防洪度汛的基本物资设备包括：抢险物料、救生器材、小型抢险机具等。《防汛物资储备定额编制规程》(SL 298—2004)按各个水利工程的不同级别，对防汛物资储备标准和储备定额做出了明确规定，应按其标准备全备足。未规定的物资品种以及小型工器具等，可根据实际需要进行储备。

5. 《中央级防汛物资储备管理细则》规定，各种防汛物资在每年汛前都要进行一次检查，对救生船、冲锋舟进行养护、检修并发动试机，对驾驶人员进行安全救生培训。

6. 防汛防旱指挥机构必须对防汛抢险队伍统一组织培训，并定期举行不同类型的应急演习。

7. 定期开展汛前、汛中和汛后检查，对检查出的工程安全隐患，做好检查记录，按照轻重缓急原则及时处理。日常管理记录填写需规范工整。

【规程规范技术标准及相关要求】

1. 《中华人民共和国防洪法》(2016 年修正)。
2. 《防汛物资储备定额编制规程》(SL 298—2004)。
3. 《水闸设计规范》(SL 265—2016)。
4. 《水闸技术管理规程》(SL 75—2014)。
5. 《防洪标准》(GB 50201—2014)。
6. 《防洪规划编制规程》(SL 669—2014)。
7. 《防洪风险评价导则》(SL 602—2013)。
8. 《防汛抗旱用图图式》(SL 73.7—2013)。

【备查资料】

1. 防洪度汛安全管理制度。
2. 度汛方案。
3. 水情调度命令票。
4. 调度方案。
5. 防汛应急预案。
6. 防汛值班记录。
7. 防汛物资测算及管理台账。
8. 汛前、汛中、汛后检查相关材料。
9. 闸门启闭操作票。
10. 闸门运行记录表。
11. 柴油发电机试运行记录。
12. 工程险工、隐患统计图表。

13. 防汛领导小组及防汛抢险应急队伍。

14. 防汛抢险培训及演练。

【实施要点】

1. 防洪度汛组织机构

建立防汛组织机构,配备防汛管理人员,落实度汛管理责任制,明确各级、各部门、人员的职责。

2. 度汛方案

防汛预案要按照"安全第一,常备不懈,以防为主,全力抢险"的工作方针,做到责任到位、指挥到位、人员到位、物资到位、措施到位、抢险及时,保证汛期水利工程安全正常运行。

3. 工程险工隐患

对于存在险工、隐患的工程,要完善工程险工、隐患图表,制定度汛措施和应急抢险预案,明确和落实每个险工、隐患具体的防汛行政负责人、技术责任人和巡查、防守人员及其巡查路线、频次,并进一步细化抢险物资储备和抢险队伍组织工作;一旦发生险情,迅速启动应急预案,及时有效处置。

4. 防洪度汛物资

参照《防汛物资储备定额编制规程》(SL 298—2004)等相关规定储备足够的防汛物资、设备;建立防汛物资、设备台账。物资设备台账应载明物资设备的种类、规格、数量、存放地点及管理责任人。对需要定期检查试车的抢险设备要做好检查记录。

5. 防汛抢险队伍培训与演练

(1) 采取分级负责的原则,由防汛抗旱指挥机构统一组织培训。

(2) 培训工作应做到合理规范课程、考核严格、分类指导,保证培训工作质量。

(3) 培训工作应结合实际,采取多种组织形式,定期与不定期相结合,每年汛前至少组织一次培训。

(4) 防汛抗旱指挥机构应定期举行不同类型的应急演习,以检验、改善和强化应急准备和应急响应能力。

(5) 专业抢险队伍必须针对当地易发生的各类险情有针对性地每年进行抗洪抢险演习。

(6) 多个部门联合进行的专业演习,一般每2~3年举行一次,由省级防汛抗旱指挥机构负责组织。

6. 记录

按照相关制度要求做好防洪度汛期间各项检查记录,值班记录、闸门运行记录、日常巡查记录表和经常检查记录表等日常填写应详细规范,并妥善保管,定期装订成册。

4.4.2.4 工程范围管理

【考核内容】

工程管理和保护范围内无法律、法规规定的禁止性行为;水法规等标语、标牌设置符合规定,在授权范围内对工程管理设施及水环境进行有效管理和保护。(10分)

【赋分原则】

查相关记录并查看现场;存在禁止性行为,扣5分;标语、标牌设置不足或不符合规定,每处扣2分;对涉河活动监管不力,每次扣2分。

【条文解读】

1. 水管单位要梳理本单位管理和保护范围内的违法违章项目,对于法规明令禁止的项目坚决取缔,及时查处违法行为,执法程序符合《水行政处罚实施办法》和其他相关法规规定。对于没有履行报批手续的及时督促建设单位履行报批手续。

2. 水管单位在管理范围内重要和危险的区域应设置警告警示标志和宣传标语、标牌,警告警示标志内容要与工程的性质、设置部位相符,以禁止游泳、垂钓、养殖、排污、违建等为主;宣传标语和标牌以依法管理水利工程、维护工程完整、节约保护利用水资源为主。对于距离远、四周均与外界接壤的水利工程,在上下游、左右岸均应设置同样内容的警告警示牌。

3. 水事违法违章事件大多数不仅涉及水利部门,还常常同时涉及国土资源、林业、渔业、环保、城建规划等部门。执法时配合案件所涉及的其他具有执法主体资格的行政主管部门联合执法,将会极大地提升执法效力,对水环境进行有效保护和监督。

【规程规范技术标准及相关要求】

1. 《中华人民共和国环境保护法》(主席令第九号)。
2. 《中华人民共和国水污染防治法》(主席令第八十七号)。
3. 《水行政处罚实施办法》(水利部令第55号)。
4. 《内河助航标志》(GB 5863—93)。
5. 《道路交通标志和标线》(GB 5768—2009)。
6. 《安全标志及其使用导则》(GB 2894—2008)。
7. 《公共信息导向系统 设置原则与要求》(GB/T 15566.1—2020)。

【备查资料】

1. 水政巡查台账。
2. 标语标牌台账。

【实施要点】

1. 水管单位工程管理和保护范围内禁止下列行为。

(1)禁止损坏涵闸、抽水站、水电站等各类建筑物及机电设备、水文、通信、供电、观测等设施。

(2)禁止在堤坝、渠道上扒口、取土、打井、挖坑、埋葬、建窑、垦种、放牧和毁坏块石护坡、林木草皮等其他行为。

(3)禁止在水库、湖泊、江河、沟渠等水域炸鱼、毒鱼、电鱼。

(4)禁止在行洪、排涝、送水河道和渠道内设置影响行水的建筑物、障碍物、鱼罾鱼簖或种植高秆植物。

(5)禁止向湖泊、水库、河道、渠道等水域和滩地倾倒垃圾、废渣、农药,排放油类、酸液、碱液、剧毒废液,以及《中华人民共和国环境保护法》《中华人民共和国水污染防治法》禁止排放的其他有毒有害的污水和废弃物。

(6)禁止擅自在水利工程管理范围内盖房、圈围墙、堆放物料、开采砂石土料、埋设管道、电缆或兴建其他的建筑物。在水利工程附近进行生产、建设的爆破活动,不得危害水利工程的安全。

（7）禁止擅自在河道滩地、行洪区、湖泊及水库库区内圈圩、打坝。

（8）禁止拖拉机及其他机动车辆、畜力车雨后在堤防和水库水坝的泥泞路面上行驶。

（9）禁止任意平毁和擅自拆除、变卖、转让、出租农田水利工程和设施。

2. 标语标牌设置

水法规等标语、标牌设置应符合《内河助航标志》(GB 5863—93)、《道路交通标志和标线 第3部分：道路交通标线》(GB 5768.3—2009)、《安全标志及其使用导则》(GB 2894—2008)和《公共信息导向系统 设置原则与要求》(GB/T 15566.1—2020)等相关规范的要求。

3. 联合执法

与相关单位有联合执法工作机制，并联合开展水环境保护。案件取证查处手续、资料齐全、完备，执法规范，案件查处结案率高。

【现场管理】

1. 管理范围桩（如图4.68所示）。

图4.68 管理范围桩

2. 水法规标牌（如图4.69所示）。

图4.69 水法规标牌

3. 水文监测设施保护通告(如图 4.70 所示)。

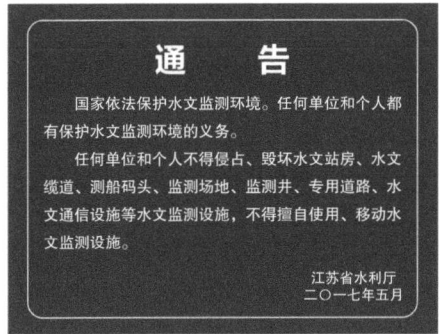

图 4.70 水文监测设施保护通告

【参考示例】

苏×××支队纪要〔20××〕×号

江苏省水利监察总队×××支队 20××年××月××日

水政联合执法会商纪要

××月××日,省×××支队联合执法工作会商会议在管理处五楼会议室召开,研究部署×××枢纽排涝期间联合执法工作。处水政支队队长×××主持会议,处水政支队、××市渔政、××市水上公安部门负责人相关人员参加。纪要如下:

……

参会人员:

记录人员:

本期分送:处领导、××市渔政监督支队、××区派出所水上大队、××村委会、××管理所,共印××份。

水行政执法(河湖采砂管理)巡查记录表如表 4.31 所示。

表 4.31 水行政执法(河湖采砂管理)巡查记录表

日期		巡查时间	
巡查地点、路线或区域(水域)		巡查方式	
巡查情况(如发现问题,应记录基本情况、涉嫌违法行为简要介绍)			
对发现问题所采取的措施及结果			
巡查人员签名			
巡查负责人签名			
领导批示			

4.4.2.5 安全保卫

【考核内容】

建立或明确安全保卫机构,制定安全保卫制度;重要设施和生产场所的保卫方式按规定设置;定期对防盗报警、监控等设备设施进行维护,确保运行正常;出入登记、巡逻检

查、治安隐患排查处理等内部治安保卫措施完善;制定单位内部治安突发事件处置预案,并定期演练。(10分)

【赋分原则】

查相关文件、记录并查看现场。未建立或明确安保机构,扣5分;未建立安保制度,扣3分;未按规定落实安保措施,每项扣2分;报警、监控设备设施运行不正常,每项扣2分;内部安保工作存在漏洞,每项扣2分;无应急处置预案,扣5分;未定期演练,扣3分。

【条文解读】

1. 水管单位的安全保卫是指通过落实安全措施(建立机构、安装防盗设施等),使工程免受外部因素的破坏,保护工程和单位内部人员人身安全的活动。应当贯彻预防为主、单位负责、突出重点、保障安全的方针。

2. 《企业事业单位内部治安保卫条例》规定:水利设施是治安保卫重点单位,应当设置与治安保卫任务相适应的治安保卫机构,配备专职治安保卫人员,并将治安保卫机构的设置和人员的配备情况报主管公安机关备案。《水库工程管理通则》和《水闸工程管理通则》还规定:根据水库或水闸工程的规模及其重要程度,应设民兵、经济民警或公安派出所,特别重要的工程要有部队守卫。

3. 治安保卫重点单位应当确定本单位的治安保卫重要部位,按照有关国家标准对重要部位设置必要的技术防范设施,并实施重点保护。

4. 单位内部治安保卫机构、治安保卫人员应当督促落实单位内部治安防范设施的建设和维护。关系到人身安全的工程部位,应设置安全防护装置,对照明、防火、避雷、绝缘设备等,要定期检查,经常维护,保持其防护性能。

5. 单位落实出入登记、守卫看护、巡逻检查、重要部位重点保护、治安隐患排查处理等内部治安保卫措施情况。

6. 治安保卫重点单位应当在公安机关指导下制定单位内部治安突发事件处置预案,并定期演练。

【规程规范技术标准及相关要求】

1. 《中华人民共和国突发事件应对法》(2007年)。
2. 《中华人民共和国安全生产法》(2021年修正)。
3. 《危险化学品安全管理条例》(国务院令第591号)。
4. 《中华人民共和国治安管理处罚法》(2013年修正)。
5. 《中华人民共和国道路交通安全法》(2021年修正)。
6. 《水闸设计规范》(SL 265—2016)。
7. 《水闸技术管理规程》(SL 75—2014)。
8. 《水利安全生产标准化通用规范》(SL/T 789—2019)。
9. 《水库大坝安全管理应急预案编制导则》(SL/Z 720—2015)。
10. 《水利行业反恐怖防范要求》(SL/T 772—2020)。

【备查资料】

1. 安全保卫文件。
2. 安全保卫管理规定。

3. 应急处置预案。

4. 治安巡逻检查表。

5. 外来人员出入登记表。

6. 应急演练记录。

7. 防盗监控系统检查维护记录。

【实施要点】

1. 建立安全保卫机构,并履行下列职责。

(1) 加强单位内部治安保卫队伍建设,落实内部治安管理的各项措施,保证本单位职工人身安全。

(2) 根据需要,检查进入本单位人员的证件,登记出入的物品和车辆。

(3) 在单位范围内进行治安防范巡逻和检查,建立巡逻、检查和治安隐患整改记录。

(4) 维护单位内部的治安秩序,加强与政府公安部门沟通协作,保证保卫工作顺利进行。制止发生在本单位的违法行为,对难以制止的违法行为以及发生的治安案件、涉嫌刑事犯罪案件应当立即报警,并采取措施保护现场,配合公安机关的侦查、处置工作。

(5) 落实安全技术防范措施的建设和维护,加强日常检查。

2. 制定安全保卫相关制度,包括下列内容。

(1) 门卫、值班、巡查制度。

(2) 工作、生产、经营等场所的安全管理制度。

(3) 现金、票据、印鉴等重要物品使用、保管、储存、运输的安全管理制度。

(4) 单位内部的消防、交通安全管理制度。

(5) 治安防范教育培训制度。

(6) 单位内部发生治安案件、涉嫌刑事犯罪案件的报告制度。

(7) 治安保卫工作检查、考核及奖惩制度。

(8) 存放有爆炸性、易燃性、放射性、毒害性、传染性、腐蚀性等危险物品的单位,还应当有相应的安全管理制度。

3. 加强本单位所管工程重要部位,如坝体、闸门启闭设施、安全防护等重要工程设施的保卫,防止人为破坏。

4. 加强治安隐患排查与整改,制定突发事件应急预案,及时处置突发事件。

【参考示例1】

×××单位文件

×××〔20××〕×号

关于成立处安全保卫工作领导小组的通知

处属各单位、各部门:

为加强×××单位内部安全保卫工作,维护正常的工作秩序,促进全处安全工作制度化、规范化,现结合我处工作实际,成立处安全保卫工作领导小组。其组成成员如下:

组长:

副组长：

成员：

领导小组下设办公室，办公室设在水政科，负责处安全保卫的日常工作。办公室主任由×××兼任。

×××单位
20××年××月××日

【参考示例2】

×××枢纽治安保卫管理规定

为做好×××枢纽内部治安保卫管理工作，保障国家、集体财产和人员生命财产安全，维护正常工作秩序，确保枢纽安全运行，特制定本规定。

……

【参考示例3】

社会治安突发事件应急处置预案

1 总则

1.1 编制目的

1.2 编制依据

1.3 适用范围

2 事故类型和危害种类

3 单位社会治安基本情况

4 应急组织和职责

4.1 应急组织机构

4.2 应急组织的工作职责

5 应急处置

5.1 事件应急处置程序

5.2 事件报告基本要求和内容

6 注意事项

6.1 应急处置过程中应注意的事项

6.2 应急处置结束后应注意的事项

6.3 其他事项

7 附则

7.1 应急指挥机构及人员的联系方式如表 4.32 所示。

表 4.32 应急指挥机构及人员的联系方式

序号	姓名	职务	办公电话	手机	备注
1		主任			
2		副主任			
3		办公室主任			
4		工管科科长			
5		水政科副科长			
6		×××所所长			

7.2 应急处置相关人员信息如表 4.33 所示。

表 4.33 应急处置相关人员信息

序号	姓名	办公电话	手机	备注
1				医疗救护
2				

4.4.2.6 现场临时用电管理

【考核内容】

按有关规定编制临时用电专项方案或安全技术措施,并经验收合格后投入使用;用电配电系统、配电箱、开关柜符合相关规定;自备电源与网供电源的联锁装置安全可靠,电气设备等按规范装设接地或接零保护;现场内起重机等起吊设备与相邻建筑物、供电线路等的距离符合规定;定期对施工用电设备设施进行检查。(10 分)

【赋分原则】

查相关文件、记录并查看现场;未按规定编制临时用电专项方案及安全技术措施,扣 10 分;未经验收合格投入使用,扣 10 分;用电配电系统、配电箱、开关柜不符合相关规定,每项扣 2 分;无可靠的自备电源与网供电源的联锁装置,扣 5 分;未按规定设置接地或接零保护,每处扣 2 分;起吊设备的安全距离不符合规定,扣 10 分;未按规定对用电设备设施进行定期检查,每缺一次扣 2 分。

【条文解读】

1. 施工现场临时用电设备在 5 台及以上或设备总容量在 50 kW 及以上的应编制用电组织设施设计,临时用电工程图纸单独绘制。经用电管理单位审核及工程管理负责人批准后方可实施。

2. 临时用电工程应经编制、审核、批准部门和使用单位共同验收合格后方可投入使用。

3. 临时用电必须严格确定用电时限,超过时限要重新办理临时用电作业许可的延期手续,同时办理继续用电作业许可手续。

4. 用电结束后,临时施工用的电气设备和线路应立即拆除,由用电执行人所在生产区域的技术人员、供电执行部门共同检查验收签字。

5. 安装和拆除临时用电线路的作业人员,必须持有效的电工操作证并有专人监护方可施工。

【规程规范技术标准及相关要求】

《施工现场临时用电安全技术规范》(JGJ 46—2005):

3.1　临时用电组织设计

3.1.1　施工现场临时用电设备在5台及以上或设备总容量在50 kW及以上者,应编制用电组织设计。

3.1.5　临时用电工程必须经编制、审核、批准部门和使用单位共同验收,合格后方可投入使用。

3.1.6　施工现场临时用电设备5台及以下或设备总容量在50 kW及以下者,应制定安全用电和电气防火措施。

【备查资料】

1. 临时用电专项方案及安全技术措施须以正式文件发布。

2. 临时用电台账。(含临时用电申请表、临时用电检查记录、整改通知及整改回执)

【实施要点】

1. 临时用电设备在5台及以上或设备总容量在50 kW及以上的工程,应编制《施工现场临时用电施工组织设计》,并编制安全用电技术措施及电气防火措施。

2. 从事电气作业的电工、技术人员必须持有特种作业操作许可证,方可上岗作业。安装、维修、拆除临时用电设施必须由持证电工完成,其他人员禁止接驳电源。

3. 施工单位应做好用电安全技术交底工作,确保施工过程中各项安全措施落实到位。

4. 施工单位临时用电期间,本单位相关部门管理人员采取定期检查和不定期抽查方式加强临时用电安全监督检查,定期检查按照班前检查、周检查及每月的全面检查。不定期抽查贯穿整个施工期间。

5. 发生触电和火灾事故后,施工单位和本单位相关部门应立即组织抢救,确保人员和财产的安全,并及时报告单位相关领导,必要时请求公安、消防等国家部门救援。

6. 施工现场对配电箱、开关箱的要求:

(1) 配电箱、开关箱应采用铁板或优质绝缘材料制作,门(盖)必须齐全有效,安装符合要求,保持有二人同时工作通道并接地。配电箱及开关箱均应标明其名称、用途,并做出分路标记。

(2) 对配电箱、开关箱进行定期维修、检查时,必须将其前一级相应的电源隔离开关分闸断电,并悬挂"禁止合闸,有人工作"停电标志牌,严禁带电作业。

（3）配电箱、开关箱中导线的进线口和出线口应设在箱体的下底面,严禁设在箱体的上顶面、侧面、后面或箱门处。

（4）移动式配电箱和开关箱的进、出线必须采用橡皮绝缘电缆。

（5）总、分配电箱门应配锁,配电箱和开关箱应指定专人负责。施工现场停电1 h以上时,应将动力开关箱上锁。各种配电箱、开关箱内不允许放置任何杂物,并应保持清洁。箱内不得挂接其他临时用电设备。

7. 施工现场对配电线路的要求:

（1）施工现场的设备用电与照明用电线路必须分开设置。

（2）临时用电线路必须安装总隔离开关、总漏电开关、总熔断器（或空气开关）。

（3）架空电线、电缆必须设在专用电杆上,严禁设在树木或脚手架上,架空线的最大弧垂与地面的距离不小于3.5 m,跨越机动车道时不小于6 m。

（4）电缆线路应采用埋地或架空敷设,严禁沿地面明设,并应避免损伤和介质腐蚀。埋地电缆路径应设方位标志。

（5）施工现场用电设备必须是"一机、一闸、一漏电保护、一箱"。施工现场严禁一闸多机。

8. 施工现场对电动建筑机械或手持电动工具的要求:

（1）电动建筑机械或手持电动工具的负荷线,必须按其容量选用无接头的多股铜芯橡皮护套电缆,手持电动工具的原始电源线严禁接长使用并且不得超过3 m。

（2）每台电动机械或手持电动工具的开关箱内除应装设过负荷、短路、漏电保护装置外,还必须装设隔离开关。

（3）焊接机械应放置在防雨和通风良好的地方,交流弧焊机变压器的一次侧电源进线处必须设置防护罩。焊接现场不准堆放易燃易爆物品。

（4）手持式电动工具的外壳、手柄、负荷线、插头、开关等必须完好无损,使用前必须做空载检查,运转正常后方可使用。

（5）各电动工具、井架等以用电设备相连接的金属外壳必须采用不小于2.5 mm^{2}的多股铜芯线接地。

9. 施工现场对照明的要求:

（1）对下列特殊场所应使用安全电压照明器:

① 隧道、人防工程,有高温、导电灰尘或灯具离地面高度低于2.4 m等场所的照明,电源电压不大于36 V。

② 在潮湿和易触及带电体场所照明电源电压不得大于24 V。

③ 在特别潮湿的场所、导电良好的地面、锅炉或金属容器内工作的照明电源电压不得大于12 V。

（2）照明变压器必须使用绕组型,严禁使用自耦变压器。

10. 施工现场对自备电源的要求:

（1）凡有备用电源（发电机）或配电房应设置防止向电网反送电措施及装置。

（2）凡有备用电源（发电机）或配电房应设置砂箱和1211灭火器等灭火设施。

（3）凡高于周边建筑的金属结构应设置防雷设施。

11. 施工单位应制定预防火灾等安全事故的预防措施,用电人员认真执行安全操作规程,本单位相关部门做好监督检查工作。

12. 施工单位应制定的电气防火措施:

(1) 施工组织设计时根据设备用电量正确选择导线截面。

(2) 施工现场内严禁使用电炉,使用草坪灯时,灯与易燃物间距要大于30 cm,室内不准使用功率超过100 W的灯泡。

(3) 配电室的耐火等级要大于三级,室内配置砂箱和绝缘灭火器,严格执行变压器的运行检修制度,现场中的电动机严禁超载使用,电机周围无易燃物,发现问题及时解决,保证设备正常运行。

(4) 施工现场的高大设备和有可能产生静电的电器设备要做好防雷接地和防静电接地,以免雷电及静电火花引起火灾。

(5) 电气操作人员要认真执行规范,正确连接导线,接线端要压牢、压实。各种开关触头要压接牢固,铜铝连接时要有过渡端子。多股导线要用端子或涮锡后再与设备安装,以防加大电阻引起火灾。

(6) 配电箱、开关箱内严禁存放杂物及易燃物体,并派专人负责定期清扫。

(7) 施工现场应建立防火检查制度,强化电气防火组织体系,加强消防能力建设。

4.4.2.7 危险化学品管理

【考核内容】

建立危险化学品的管理制度;购买、运输、验收、储存、使用、处置等管理环节符合规定,并按规定登记造册;警示性标签和警示性说明及其预防措施符合规定。(5分)

【赋分原则】

查相关文件、记录并查看现场;未建立危险化学品管理制度,扣3分;管理环节不符合规定,每项扣2分;标签或说明不全,每缺一项扣2分;预防措施不落实,扣5分;未按规定登记造册,扣2分。

【条文解读】

1. 危险化学品是指具有毒害、腐蚀、爆炸、燃烧、助燃等性质,对人体、设施、环境具有危害的剧毒化学品和其他化学品。

2. 危险化学品安全管理,应当坚持"安全第一、预防为主、综合治理"的方针,强化和落实企业的主体责任,建立危险化学品的管理制度。

3. 生产、储存危险化学品的单位,应当根据其生产、储存的危险化学品的种类和危险特性,在作业场所设置相应的监测、监控、通风、防晒、调温、防火、灭火、防爆、泄压、防毒、中和、防潮、防雷、防静电、防腐、防泄漏以及防护围堤或者隔离操作等安全设施、设备,并按照国家标准、行业标准或者国家有关规定对安全设施、设备进行经常性维护、保养,保证安全设施、设备的正常使用。

生产、储存危险化学品的单位,应当在其作业场所和安全设施、设备上设置明显的安全警示标志。

4. 危险化学品应当储存在专用仓库、专用场地或者专用储存室(以下统称"专用仓库")内,并由专人负责管理;剧毒化学品以及储存数量构成重大危险源的其他危险化学品,应当在专用仓库内单独存放,并实行双人收发、双人保管制度。

5. 加强水利工程建设和管理范围内石油天然气输送管道保护工作,配合当地政府和有关部门及油气输送管道企业全面提高管道保护和管理水平,消除安全隐患。

【规程规范技术标准及相关要求】

1.《中华人民共和国突发事件应对法》(2007年)。
2.《中华人民共和国安全生产法》(2021年修正)。
3.《危险化学品安全管理条例》(国务院令第591号)。
4.《水闸设计规范》(SL 265—2016)。
5.《水闸技术管理规程》(SL 75—2014)。
6.《化学品分类和危险性公示 通则》(GB 13690—2009)。
7.《危险化学品重大危险源辨识》(GB 18218—2018)。
8.《危险化学品生产装置和储存设施风险基准》(GB 36894—2018)。
9.《危险化学品生产装置和储存设施外部安全防护距离确定方法》(GB/T 37243—2019)。
10.《危险化学品 爆炸品名词术语》(GB/T 21535—2008)。
11.《危险化学品仓库储存通则》(GB 15603—2022)。

【备查资料】

1. 危险化学品安全管理制度。
2. 危险物品及危险源台账。

【实施要点】

1. 依照购买、运输、验收、储存、使用、处置危险化学品的各项安全要求,根据本单位实际情况,建立相应的安全管理制度。

2. 根据本单位危险化学品的使用情况,做好各项安全管理措施。如购买,需向取得安全生产经营相关证件的单位购买符合国家安全规定的危险化学品。危险化学品须独立存放,人员进入危险化学品仓库须采取相应的安全措施。操作人员使用危险化学品时,须取得相应的作业证,并由专人监督指导。

3. 危险化学品仓库及使用场所需设置安全警示标志,如"注意通风""禁止烟火""仓库重地 闲人免进"等。

4. 加强存储危险化学品仓库的管理,加强巡查力度,定期检查危险化学品是否过期、是否存在安全隐患,发现安全隐患的,要及时进行改正。

【参考示例】

危险化学品安全管理制度

第一章 总则

第二章 定义和范围

第三章 危化品的采购管理

第四章　危化品的存放管理

第五章　危化品的运输管理

第六章　危化品的使用管理

第七章　废弃物处理

第八章　附则

4.4.2.8　交通安全管理
【考核内容】
建立交通安全管理制度；定期对车船进行维护保养、检测，保证其状况良好；严格安全驾驶行为管理。（10 分）
【赋分原则】
查相关文件、记录并查看现场；未建立交通安全管理制度，扣 3 分；未按规定对车船进行维护保养、检测，扣 10 分；存在违规驾驶行为，每次扣 2 分。
【条文解读】
1. 为了加强水管单位的交通安全管理工作，预防和减少交通事故，保护职工人身安全、保障单位交通车辆、管理区域运输设备的财产安全，水管单位应按照《中华人民共和国道路交通安全法》《机动车安全技术检验项目和方法》《中华人民共和国内河交通安全管理条例》等法规，制定相应的交通安全管理制度。
2. 按照职业健康防护规定和有关规定，为驾乘人员配备必要的防护用品。
3. 定期对防汛船只进行各项检查，确保防汛船只各项参数、设施配备等符合船舶安全运行要求。
4. 管理范围内应按规定设置交通标线、限高等交通标志。
【规程规范技术标准及相关要求】
1.《中华人民共和国道路交通安全法》（主席令第八号）。
2.《机动车安全技术检验项目和方法》（GB 38900—2020）。
3.《中华人民共和国内河交通安全管理条例》（国务院令第 355 号）。
4.《船舶检验管理规定》（交通运输部令 2016 年第 2 号）。
【备查资料】
1. 以正式文件发布的交通安全管理制度。
2. 车船维护保养记录及检测报告。
【实施要点】
1. 建立交通安全管理制度，并监督相关部门和有关人员严格执行交通安全管理制度。
2. 定期对驾驶员进行安全培训以及安全生产教育，明确安全责任，确保遵守相关法律。

3. 按照《中华人民共和国道路交通安全法实施条例》有关规定定期对车辆进行检验，确保车辆处于良好运行状态。按照交通运输部《船舶检验管理规定》中有关规定定期对船舶进行检验。

4. 管理单位需与驾驶员签订安全责任状，并对驾驶员进行安全考核，兑现安全奖惩。对违反交规的驾驶员进行再教育，并有培训教育资料。

5. 管理范围内，交通标线及限高、限速标志清晰明确。

【参考示例1】

交通安全管理制度

第一章 总则

第一条 为加强管理处交通安全管理工作，预防和减少交通事故，保护职工人身安全，保障管理处交通车辆、处区运输设备的财产安全，制定本制度。

第二条 本制度适用于处属机动车辆、观光车和工程项目施工现场车辆的交通运输安全管理。

第二章 组织机构

第三条 处安全生产委员会为处交通安全管理组织机构，组长由管理处主要领导担任，副组长由分管领导担任，成员由安委办、办公室、工管科、水政科、人事科、泵站、水闸等部门负责人组成。

第四条 处交通车辆归属管理单位、部门应成立相应的交通安全管理领导小组，负责本单位部门交通安全管理工作的实施，贯彻落实各项交通安全管理法规和要求，并根据本部门情况制定相应的管理办法。

第三章 交通安全管理职责

第五条 办公室负责交通安全管理的监督、检查，负责定期组织对机动车驾驶员的安全教育，定期对机动车辆检测和检验，保证车辆车况良好。负责建立处属机动车辆及专职驾驶员档案。参加道路交通事故的调查与处理。

第六条 水政科负责处区交通安全警示标志、标识的维护管理，负责进出处区车辆的登记、停放管理，监督检查工程项目实施交通运输的现场管理。

第七条 工程项目实施部门负责项目施工现场交通安全防护措施、临时警示标志设置以及大型设备运输或搬运安全措施的制定。

第八条 处车辆归属部门负责本部门的车辆日常管理。

第九条 租赁外部车辆的安全职责由用车部门负责。租赁车辆应与有资质的租赁公司签订租赁协议，明确车辆安全管理双方职责。

第十条 处属各单位、部门应严格执行本制度及相关的交通安全法规。负责组织机动车驾驶员安全教育学习；负责组织机动车辆的安全技术状况自检。

第四章 交通驾驶安全管理

第十一条 上路行驶的机动车辆必须证件齐全，保险、年检有效。用车单位和驾驶员负责车辆和驾驶证的年检年审工作，车辆保险由办公室统一办理。

第十二条 驾驶员负责车辆的日常例行保养和清洁工作，出车前检查方向、制动、灯光等安全设施是否正常，发现问题及时维修处理。

第十三条 驾驶员出车时必须证照齐全有效，遵守道路交通安全管理规定，不超载，不超速，不闯红灯，不违章停车，不抢占道路，不强行超车，不疲劳驾驶，做到遵章守纪、"礼让三先"、文明行车。

第十四条 严禁无证驾驶、驾驶与准驾车型不符、酒后驾驶或把机动车辆交给非单位专职驾驶员驾驶的，一经发现，严肃处理，情节严重的按有关规定解除劳动合同。

第十五条 车辆归属管理单位应按照管理处安全目标管理的规定，与驾驶员签订安全责任状，进行安全考核，兑现安全奖惩。日常工作中经常开展对驾驶员的安全教育，接受管理处安委办、办公室的安全监督和检查。

第十六条 发生行车事故，由车辆归属单位和驾驶员负责事故处理和保险理赔，办公室、财供科协助办理有关事项。

第十七条 因违反交通规则，被交通监管部门处罚的，由驾驶员个人承担。车辆管理部门还要对驾驶员进行再教育。

违章行车造成事故的，根据公安部门确定的责任，按次要责任、同等责任、全部责任，分别记入对驾驶员的季度和年度考核中，按管理处的考核规定和安全责任状规定处理。

第五章 处区交通安全管理

第十八条 各单位、部门负责所管区域内的车辆运输安全管理，加强交通安全教育，预防发生交通事故。

处区观光车辆，由办公室统一调度管理。

第十九条 处区车辆应按指定地点有序、整齐停放。

第二十条 运输设备车辆进入施工现场前，应对设备的完好状况进行检查，检查合格后方可进场。

第二十一条 用车单位应对进入处区施工的车辆驾乘进行必要的安全提示。对新聘驾驶员，应按处教育培训规定进行岗前安全教育，教育培训合格后方可上岗。

第二十二条 工程项目施工现场应设置交通标志、交通标线。处区车辆应按照管理部门指定的线路和速度（出入大门 5 km/h，主支干线 20 km/h，弯道、特殊路段 5 km/h）进行安全行驶。

第二十三条 根据处区道路情况，对进出载货汽车的载货量、高度作出规定，严禁超载、超宽、超高、超长汽车强行进入处区。装载散装、粉状和易滴漏的物品，不能散落、飞扬或滴漏车外，车辆通过电缆沟、排水沟、有管线的道口必须采取安全措施方能行驶。履带车不得在处区道路行驶，如确有必要应得到主管部门批准并铺设基垫。

第二十四条 车辆在处区发生交通事故时，应及时向办公室报告，办公室负责交通事故处理或按有关规定上报公安交警部门，进行事故处理。

第六章 附则

1. 本制度由管理处办公室负责解释。
2. 本制度自发布之日起施行。

【参考示例 2】
车辆送修通知单存根如表 4.34 所示。

表 4.34 车辆送修通知单存根

车号：　　　　　　　　　　　　　　　　　　　　　　　　　年　　月　　日

编号	修理项目	维修时间及要求	备注

采购分管领导：　　　　　　车管员：　　　　　　驾驶员：

管理处车辆送修通知单

_____：

兹介绍我单位_____同志，前往你处办理车辆维修事宜，车型：_____，车号：_____，请予安排。

送修单位(章)　　　　　　　　　　　　　　　　　　　　　　年　　月　　日

编号	修理项目	维修时间及要求	备注

车管员：　　　　　　　　　　　　　　　　　　　　　　　　　　驾驶员：

4.4.2.9 消防安全管理

【考核内容】

建立消防管理制度，建立健全消防安全组织机构，落实消防安全责任制；防火重点部位和场所配备足够的消防设施、器材，并完好有效；建立消防设施、器材台账；严格执行动火审批制度；开展消防培训和演练；建立防火重点部位或场所档案。(10 分)

【赋分原则】

查相关文件、记录并查看现场；未建立消防管理制度，扣 3 分；未建立健全消防安全组织机构或未落实消防安全责任制，扣 5 分；未按规定配备消防设施、器材，每处扣 2 分；未建立台账，扣 2 分；未严格执行动火审批制度，扣 10 分；未培训和演练，扣 5 分；未建立防火重点部位或场所档案，扣 5 分。

【条文解读】

1. 水管单位应制定消防管理制度，健全消防安全组织机构，明确单位消防安全负责人、消防安全管理人等各级、各岗位消防安全责任人的安全职责。水管单位的法定代表人是单位消防的安全责任人，对本单位的消防安全工作全面负责。

2. 水管单位基层站所应成立消防安全领导小组和义务消防队(组),经常开展消防宣传教育活动,按照灭火和应急疏散预案,至少每半年进行一次演练,并结合实际,不断完善预案。消防演练时,应当设置明显标识并事先告知演练范围内的人员。

3. 消防器材及设施必须纳入生产设备管理中,配置的灭火器一律实行挂牌责任制,实行定位放置、定人负责、定期检查维护的"三定"管理。

4. 每班应对消防设施巡视检查一遍,并做好巡查记录。

5. 消防记录台账包括《消防安全活动记录》《防火检查记录》《消防(控制室)值班记录》《建筑消防设施器材检查、维修保养记录》《防火巡查记录表》《火灾隐患整改通知》。

【规程规范技术标准及相关要求】

1. 《中华人民共和国突发事件应对法》(2007年)。
2. 《中华人民共和国安全生产法》(2021年修正)。
3. 《中华人民共和国消防法》(2021年修正)。
4. 《水闸设计规范》(SL 265—2016)。
5. 《水闸技术管理规程》(SL 75—2014)。
6. 《建筑消防设施的维护管理》(GB 25201—2010)。
7. 《消防应急照明和疏散指示系统技术标准》(GB 51309—2018)。
8. 《消防安全工程》(GB/T 31593—2015)。
9. 《消防给水及消火栓系统技术规范》(GB 50974—2014)。
10. 《〈建筑设计防火规范〉图示》(13J811—1改)。
11. 《建筑设计防火规范》(GB 50016—2014)。
12. 《建筑灭火器配置设计规范》(GB 50140—2005)。
13. 《建筑灭火器配置验收及检查规范》(GB 50444—2008)。

【备查资料】

1. 消防安全管理制度。
2. 消防台账。
3. 消防演练。
4. 消防安全组织机构或消防安全责任制。

【实施要点】

1. 制定本单位消防安全管理制度,成立消防安全组织机构,基层站所应成立消防安全领导小组和义务消防队(组),确定兼职消防管理人员。至少每半年进行一次消防培训和演练,并与消防部门联系配合。

2. 按规定开展防火检查,填写检查记录,检查人员和被检查单位(部门)负责人应当在检查记录上签名。

3. 消防重点场所动火作业(如电焊、气割、生火、用电动工具等)应履行审批手续,有动火作业证。

4. 消防灭火器的设置应根据《建筑灭火器配置设计规范》(GB 50140—2005)的规范要求进行配置。按照可能产生的火灾种类、危险等级、使用场所等合理配置相应的灭火器,如变电所、站变室、高低压控制室、厂房、启闭机房、发电机房、仓库、办公区、生活区等场所配置干粉灭火器;直流控制室、网络数据中心机房、档案室等有贵重物品、仪器仪表的场所配置二氧化碳灭火器。建立详细的消防设备设施台账。

5. 消防安全重点单位建立健全消防档案。消防档案包括消防安全基本情况和消防安全管理情况。消防档案应当翔实,全面反映单位消防工作的基本情况,并附有必要的图表,根据情况变化及时更新。

【参考示例1】

消防安全管理制度

第一章 总则

第一条 为了加强和规范我处的消防安全管理,预防火灾和减少火灾危害,根据《中华人民共和国消防法》和公安部《机关、团体、企业、事业单位消防安全管理规定》,结合管理处实际情况制定本制度。

第二条 本制度适用于×××单位所辖各科室、站所、酒店等单位(部门)[以下统称"单位(部门)"]自身的消防安全管理。

第三条 单位(部门)应当遵守消防法律、法规、规章(以下统称"消防法规"),贯彻预防为主、防消结合的消防工作方针,履行消防安全职责,保障消防安全。

第四条 单位(部门)的主要负责人(或法人单位的法定代表人)是单位(部门)的消防安全责任人,对本单位(部门)的消防安全工作全面负责。

第五条 单位(部门)应当落实逐级消防安全责任制和岗位消防安全责任制,明确逐级和岗位消防安全职责,确定各级、各岗位的消防安全责任人。

第二章 消防安全责任

第六条 单位(部门)的消防安全责任人应当履行下列消防安全职责:

(一)贯彻执行消防法规,保障单位(部门)消防安全符合规定,掌握本单位(部门)的消防安全情况;

(二)将消防工作与本单位(部门)的生产、经营、管理等活动统筹安排,批准实施年度消防工作计划;

(三)为本单位(部门)的消防安全提供组织保障;

(四)确定逐级消防安全责任,批准实施消防安全制度和保障消防安全的操作规程;

(五)组织防火检查,督促落实火灾隐患整改,及时处理涉及消防安全的重大问题;

(六)根据消防法规的规定建立义务消防队;

(七)组织制定符合本单位(部门)实际的灭火和应急疏散预案,并实施演练。

第七条 单位(部门)可以根据需要确定本单位(部门)的消防安全管理人。消防安全管理人对单位(部门)的消防安全责任人负责,实施和组织落实下列消防安全管理工作:

(一)拟订年度消防工作计划,组织实施日常消防安全管理工作;

(二)组织制订消防安全制度和保障消防安全的操作规程并检查督促其落实;

(三)拟订消防安全工作的组织保障方案;

（四）组织实施防火检查和火灾隐患整改工作；

（五）组织实施对本单位（部门）消防设施、灭火器材和消防安全标志的维护保养，确保其完好有效，确保疏散通道和安全出口畅通；

（六）组织管理义务消防队；

（七）在员工中组织开展消防知识、技能的宣传教育和培训，组织灭火和应急疏散预案的实施和演练；

（八）单位（部门）消防安全责任人委托的其他消防安全管理工作。

消防安全管理人应当定期向消防安全责任人报告消防安全情况，及时报告涉及消防安全的重大问题。未确定消防安全管理人的单位（部门），前款规定的消防安全管理工作由单位（部门）主要负责人负责实施。

第八条　实行承租或者受委托经营、管理的单位（部门）应当遵守本规定，在其使用、管理范围内履行消防安全职责。

第九条　单位（部门）在项目实施前应当与施工单位在订立的合同中明确各方对施工现场的消防安全责任。

第三章　消防安全管理

第十条　下列单位（部门）是处消防安全重点单位（部门），应当按照本规定的要求，实行严格管理：水闸、泵站、变电所等工程。

第十一条　消防安全重点单位（部门）应当确定兼职消防管理人员（安全员）；其他单位（部门）消防重点部位也应当确定兼职消防管理人员，兼职消防管理人员在消防安全责任人或者消防安全管理人的领导下开展消防安全管理工作。

第十二条　单位（部门）应当按照国家有关规定，结合本单位（部门）的特点，建立健全各项消防安全制度和保障消防安全的操作规程，报请管理处安委会批准并公布执行。

单位（部门）消防安全制度主要包括以下内容：消防安全教育、培训；防火巡查、检查；安全疏散设施管理；消防（控制室）值班；消防设施、器材维护管理；火灾隐患整改；用火、用电安全管理；易燃易爆危险物品和场所防火防爆；义务消防队的组织管理；灭火和应急疏散预案演练；燃气和电气设备的检查和管理（包括防雷、防静电）；其他必要的消防安全内容。

第十三条　单位（部门）应当将容易发生火灾、一旦发生火灾可能严重危及人身和财产安全以及对消防安全有重大影响的部位确定为消防安全重点部位，设置明显的防火标志，实行严格管理。

第十四条　单位（部门）应当对动用明火实行严格的消防安全管理。禁止在具有火灾、爆炸危险的场所使用明火；因特殊情况在易燃等危险场所需要进行电、气焊等明火作业的，动火单位（部门）和人员应当按照单位（部门）的用火管理制度办理审批手续，落实现场监护人，在确认无火灾、爆炸危险后方可动火施工。动火施工人员应当遵守消防安全规定，并落实相应的消防安全措施。

在×××单位危险品仓库、档案室、办公室等危险场所动用电、气焊等明火作业的，必须报请处安委会审批。

第十五条　单位(部门)应当保障疏散通道、安全出口畅通,并设置符合国家规定的消防安全疏散指示标志和应急照明设施,保持防火门、防火卷帘、消防安全疏散指示标志、应急照明、火灾事故广播等设施处于正常状态。

严禁下列行为:

(一)占用疏散通道或消防通道;

(二)在安全出口或者疏散通道上安装栅栏等影响疏散的障碍物;

(三)在生产、会务、营业、工作等期间将安全出口上锁、遮挡或者将消防安全疏散指示标志遮挡、覆盖;

(四)其他影响安全疏散的行为。

第十六条　单位(部门)应当根据消防法规的有关规定,建立义务消防队,配备相应的消防装备、器材,并组织开展消防业务学习和灭火技能训练,提高预防和扑救火灾的能力。

第十七条　单位(部门)发生火灾时,应当立即实施灭火和应急疏散预案,务必做到及时报警,迅速扑救火灾,及时疏散人员。邻近单位(部门)应当给予支援。任何单位(部门)、人员都应当无偿为报火警提供便利,不得阻拦报警。

火灾扑灭后,起火单位(部门)应当保护现场,接受事故调查,如实提供火灾事故的情况,协助公安消防机构调查火灾原因,核定火灾损失,查明火灾事故责任。未经公安消防机构同意,不得擅自清理火灾现场。

第四章　防火检查

第十八条　已纳入社会单位消防安全户籍化管理系统的消防安全重点单位(部门)应当进行每日防火巡查,确定巡查的人员、内容、部位和频次并每天登录管理系统认真填报。其他单位(部门)可以根据需要组织防火巡查。巡查的内容应当包括:

(一)用火、用电有无违章情况;

(二)安全出口、疏散通道是否畅通,安全疏散指示标志、应急照明是否完好;

(三)消防通道是否畅通,有无占用消防通道停泊车辆;

(四)消防设施、器材和消防安全标志是否在位、完整;

(五)常闭式防火门是否处于关闭状态,防火卷帘下是否堆放物品而影响使用;

(六)消防安全重点部位的人员在岗情况;

(七)其他消防安全情况。

防火巡查人员应当及时纠正违章行为,妥善处置火灾危险,无法当场处置的,应当立即报告。发现初起火灾,应当立即报警并及时扑救。

防火巡查应当填写巡查记录,巡查人员及其主管人员应当在巡查记录上签名。

第十九条　管理处安委会每季度组织进行一次防火检查,各单位(部门)每月组织进行一次防火检查。检查的内容应当包括:

(一)火灾隐患的整改情况以及防范措施的落实情况;

(二)安全疏散通道、疏散指示标志、应急照明和安全出口情况;

(三)消防车通道、消防水源情况;

(四)灭火器材配置及有效情况;

（五）用火、用电有无违章情况；

（六）重点工种人员以及其他员工消防知识的掌握情况；

（七）消防安全重点部位的管理情况；

（八）易燃易爆危险物品和场所防火防爆措施的落实情况以及其他重要物资的防火安全情况；

（九）消防(控制室)值班情况和设施运行、记录情况；

（十）防火巡查情况；

（十一）消防安全标志的设置情况和完好、有效情况；

（十二）其他需要检查的内容。

防火检查应当填写检查记录。检查人员和被检查单位(部门)负责人应当在检查记录上签名。各单位(部门)每月按管理处下发的《消防隐患检查登记表》认真检查填写。

第二十条　单位(部门)应当按照建筑消防设施检查维修保养有关规定的要求，对建筑消防设施的完好有效情况进行检查和维修保养。

第二十一条　设有自动消防设施的单位(部门)，应当督促维保单位按照有关规定每月对其自动消防设施进行全面检查测试，发现存在的安全隐患及时整改，并出具检测报告，存档备查。

第二十二条　单位(部门)应当按照有关规定定期对灭火器进行维护保养和维修检查。对灭火器应当建立档案资料，记录配置类型、数量、设置位置、检查维修单位(部门、人员)、更换药剂的时间等有关情况。

第五章　火灾隐患整改

第二十三条　单位(部门)对存在的火灾隐患，应当及时予以消除。

第二十四条　对下列违反消防安全规定的行为，单位(部门)应当责成有关人员当场改正并督促落实：

（一）违章进入储存易燃易爆危险物品场所的；

（二）违章使用明火作业或者在具有火灾、爆炸危险的场所吸烟、使用明火等违反禁令的；

（三）将安全出口上锁、遮挡，或者占用、堆放物品影响疏散通道畅通的；

（四）消火栓、灭火器材被遮挡而影响使用或者被挪作他用的；

（五）常闭式防火门处于开启状态，防火卷帘下堆放物品而影响使用的；

（六）消防设施管理、值班人员和防火巡查人员脱岗的；

（七）违章关闭消防设施、切断消防电源的；

（八）其他可以当场改正的行为。

违反前款规定情况以及改正情况应当有记录并存档备查。

第二十五条　对不能当场改正的火灾隐患，单位(部门)应及时将存在的火灾隐患向处安委会报告，提出整改方案，明确整改的措施、期限。

在火灾隐患未消除之前，单位(部门)应当落实防范措施，保障消防安全。不能确保消防安全，随时可能引发火灾或者一旦发生火灾将严重危及人身安全的，应当将危险部位停产停业整改。

第二十六条　火灾隐患整改完毕,负责整改的单位(部门)或者人员应当将整改情况记录报送处安委会,处安全管理负责人签字确认后存档备查。

第六章　消防安全宣传教育和培训

第二十七条　处属各单位(部门)应当通过多种形式开展经常性的消防安全宣传教育。已纳入社会单位消防安全户籍化管理系统的消防安全重点单位对每名员工应当至少每年进行一次消防安全培训。宣传教育和培训内容应当包括:

(一)有关消防法规、消防安全制度和保障消防安全的操作规程;

(二)本单位(部门)、本岗位的火灾危险性和防火措施;

(三)有关消防设施的性能、灭火器材的使用方法;

(四)报火警、扑救初起火灾以及自救逃生的知识和技能。

单位(部门)应当组织新上岗和进入新岗位的员工进行上岗前的消防安全培训。

第二十八条　下列人员应当接受消防安全专门培训:

(一)消防安全责任人、消防安全管理人;

(二)兼职消防管理人员(安全员);

(三)消防控制室的值班、操作人员;

(四)其他依照规定应当接受消防安全专门培训的人员。前款规定中的第(三)项人员应当持证上岗。

第七章　灭火、应急疏散预案和演练

第二十九条　消防安全重点单位(部门)制定的灭火和应急疏散预案应当包括下列内容:

(一)组织机构,包括:灭火行动组、通信联络组、疏散引导组、安全防护救护组;

(二)报警和接警处置程序;

(三)应急疏散的组织程序和措施;

(四)扑救初起火灾的程序和措施;

(五)通信联络、安全防护救护的程序和措施。

第三十条　已纳入社会单位消防安全户籍化管理系统的消防安全重点单位(部门)应当按照灭火和应急疏散预案,至少每半年进行一次演练,并结合实际,不断完善预案。其他单位(部门)应当结合本单位(部门)实际,参照相关法规,制定相应的应急方案,至少每年组织一次演练。

消防演练时,应当设置明显标识并事先告知演练范围内的人员。

第八章　消防档案

第三十一条　消防安全重点单位(部门)应当建立健全消防档案。消防档案应当包括消防安全基本情况和消防安全管理情况。消防档案应当翔实,全面反映单位(部门)消防工作的基本情况,并附有必要的图表,根据情况变化及时更新。

单位(部门)应当对消防档案统一保管、备查。

第三十二条　消防安全基本情况应当包括以下内容:

(一)单位(部门)基本概况和消防安全重点部位情况;

（二）建筑物或者场所施工、使用或者开业前的消防设计审核、消防验收以及消防安全检查的文件、资料；

（三）消防管理组织机构和各级消防安全责任人；

（四）消防安全制度；

（五）消防设施、灭火器材情况；

（六）义务消防队人员及其消防装备配备情况；

（七）与消防安全有关的重点工种人员情况；

（八）新增消防产品、防火材料的合格证明材料；

（九）灭火和应急疏散预案。

第三十三条　消防安全管理情况应当包括以下内容：

（一）公安消防机构填发的各种法律文书；

（二）消防设施定期检查记录、自动消防设施全面检查测试的报告以及维修保养的记录；

（三）火灾隐患及其整改情况记录；

（四）防火检查、巡查记录；

（五）有关燃气、电气设备检测（包括防雷、防静电）等记录资料；

（六）消防安全培训记录；

（七）灭火和应急疏散预案的演练记录；

（八）火灾情况记录；

（九）消防奖惩情况记录。

前款规定中的第（二）（三）（四）（五）项记录，应当记明检查的人员、时间、部位、内容、发现的火灾隐患以及处理措施等；第（六）项记录，应当记明培训的时间、参加人员、内容等；第（七）项记录，应当记明演练的时间、地点、内容、参加单位（部门）以及人员等。

第九章　附则

第三十四条　本制度由安全生产监督科负责解释，自20××年××月××日起施行。

【参考示例2】

重点场所消防安全专项治理自查登记表如表4.35所示。

表4.35　重点场所消防安全专项治理自查登记表

检查日期：　　年　　月　　日

部门名称			重点区域	□1. 酒店 □2. 食堂 □3. 员工宿舍 □4. 生产作业区 □5. 仓库 □6. 行政办公 □7. 其他
消防安全责任人 （法定代表人或主要负责人）		自查部门责任人		
消防安全员 （主管消防安全工作的负责人）		参与检查人员		

续表

	排查隐患内容	自查情况	隐患未整改情况			
			原因	目前采取的措施	整改期限	责任人
安全疏散	□1. 疏散通道、疏散楼梯、安全出口设置(包括数量、宽度)不符合要求	□有 □无				
	□2. 生产、工作期间或外来参观人员、职工休息区域不能保持疏散通道、安全出口畅通	□有 □无				
	□3. 应急照明、疏散指示标志设置位置、数量不符合要求,已损坏,标识不正确或被遮挡、覆盖	□有 □无				
	□4. 防火门闭门装置损坏,常闭式防火门不能保持关闭状态,疏散门开启方向不正确(未向疏散方向开启)	□有 □无				
	□5. 占有、堵塞,疏散通道不能正常工作	□有 □无				
	□6. 在人员密集场所和集体宿舍的疏散通道、疏散楼梯、安全出口处以及房间的外窗设置影响消防安全疏散和应急救援的固定栅栏	□有 □无				
消防设施和器材	□1. 室内外消火栓系统管网无水,或不能实现远程启泵功能	□有 □无				
	□2. 室内消火栓周围堆放杂物,遮挡消火栓	□有 □无				
	□3. 消防设施标志不符合相关要求	□有 □无				
	□4. 火灾自动报警系统故障,不能正常工作	□有 □无				
	□5. 自动喷水灭火系统末端试水压力不足,不能实现联动功能	□有 □无				
	□6. 重点场所内灭火器的配备数量不足、选型不当或压力不足	□有 □无				
	□7. 自动消防设施操作人员未持证上岗,每班值班人员少于2人	□有 □无				
	□8. 未与有维保能力的单位签订建筑消防设施维护保养合同	□有 □无				
消防安全管理	□1. 未成立消防工作组织领导机构,未落实逐级消防安全责任制	□有 □无				
	□2. 未进行专项治理动员部署、宣传	□有 □无				
	□3. 未按要求建立健全消防工作档案台账	□有 □无				
	□4. 未进行消防安全教育培训,未进行灭火、应急疏散演练	□有 □无				
	□5. 在厂房、车间、仓库、食堂等生产区域内设置员工宿舍	□有 □无				
	□6. 违章用火用电,违规使用大功率电器	□有 □无				
	□7. 采用违规材料搭建宿舍、食堂、仓库、值班室等设施	□有 □无				
	□8. 用电、用气、用油违反相关安全规定的冒险作业行为	□有 □无				
其他情况						

注:此表各部门自行复印,一式二份,填报部门留存一份,报处安监科一份

消防巡查记录表如表 4.36 所示。

表 4.36　消防巡查记录表

巡查时间 月　日　时　分 至　　时　分	巡查路线 （单元）	存在问题	采取措施	巡查人员签名	主管人员签名

消防安全培训记录表如表 4.37 所示。

表 4.37　消防安全培训记录表

培训时间		培训地点		
培训对象	项目部部分人员	班组长	工人	特种作业人员
人数				
培训内容				
组织培训单位				
培训照片				

消防设施维修保养记录表如表 4.38 所示。

表 4.38　消防设施维修保养记录表

维修保养的时间		负责维修保养的单位（部门）	
维修保养的人员			
维修保养内容			
维修保养结果			
维修保养图片			

火灾信息表如表 4.39 所示。

表 4.39　火灾信息表

起火时间	
起火部位	
起火原因	
报警方式	□自动　□人工　□其他
灭火方式	□消防队　□喷淋　□泡沫　□消火栓　□气体　□水喷雾 □干粉　□黄砂　□其他
灭火结果	
现场图片	

4.4.2.10 仓库管理

【考核内容】

仓库结构满足安全要求,安全管理制度齐全;按规定配备消防等安全设备设施,且灵敏可靠;消防通道畅通;物品储存符合有关规定;管理、维护记录规范。(10分)

【赋分原则】

查相关文件、记录并查看现场;仓库结构不满足安全要求,扣10分;安全管理制度不全,每缺一项扣2分;安全设备设施不全,每缺一项扣3分;消防通道不符合规定,扣5分;物品储存不符合规定,扣3分;管理、维护记录不规范,扣2分。

【条文解读】

1. 水管单位仓库是储存抢险物料、救生器材、抢险机具的场所。

2. 防汛抗旱物资储备、调用和经费管理。防汛物资管理坚持"定额储备、专业管理、保障急需"的原则。要求储备仓库(单位)应建立健全岗位责任制度、值班巡查制度、验收发放制度、维护保养制度、安全消防制度、物资台账制度和管理档案制度等。仓库应达到专业化、标准化要求,其仓储面积、整体功能、配套设备设施等各方面能够满足防汛抗旱物资储备需求,并落实各项保管和安全措施。

3. 需要编制储备的基本物资种类包括:抢险物料、救生器材、小型抢险机具等。

(1) 抢险物料:袋类、土工布(包括编织布、土工膜等)、砂石料、块石、铅丝、桩木、钢管(材)等。

(2) 救生器材:救生衣(圈)。

(3) 小型抢险机具:发电机组、便携式工作灯、投光灯、打桩机、电缆等。

【规程规范技术标准及相关要求】

1.《仓库防火安全管理规则》(公安部令第6号)。

2.《中华人民共和国消防法》(2021年修正)。

【备查资料】

1. 以正式文件发布的仓库安全管理制度。

2. 管理、入库、维护、领用记录。

【实施要点】

1. 水管单位根据所储备的物资,需建立相对应的防火、防盗、防霉变安全管理制度。各单位、部门、个人均要严格执行仓库安全管理制度。

2. 水管单位应在仓库内外以及周边区域配备安全器材,对仓库保管人员进行消防器材使用培训,确保消防安全。

3. 加强日常巡逻,确保仓库周围消防安全,排除安全隐患,保持消防通道畅通,无堆积物。

4. 仓库物资摆放整齐有序,物品种类根据各水管单位实际情况以及应急要求配备齐全,定时检查应急物资质量,确保应急物资安全可靠。

5. 检查人员认真填写日常管理、维修养护记录,仓库管理员严格记录仓库物资进出库明细。

【参考示例1】

×××单位仓库日常管理制度

1　目的

为使本所的仓库管理规范化,保证物资的完好无损,根据仓库管理和财务管理的要求,结合本所具体情况,特制定本制度。

2　仓库管理的任务

2.1　做好物资出库和入库工作。

2.2　做好物资的保管工作。

2.3　做好各种防范工作,确保物资的安全保管,不出事故。

3　仓库物资的入库

3.1　对于采购人员购入的物资,保管人员要认真验收物资的数量、名称是否与货单相符,办理入库手续要如实反映。

3.2　对于物资验收过程中所发现的有关数量、质量、规格、品种等不相符现象,保管人员有权拒绝办理入库手续,并视具体情况报告主管人员处理。

4　仓库物资的出库

4.1　对于一切手续不全的领单,保管人员有权拒绝出库,并视具体情况报告主管人员。

4.2　建立健全工具借用登记制度。

5　仓库物资的保管

5.1　仓库保管员要及时登记各类物资明细台账,做到日清月结,达到账账相符,账物相符、账卡相符。

5.2　每月月底之前,保管人员要对当月各种物资予以汇总,并编制报表上报部门主管人员。

5.3　保管人员对库存物资要每月月末盘点对账。发现盈余、短少、残损,必须查明原因,分清责任,及时写出书面报告,提出处理意见,报部门主管领导。

5.4　做好仓库与采购环节的衔接工作,在保证物资供应、合理储备的前提下,力求减少库存量,并对物资的利用、积压的处理提出建议。

5.5　根据各种物资的不同种类及其特性,结合仓库条件,保证仓库物资定置摆放,合理有序,保证物资的进出和盘存方便。

5.6　对于易燃、易爆等物资,应指定专人定点管理,并设置明显标志。

5.7　严格执行安全工作规定,切实做好防火、防盗工作,保证仓库和物资财产的安全。

5.8　保管人员每天上下班前要做到"三检查",确保财产物资的完整。如有异常情况,要立即上报主管领导。

5.8.1　上班必须检查仓库门锁有无异常,物品有无丢失。

5.8.2　下班检查是否锁门、拉闸、断电及安全隐患。

5.8.3　检查易燃、易爆物品是否单独存储、妥善保管。

5.9　严格遵守仓库保管纪律规定。

5.9.1　严禁在仓库内吸烟。

5.9.2　严禁无关人员进入仓库。
5.9.3　严禁涂改账目。
5.9.4　严禁在仓库堆放杂物、废品。
5.9.5　严禁在仓库内存放私人物品。
5.9.6　严禁在仓库内闲谈、打闹。
5.9.7　严禁随意动用仓库消防器材。
5.9.8　严禁在仓库内乱接电源、临时电线、临时照明。

6　附则

本制度自20××年××月××日起执行。

【参考示例2】

入库管理台账如表4.40所示。

表4.40　入库管理台账

序号	名称	规格/型号	单位	数量	入库时间	入库人	备注

出库管理台账(出库未用完再次回库记录)如表4.41所示。

表4.41　出库管理台账(出库未用完再次回库记录)

序号	名称	规格/型号	单位	数量	出库时间	出库人	备注

物资盘点管理台账如表4.42所示。

表4.42　物资盘点管理台账

序号	名称	规格/型号	单位	上季库存数量	当季复核盘点数量	当季耗用数量	误差	入库时间	备注	物资有效到期时间

4.4.2.11 高处作业

【考核内容】

高处作业人员须经体检合格后上岗作业,登高架设作业人员持证上岗;坝顶、杆塔、吊桥等危险边沿进行悬空高处作业时,临空面搭设安全网或防护栏杆,且安全网随着建筑物升高而提高;登高作业人员正确佩戴和使用合格的安全防护用品;有坠落危险的物件应固定牢固,无法固定的应先行清除或放置在安全处;雨雪天高处作业,应采取可靠的防滑、防寒和防冻措施;遇有六级及以上大风或恶劣气候时,应停止露天高处作业;高处作业现场监护应符合相关规定。(10 分)

【赋分原则】

查相关记录并查看现场。高处作业人员未经体检合格上岗,每人扣 2 分;登高架设人员未持证上岗,每人扣 3 分;安全网或防护栏杆不规范,扣 2 分;作业人员未正确使用安全防护用品,每人扣 2 分;存在有坠落危险的物件,每项扣 2 分;雨雪天作业,未采取可靠的防护措施,扣 2 分;在六级及以上大风或恶劣气候条件下从事露天高处作业,每人扣 2 分;作业现场无专人监护,扣 3 分。

【条文解读】

1. 高处作业是指在坠落高度基准面 2 m 以上(含 2 m)有可能坠落的高处进行的作业。高处作业易发生高处坠落和物体打击事故,从事高处作业人员,必须每年进行一次体检,应无妨碍从事高空作业的疾病和生理缺陷。

2. 登高架设作业指在高处从事脚手架、跨越架架设或拆除的作业,为特种作业。登高作业人员须进行专门的安全技术培训并经安全生产监督管理部门考核合格,取得中华人民共和国特种作业操作证后,方可上岗作业。

3. 在周边临空状态下,无立足点或无牢靠立足点的条件下进行的高处作业,称为悬空作业。悬空高处作业时,需要建立牢固的立足点,如设置防护栏网、栏杆或其他安全设施。悬空作业所用的索具、脚手板、吊篮、吊笼、平台等设备,均需经过技术鉴定或检证方可使用。安全网必须随着建筑物升高而提高,安全网距离工作面的最大高度不超过 3 m。

4. 登高作业人员必须按照规定穿戴个人防护用品,作业前对防护用品要检查验收,检验合格后方能使用,作业中要正确使用防坠落用品与登高器具、设备。

5. 施工作业场所有可能坠落的物件应一律先行拆除或加以固定,高处作业中所用的物料,均应堆放平稳,不妨碍通行和装卸。工具应随手放入工具袋中,作业中的走道、通道板和登高工具,应随时清扫干净。拆卸下的物件及余料和废料均应及时清理运走,不得任意乱置或向下丢弃。传递物件时禁止抛掷。

6. 雨天和雪天进行高处作业时,必须采取可靠的防滑、防寒和防冻措施。水、冰、霜、雪均应及时清除。在六级及六级以上强风和雷电、暴雨、大雾等恶劣气候条件下,不得进行露天高处作业。

【规程规范技术标准及相关要求】

1.《中华人民共和国突发事件应对法》(2007 年)。

2.《中华人民共和国安全生产法》(2021 年修正)。

3.《水闸设计规范》(SL 265—2016)。

4. 《水闸技术管理规程》(SL 75—2014)。
5. 《高处作业分级》(GB/T 3608—2008)。
6. 《高处作业吊篮》(GB/T 19155—2017)。
7. 《建筑施工脚手架安全技术统一标准》(GB 51210—2016)。
8. 《建筑施工高处作业安全技术规范》(JGJ 80—2016)。
9. 《危险化学品企业特殊作业安全规范》(GB 30871—2022)。

【备查资料】
1. 高处作业检查记录表。
2. 高处作业人员体检报告。
3. 登高架设人员证书。
4. 安全技术交底单。
5. 高处作业安全监护记录。

【实施要点】
1. 水管单位应加强对危险性较大高处作业的监管,施工作业前,对登高架设作业人员体检持证、安全措施、安全用品等情况进行检查,作业过程中,对现场组织管理、现场防护等进行监督检查。
2. 高处作业前设置警戒线或警戒标志,防止无关人员进入有可能发生物体坠落的区域。
3. 高处作业现场应设有监护人员,监护人在作业前,应会同作业人员检查脚手架、防护网、梯子等登高工具和防护措施的完好情况,保持疏散通道畅通。监督作业人员劳动防护用品的正确使用及物品、工具的安全摆放,防止发生高处坠落。监护人不得离开作业现场,发现问题及时处理并通知作业人员停止作业。
4. 做好高处作业安全监督检查记录并及时归档。

【参考示例】
高处作业检查记录表如表 4.43 所示。

表 4.43 高处作业检查记录表

检查类型：　　　　　　　　　　　　　　高处作业编号：

单位名称		项目名称		检查时间	
检查单位					
序号	项目	检查内容		检查结果	备注
1	基本规定	高处作业人员持证上岗		是☐ 否☐	
		高处作业人员年度体检合格		是☐ 否☐	
		作业前进行高空作业安全技术交底		是☐ 否☐	
		安全标志、工具、仪表、电气设施和各种设备,施工前检查合格		是☐ 否☐	
		高空作业物料堆放平稳,工具放入工具袋		是☐ 否☐	
		雨雪天气采取可靠的防滑、防寒、防冻措施,冰、霜、雪、水应及时清除		是☐ 否☐	
		防护棚搭设与拆除时,设警戒区		是☐ 否☐	
		高空作业必须系挂安全带,高挂低用		是☐ 否☐	

续表

序号	项目	检查内容	检查结果	备注
2	临边	基坑周边,尚未安装栏杆或栏板的阳台、料台与挑平台周边等设置防护栏杆	是□ 否□	
		垂直运输接料平台,除两侧设防护栏杆外,平台口还应设置安全门或活动防护栏杆;两侧栏杆加挂安全立网	是□ 否□	
		分层施工的楼梯口和梯段边,安装临时护栏	是□ 否□	
		地面通道上部应装设安全防护棚	是□ 否□	
		钢管栏杆采用 $\varphi 48\times 3.5$ mm 的管材,以扣件或电焊固定	是□ 否□	
		栏杆柱间距不大于 2 m,上杆距地高度 1.05~1.2 m,下杆距地高度 0.5~0.6 m	是□ 否□	
		防护栏杆设置自上而下的安全立网(封闭)或不低于 18 cm 的挡脚板	是□ 否□	
		有坠落危险的物件应固定牢固,或先行清除,或放置在安全处	是□ 否□	
3	洞口	板与墙、尺寸小于 50 cm 的洞口,设置牢固的盖板	是□ 否□	
		边长 50~150 cm 的洞口,设置以扣件扣接钢管而成的网格	是□ 否□	
		边长在 150 cm 以上的洞口,四周设防护栏杆,洞口下张设安全平网	是□ 否□	
		对邻近的人与物有坠落危险性的其他竖向的孔、洞口,均应予以设盖板或加以防护,并有固定其位置的措施	是□ 否□	
4	攀登	移动式梯子梯脚底部坚实,不得垫高使用;立梯工作角度以 75°±5° 为宜,踏板上下间距以 30 cm 为宜,不得有缺档	是□ 否□	
		梯子如需接长使用,必须有可靠的连接措施,且接头不得超过 1 处	是□ 否□	
		折梯使用时上部夹角以 35°~45° 为宜,铰链必须牢固,并应有可靠的拉撑措施	是□ 否□	
		使用直爬梯进行攀登作业时,攀登高度以 5 m 为宜。超过 2 m 时,宜加设护笼,超过 8 m 时,必须设置梯间平台	是□ 否□	
5	悬空	钢柱安装登高时,应使用钢挂梯或设置在钢柱上的爬梯	是□ 否□	
		构件吊装、管道安装、钢筋绑扎、混凝土浇筑、预应力张拉等悬空作业处应有牢靠的立足处,并必须视具体情况,配置安全网、栏杆、操作平台或其他安全设施	是□ 否□	
		高空吊装预应力钢筋混凝土层架、桁架等大型构件前,应搭设悬空作业所需的安全设施	是□ 否□	
		支设悬挑形式的模板,有稳固的立足点	是□ 否□	
6	操作平台	平台脚手板铺满钉牢、临空面有护身栏杆,不准有探头板	是□ 否□	
		操作平台上应显著地标明容许荷载值	是□ 否□	
		移动式操作平台面积不应超过 10 m^2,高度不应超过 5 m	是□ 否□	
		悬挑式钢平台的搁支点与上部拉结点,必须位于建筑物上,不得设置在脚手架等施工设备上	是□ 否□	
7	交叉作业	钢模板部件拆除后,临时堆放处离楼层边沿不应小于 1 m,堆放高度不得超过 1 m	是□ 否□	
		楼层边口、通道口、脚手架边缘等处,严禁堆放拆下物件	是□ 否□	
		高处动火应有防止焊接(或气割)火星溅落的措施	是□ 否□	

续表

序号	项目	检查内容	检查结果	备注
8	其他	安全防护设施验收合格	是□ 否□	
		夜间施工有足够的照明	是□ 否□	
		六级以上大风不得在室外从事高空作业	是□ 否□	
		暴风雪及台风暴雨后,安全设施检查、修理完善	是□ 否□	
		专人监护	是□ 否□	
记录人				
参加检查人员				

整改措施：

制定人： 负责人：

复查意见：

验证人：

安全技术交底单如表 4.44 所示。

表 4.44 安全技术交底单

工程名称		编号	
作业名称	高处作业	交底日期	
施工单位		分项工程名称	

交底内容：
1. 高处作业人员须经体检合格后上岗作业,登高架设作业人员持证上岗；
2. 坝顶、杆塔、吊桥等危险边沿进行悬空高处作业时,临空面搭设安全网或防护栏杆,且安全网随着建筑物升高而提高；
3. 登高作业人员正确佩戴和使用合格的安全防护用品；
4. 有坠落危险的物件应固定牢固,无法固定的应先行清除或放置在安全处；
5. 雨雪天高处作业,应采取可靠的防滑、防寒和防冻措施；
6. 遇有六级及以上大风或恶劣气候时,应停止露天高处作业

审核人		交底人		接受交底人	

高处作业安全监护记录表如表4.45所示。

表4.45　高处作业安全监护记录表

工程内容：		
施工单位：		
监护人： 监护时段：　　年　　月　　日　　时　　分至　　年　　月　　日　　时　　分		
序号	检查内容	检查情况
1	作业人员着装符合要求，佩戴安全帽且正确佩戴安全带	
2	作业人员已牢固固定有坠落危险的物件，或先行清除或放置在安全处	
3	如施工现场临近水体，作业人员应穿救生衣等，采取防止落水的安全措施	
4	现场搭设的脚手架、防护网、围栏经检查已符合安全规定	
5	梯子、绳子经检查符合安全规定	
6	采光不足、夜间作业时有充足的照明，安装临时灯、防爆灯	
7	施工现场的电源经过检查符合规范要求	
8	30 m以上高处作业已配备通信、联络工具	
9	作业人员在雨天、雪天高处作业时，已采取可靠的防滑、防寒和防冻措施	
10	作业人员在遇到六级及以上大风或恶劣气候时，已停止露天高处作业	
备注：		
填表日期：　　年　　月　　日　　时　　分		

4.4.2.12　起重吊装作业

【考核内容】

起重吊装作业前按规定对设备、工器具进行认真检查，确保满足安全要求；指挥和操作人员持证上岗、按章作业，信号传递畅通；吊装按规定办理审批手续，并有专人现场监护；不以运行的设备、管道等作为起吊重物的承力点，利用构筑物或设备的构件作为起吊重物的承力点时，应经核算；照明不足、恶劣气候或风力达到六级以上时，不进行吊装作业。(10分)

【赋分原则】

查相关记录并查看现场；作业机械及工器具性能、功能不满足安全要求，每台套扣2分；作业人员未按规定持证上岗，每人扣3分；未按操作规程作业，每次扣3分；信号传递不畅通，扣2分；未按规定办理审批手续，扣5分；无专人现场监护，扣5分。

【条文解读】

1. 起重吊装作业是指利用起重机械或起重工具移动重物的操作活动，包括利用起重机械(行车、吊车等)搬运重物及使用起重工具(千斤顶、滑轮、手拉葫芦、自制吊架、各种绳索等)垂直升降或水平移动重物。

2. 作业使用的起重机应具备特种设备制造许可证、产品合格证和安装说明书等。实施起重吊装作业单位的有关人员在起重作业前应对起重机械、工机具、钢丝绳、索具、滑轮、吊钩进行全面检查,确保处于完好状态。

3. 起重吊装为特种作业,吊装作业人员(指挥人员、起重工)应持有效的特种作业人员操作证,方可从事吊装作业指挥和操作。吊装作业时指挥人员应佩戴明显的标志,佩戴安全帽,站在能够照顾到全面工作的地点,所发信号应事先统一,并做到准确、洪亮和清楚。操作人员在作业中要按照指挥人员发出的信号、旗语、手势进行操作,操作前要鸣笛示意。严格执行起重作业"十不吊"。

4. 吊装超高、超重、受风面积较大的大型设备时,应制定专项施工方案,办理吊装作业许可证,交底人和作业人员应签字。作业过程中施工技术负责人应在现场指导。

5. 严禁以运行的设备、管道以及脚手架、平台等作为起吊重物的承力点。利用建(构)筑物或设备的构件作为起吊重物的承力点时,应经核算满足承力要求,并征得原设计单位同意。

6. 遇大雪、大雾、雷雨等恶劣气候,或因夜间照明不足,指挥人员看不清工作地点、操作人员看不清指挥信号时,不得进行起重作业。当作业地点的风力达到五级时,不得吊装受风面积大的物件;当风力达到六级及以上时,不得进行起重作业。

【规程规范技术标准及相关要求】
1.《起重机械安全规程 第1部分》(GB 6067.1—2010)。
2.《起重机设计规范》(GB/T 3811—2008)。

【备查资料】
1. 特种作业人员登记表。
2. 起重吊装作业检查表。
3. 起重钢丝绳、吊索吊具检查表。
4. 起重吊装作业许可证。
5. 起重吊装作业专项安全方案。

【实施要点】
1. 起重吊装作业前应对起重设备和工器具、吊索吊具进行检查。

2. 吊装作业人员必须按照国家有关规定经过专门的安全作业培训,并取得特种作业操作资格证书后上岗作业。施工过程中施工单位必须指定专职安全生产管理人员进行现场监督。

3. 大型设备吊装前应申请吊装作业许可证

(1)作业许可证应注明作业内容、地点和作业的起止时间,并进行作业的危险性分析,制定具体的安全防范措施。

(2)严格遵守作业的起止时间,如超时应及时补办延期使用手续,并在作业区内设立明确的警戒标识。

(3)作业监护人应坚守岗位,不得擅离职守和做其他工作,作业人员应按规定穿戴劳动防护用品。

(4)作业完成后应及时按防范标准清理作业现场,通知相关部门撤除警戒标识,并及时向主管部门汇报作业完毕。

4. 大型水闸的闸门、启闭机吊装应制定专项施工方案；大型泵站的定子、转子和泵轴等部件吊装在施工方案中应有详细步骤。

【现场管理】

行车安全操作规程制度需上墙明示（如图 4.71 所示）。

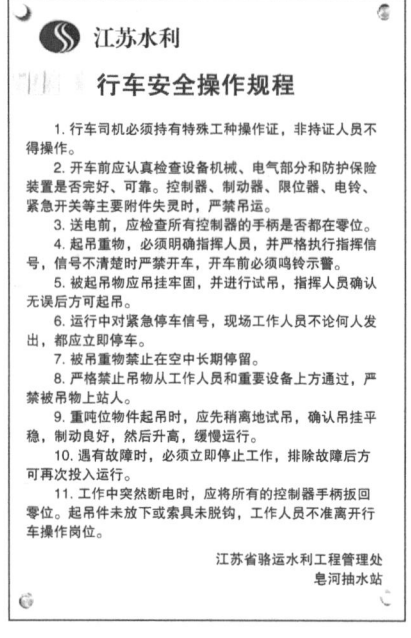

图 4.71 行车安全操作规程制度

【参考示例】

起重吊装作业检查表如表 4.46 所示。

表 4.46 起重吊装作业检查表

项目名称：　　　　　　　　　　　　　　检查日期：　　年　　月　　日

序号	一、吊装准备	是	否	检查人
1	是否已核实货物准确质量			
2	是否考虑吊装附件引起吊重量增加			
3	吊装角度是否合适			
4	吊装重物是否符合起重机额定载荷			
5	是否已按规定对起重机进行了各类检查和维护			
6	吊索具及其附件是否满足吊装能力需要			
7	是否已清楚货物的规格、尺寸及重心			
8	是否明确货物的吊运路线、放置地点			
9	是否已考虑强风下的稳定措施			

续表

序号	二、吊装区域	是	否	检查人
10	是否已经布置路障和警告标志			
11	是否需要梯子或脚手架			
12	是否已考虑辅助工具和设备			
13	货物吊装、移动过程中是否有障碍			
	三、起重机及人员			
14	是否已确定作业人员的任务			
15	是否已确定吊装作业的负责人			
16	起重机司机是否持证上岗			
17	确定起重机操作室能清楚看到指挥信号			
18	无线电通信是否正常			
19	是否对相关人员进行吊装计划交底培训			
20	是否已明确指挥信号			
21	是否已明确指挥人员			
22	吊装指挥人员是否持证上岗			
23	天气情况是否适合吊装			
24	是否确认已落实应急措施			
	四、关键性吊装作业			
25	是否已确定监护人员			
26	是否确认操作区域附近的电线及防护措施			
27	是否确认操作区域附近的管道及防护措施			

起重钢丝绳、吊索吊具检查表如表4.47所示。

表4.47 起重钢丝绳、吊索吊具检查表

部门： 检查人员： 检查日期： 年 月 日

序号	名称	报废标准	合格(√)	报废(×)
1	钢丝绳	无规律分布损坏：在6倍钢丝绳直径的长度范围内,可见断丝总数超过钢丝绳中钢丝总数的5%		
		钢丝绳局部可见断丝损坏：有3根以上的断丝聚集在一起		
		索眼表面出现集中断丝,或断丝集中在金属套管、插接处附近、插接连接绳股中		
		钢丝绳严重磨损：在任何位置实测钢丝绳直径,尺寸已不到原公称直径的90%		
		钢丝绳严重锈蚀：柔性降低,表面明显粗糙,在锈蚀部位实测钢丝绳直径,尺寸已不到原公称直径的93%		
		因打结、扭曲、挤压造成的钢丝绳畸变、压破、芯损坏,或钢丝绳压扁超过原公称直径的20%		
		插接处严重受挤压、磨损；金属套管损坏(如裂纹、严重变形、腐蚀)或直径缩小到原公称直径的95%		
		绳端固定连接的金属套管或插接连接部分滑出		

续表

序号	名称	报废标准	检查结果	
			合格(✓)	报废(×)
2	吊带	织带(含保护套)严重磨损、穿孔、切口、撕断		
		承载接缝绽开、缝线磨断		
		吊带纤维软化、老化、弹性变小、强度减弱		
		纤维表面粗糙,易于剥落		
		吊带出现死结		
		吊带表面有过多的点状疏松、腐蚀、酸碱烧损以及热熔化或烧焦		
		带有红色警戒线吊带的警戒线裸露		
3	卸扣	有明显永久变形或轴销不能转动自如		
		扣体和轴销任何一处截面磨损量达原尺寸的10%以上		
		卸扣任何一处出现裂纹		
		卸扣不能闭锁		
4	吊钩	裂纹		
		危险断面磨损或腐蚀达原尺寸的10%		
		钩柄产生塑性变形		
		开口度比原尺寸增加10%		
		钩身的扭转角超过10°		
报废品处理情况:					责任人:

检查情况:
1. 钢丝绳:合格/报废;
2. 吊带:合格/报废;
3. 卸扣:合格/报废;
4. 吊钩:合格/报废。

注:1. 每班施工前必须对起重所有的吊具、索具按标准进行检查,检查后如实填写本表。
2. 达到报废标准的吊索、吊具严禁使用,必须立即清出施工现场。

起重吊装作业许可证如表4.48所示。

表4.48 起重吊装作业许可证

申请单位		作业单位	
吊装地点		作业人员	
吊装指挥		编号	
吊装货物名称		货物质量(kg)	
作业内容描述(包括规格、重量):			
作业时间:从　　年　　月　　日　　时　　分至　　年　　月　　日　　时　　分			

续表

安全措施	若已满足要求,则打"√"
起重司机、信号工、司索工等特殊工种持证上岗;劳保用品佩戴齐全;吊装设备证件齐全且在年检有效期内	
吊装卡具、吊钩、钢丝绳、制动器、安全防护装置进行全面检查且符合安全要求	
起重机应具备特种设备制造许可证、产品合格证、安装说明书等	
电动机、液压装置等应符合有关规定	
信号装置运行正常,各种安全警示标志清晰	
照明不足、恶劣气候或风力达到六级以上时,不进行吊装作业	
施工现场电源、通道等应符合作业要求	
吊装设备地基没有沉陷、松动,基础牢靠,支腿有垫木,且垫实垫平	
吊装设备与架空电线保持安全距离,与固定建筑物保持 0.5 m 安全距离	
吊装司机、司索工熟悉现场指挥下达的指令	
吊装危险区域有围护、警示、监护措施,严禁将管道管架、建筑物作为吊装锚点	
吊物重心重量估计准确,吊点位置、吊钩、捆绑或诱导方式安全可靠	
吊装不允许超载起吊,两台或多台吊装同一重物时钢丝绳保持垂直,运行同步且均不得超过各自的额定起重能力	
吊钩与物品保持垂直,起吊前应试吊,严禁斜拉歪吊,防止吊物翻转、摆动伤人	
大件吊装应办理审批手续	
应严格遵守起重作业的流程	
吊装过程中严禁司机带载检查维修、调整起升、增大作业幅度	
施工作业人员已接受相关安全教育培训	
监护人员已接受相关安全教育培训	
施工单位现场安全负责人、技术负责人已到位	
作业监护人(确认):	现场负责人(确认):
危害识别 识别人:	
项目单位安全部门负责人(签字):	项目单位负责人(签字):
作业单位安全部门负责人(签字):	作业单位负责人(签字):
有关管理部门负责人(签字):	年　　月　　日
完工验收:　　年　月　日　时　分	验收人:

4.4.2.13 水上水下作业

【考核内容】

从事水上水下作业,按规定取得作业许可;制定应急预案;安全防护措施齐全可靠;作业船舶安全可靠,作业人员按规定持证上岗,并严格遵守操作规程。(10分)

【赋分原则】

查相关文件、记录并查看现场。未取得许可,扣10分;无应急预案,扣5分;未落实安全保障措施,每项扣3分;船舶不符合有关规定,扣10分;作业人员未按规定持证上岗,每人扣3分;违反操作规程,每人扣3分。

【条文解读】

1. 从事下列水上水下活动必须按照《中华人民共和国水上水下活动通航安全管理规定》要求领取中华人民共和国水上水下活动许可证,方可作业。水上水下作业包括:勘探、采掘、爆破;构筑、设置、维修、拆除水上水下构筑物或者设施;架设桥梁、索道;铺设、检修、拆除水上水下电缆或者管道;设置系船浮筒、浮筏、缆桩等设施;航道建设,航道、码头前沿水域疏浚;举行大型群众性活动、体育比赛;打捞沉船、沉物;在国家管辖海域内进行调查、测量、大型设施和移动式平台拖带、捕捞、养殖、科学试验等水上水下施工活动,以及在港区、锚地、航道、通航密集区进行的其他有碍航行安全的活动。

2. 水管单位常见的水上水下作业主要有:工程观测、水利工程设施维修、临水边作业、水下堵漏与焊接、水下清淤与拆除、水下检查等。

3. 在内河通航水域进行的气象观测、测量、地质调查,航道日常养护、大面积清除水面垃圾和可能影响内河通航水域交通安全的其他行为必须按照《中华人民共和国水上水下活动通航安全管理规定》要求,在活动前将作业或者活动方案报海事管理机构备案。

4. 涉水工程施工单位应当落实国家安全作业和防火、防爆、防污染等有关法律法规,制定施工安全保障方案,完善安全生产条件,采取有效的安全防范措施,制定水上应急预案,保障涉水工程的水域通航安全。

5. 作业船舶必须具备《中华人民共和国内河交通安全管理条例》的相关要求,船员、装吊工、潜水员以及其他特种作业人员必须取得相应证书,持证上岗。

6. 水上作业应急预案应能迅速、有序、高效地组织应急行动,及时搜寻救助遇险船舶和人员等,最大限度减少人员伤亡、财产损失和社会影响,应急预案中应包括应急组织机构及其职责、预防和信息报告、应急响应、应急救援物资和应急预案的实施等要点。

【规程规范技术标准及相关要求】

1.《中华人民共和国突发事件应对法》(2007年)。

2.《中华人民共和国安全生产法》(2021年修正)。

3.《水闸设计规范》(SL 265—2016)。

4.《水闸技术管理规程》(SL 75—2014)。

5.《水利水电工程施工作业人员安全操作规程》(SL 401—2007)。

6.《水下高电压设备作业安全要求》(GB 27881—2011)。

7.《潜水呼吸器检测方法》(GB/T 35370—2017)。

8.《水利水电工程物探规程》(SL 326—2005)。
9.《水利工程质量检测技术规程》(SL 734—2016)。
10.《职业潜水员体格检查要求》(GB 20827—2007)。
11.《生产经营单位生产安全事故应急预案编制导则》(GB/T 29639—2020)。
12.《危险化学品企业特殊作业安全规范》(GB 30871—2022)。
13.《疏浚与吹填工程技术规范》(SL 17—2014)。
14.《水利水电工程施工安全防护设施技术规范》(SL 714—2015)。
15.《中华人民共和国内河避碰规则》(交海发〔2003〕357号)。
16.《中华人民共和国水上水下作业和活动通航安全管理规定》(2021年)。

【备查资料】

1. 水上水下作业工作票。
2. 安全监护记录。
3. 安全技术交底单。
4. 建筑物水下检查报告。
5. 机组水下检查报告。
6. 水上水下活动许可证。
7. 作业人员证书。
8. 应急预案。

【实施要点】

1. 水上水下作业前应向当地海事部门申请办妥水上水下活动许可证,制定水上应急救援预案。
2. 参与水上水下作业的各种船舶必须符合安全要求,持有相关有效证书。船机、通信、消防、救生、防污等各类设备安全有效,并通过当地海事部门的安全检查。
3. 落实安全管理措施,与施工作业无关的船舶不准进入施工水域内,防止发生有碍正常施工的安全事故。
4. 应随时与当地气象、水文站等部门保持联系,每日收听气象预报,做好记录,随时了解和掌握天气变化和水情动态,以便及时采取应对措施。
5. 加强水上水下作业安全监管,作业前对各项安全措施进行确认。

【参考示例】

水上作业工作票如表4.49所示。

表4.49 水上作业工作票

编号		申请单位		申请人		
作业时间	自 年 月 日 时 分始			至 年 月 日 时 分止		
作业范围			作业天气			
作业内容						
作业人员						
危害辨识			现场负责人			

续表

序号	水上作业确认事项	确认人签字
1	作业人员作业前须经专业培训及安全教育,无证人员严禁上岗	
2	作业前对救生衣进行检查,确认其安全有效	
3	作业人员未佩戴安全帽、穿救生衣、系安全带、穿防滑鞋,不准上船	
4	水上船只及设备必须检验合格后,方可作业	
5	上下船只的跳板必须宽搭稳架,保证安全使用	
6	作业前,应事先了解施工水域的水深、水流、浅滩、礁石等情况,并选好避风锚地,应有遇风浪突变的安全抢救措施	
7	作业现场配备安全值班船,制定事故应急救援预案或救护措施	
8	施工现场上游和下游必须按规定距离设置通航警示标志	
9	在港池或航道附近作业的船舶,要挂慢车旗,夜间挂灯或其他明显标志,并随时注意过往船舶,如与他船相遇时应安全避让,并做好防碰撞的措施	
10	夜间临水作业需要有足够的照明	
11	禁止单人独自临水作业	
12	在开闸泄洪期间,严禁在机组进水口和泄水闸附近停船、行船和进行水上作业	
13	在风力5级(含5级)以上,波高在0.7 m(含0.7 m)以上时,不准进行水上测量作业	
14	其他安全措施:	

作业单位意见	签字:　　　　年　月　日　时　分
审批部门意见	签字:　　　　年　月　日　时　分
完工验收人	签字:　　　　年　月　日　时　分

潜水作业工作票如表4.50所示。

表4.50　潜水作业工作票

编号		申请单位		申请人	
作业时间	自　　年　月　日　时　分始至　　年　月　日　时　分					
作业地点		作业天气		潜水深度	
作业内容		作业类别				
作业人员		作业班组				
危害辨识		现场负责人				

序号	潜水作业确认事项	确认人签字
1	作业单位及作业人员资质资格证书已通过审核,作业人员身体条件符合要求且未酒后上岗	

续表

序号	潜水作业确认事项	确认人签字
2	作业水域水文、气象、水质和地质环境适合潜水作业	
3	潜水及加压前已对潜水设备进行检查并确认良好,呼吸用的气源纯度符合国家有关规定	
4	潜水作业点的水面上未进行起吊作业或有船只通过、在2 000 m半径内未进行爆破作业;200 m半径内不存在抛锚、振动打桩、锤击打桩、电击鱼类等作业	
5	潜水员的头盔面罩、潜水鞋、信号绳及其他潜水附属设备均已确定状况良好	
6	下潜员必须使用安全带,套在下潜导绳上下潜或上升;在水底时,不得抛开导向绳,应减少用气量,行走时应面向上游	
7	潜水员进行潜水作业前已参加班前会议,并已被告知相关注意事项	
8	潜水员下潜和上升过程严格按照《潜水减压方案》进行潜水	
9	潜水工作船抛锚在潜水作业点上游;潜水作业时潜水作业船已按规定显示号灯、号型	
10	潜水员在进行潜水作业前精神状态佳,休息充足,熟知潜水作业相关规范,并已参加过安全培训及安全技术交底	
11	其他安全措施:	

作业单位意见

签字：　　　　年　月　日　时

审批部门意见

签字：　　　　年　月　日　时

完工验收人

签字：　　　　年　月　日　时

潜水作业安全监护记录如表4.51所示。

表4.51　潜水作业安全监护记录

工程内容：		
施工单位：		
监护人：		
监护时段：　　年　月　日　时　分至　　年　月　日　时　分		
序号	检查内容	检查情况
1	作业单位及作业人员资质资格证书已通过审核,作业人员身体条件符合要求且未酒后上岗	

续表

序号	检查内容	检查情况
2	作业水域水文、气象、水质和地质环境适合潜水作业	
3	潜水及加压前已对潜水设备进行检查并确认良好,呼吸用的气源纯度符合国家有关规定	
4	潜水作业点的水面上未进行起吊作业,未有船只通过,在2 000 m半径内未进行爆破作业;200 m半径内不存在抛锚、振动打桩、锤击打桩、电击鱼类等作业	
5	潜水员的头盔面罩、潜水鞋、信号绳及其他潜水附属设备均已确定状况良好	
6	下潜员必须使用安全带,套在下潜导绳上下潜或上升;在水底时,不得抛开导向绳,应减少用气量,行走时应面向上游	
7	潜水员进行潜水作业前已参加班前会议,并已被告知相关注意事项	
8	潜水员下潜和上升过程中严格按照《潜水减压方案》进行潜水	
9	潜水工作船抛锚在潜水作业点上游;潜水作业时,潜水作业船已按规定显示号灯、号型	
10	潜水员在进行潜水作业前精神状态佳,休息充足,熟知潜水作业相关规范,并已参加过安全培训及安全技术交底	
11	其他安全措施:	

备注:

填表日期:　　年　月　日　时　分

水上作业安全监护记录如表4.52所示。

表4.52　水上作业安全监护记录

工程内容:
施工单位:
监护人:
监护时段:　　年　月　日　时　分至　　年　月　日　时　分

序号	检查内容	检查情况
1	作业人员作业前须经专业培训及安全教育,无证人员严禁上岗	
2	作业前对救生衣进行检查,确认其安全有效	
3	作业人员未佩戴安全帽、穿救生衣、系安全带、穿防滑鞋,不准上船	
4	水上船只及设备必须检验合格后方可作业	
5	上下船只的跳板必须宽搭稳架,保证安全使用	
6	作业前,应事先了解施工水域的水深、水流、浅滩、礁石等情况,并选好避风锚地,应有遇风浪突变的安全抢救措施	
7	作业现场配备安全值班船,制定事故应急救援预案或救护措施	
8	施工现场上游和下游必须按规定距离设置通航警示标志	
9	在港池或航道附近作业的船舶,要挂慢车旗,夜间挂灯或其他明显标志,并随时注意过往船舶,如与他船相遇时应安全避让,并做好防碰撞的措施	

续表

序号	检查内容	检查情况
10	夜间临水作业需要有足够的照明	
11	禁止单人独自临水作业	
12	在开闸泄洪期间,严禁在机组进水口和泄水闸附近停船、行船和进行水上作业	
13	在风力5级(含5级)以上,波高在0.7 m(含0.7 m)以上时,不准进行水上测量作业	
14	其他安全措施:	

备注:

填表日期: 　　年　　月　　日　　时　　分

安全技术交底单如表4.53所示。

表4.53 安全技术交底单

工程名称		编号	
作业名称	水上水下作业	交底日期	
施工单位		分项工程名称	
交底内容: 1. 从事水上水下作业,须按规定取得作业许可; 2. 制定应急预案; 3. 安全防护措施齐全可靠; 4. 作业船舶安全可靠,作业人员按规定持证上岗,并严格遵守操作规程			
审核人		交底人		接受交底人	

4.4.2.14 焊接作业

【考核内容】

焊接前对设备进行检查,确保性能良好,符合安全要求;焊接作业人员持证上岗,按规定正确佩戴个人防护用品,严格按操作规程作业;进行焊接、切割作业时,有防止触电、灼伤、爆炸和火灾的措施,并严格遵守消防安全管理规定;焊接作业结束后,作业人员清理场地、消除焊件余热、切断电源,仔细检查工作场所周围及防护设施,确认无起火危险后离开。(10分)

【赋分原则】

查相关记录并查看现场;焊接设备不符合安全要求,扣10分;作业人员未持证上岗,每人扣3分;作业人员未按规定佩戴防护用品,每人扣3分;作业人员违反操作规程,每人扣3分;焊接、切割作业无安全措施,每项扣2分;作业结束后,未仔细检查并确保安全,扣2分。

【条文解读】

1. 水管单位在维修养护过程中常见的焊接作业有焊条电弧焊和气割等。容易发生触电、火灾、爆炸和灼烫事故。焊条电弧焊作业前必须认真检查电源开关、防护装置、焊钳、电缆线、接地和绝缘等;气割作业前必须认真检查气瓶、气管、减压阀、气压表、回火防止器、割炬等,确保设备的工作状态符合安全要求。

2. 焊接和切割属于特种作业,从事本工种应经过专业安全培训,取得特种作业人员操作证后方可作业。工作前作业人员要穿戴好必要的劳动防护用品,做好对头、面、眼睛、耳、呼吸道、手、身躯等方面的人身防护。作业过程中,应严格遵守焊工安全操作规程和焊(割)炬安全操作规程,做到"十不焊割"。

（1）焊工未经安全技术培训考试合格,未领取操作证者,不能焊割。

（2）在重点要害部门和重要场所,未采取措施,未经单位有关领导、车间、安全、保卫部门批准和办理动火证手续者,不能焊割。

（3）在容器内工作没有 12 V 低压照明、通风不良及无人在外监护情况下不能焊割。

（4）未经领导同意,车间、部门擅自拿来的物件,在不了解其使用情况和构造情况下,不能焊割。

（5）盛装过易燃、易爆气体(固体)的容器管道,未经用碱水等彻底清洗和处理而消除火灾爆炸危险的,不能焊割。

（6）用可燃材料充作保温层、隔热、隔音设备的部位,未采取切实可靠的安全措施,不能焊割。

（7）有压力的管道或密闭容器,如空气压缩机、高压气瓶、高压管道、带气锅炉等,不能焊割。

（8）焊接场所附近有易燃物品,未清除或未采取安全措施,不能焊割。

（9）在禁火区内(防爆车间、危险品仓库附近)未采取严格隔离等安全措施,不能焊割。

（10）在一定距离内,有与焊割明火操作相抵触的工种(如汽油擦洗、喷漆、灌装汽油等能排出大量易燃气体的),不能焊割。

3. 电焊机回路应配装防触电装置,电缆连接符合要求;作业人员工作时必须正确穿戴好专用防护工作服以防灼伤;焊接和气割的场所周围 10 m 范围内,各类可燃易爆物品应清除干净。如不能清除干净,应采取可靠的安全措施,如用水喷湿或用防火盖板、湿麻袋、石棉布等覆盖。焊接和气割的场所,应设有消防设施,并保证其处于完好状态。焊工应熟练掌握其使用方法,能够正确使用。

4. 在每日工作结束后应拉下焊机闸刀,切断电源。对于气割(气焊)作业则应解除氧气、乙炔瓶(乙炔发生器)的工作状态。要仔细检查工作场地周围,确认无火源后方可离开现场。

【规程规范技术标准及相关要求】

1.《特种作业人员安全技术培训考核管理规定》(安监总局令第 80 号)。

2.《中华人民共和国消防法》(2021 年修正)。

3.《特种设备安全监察条例》(国务院令第 373 号)。

【备查资料】

1. 特种作业人员登记表。

2. 电焊设备检查表。

3. 气焊设备检查表。

4. 施工现场动火作业证。

5. 重点场所焊接作业工作票。

6. 重点场所气割作业工作票。

【实施要点】

1. 焊接前应对设备状况、作业人员持证情况、防护用品的使用、安全防护措施等进行检查。

2. 电焊机械应放置在防雨、干燥和通风良好的地方。交流弧焊机变压器的一次侧电源线长度不应大于 5 m，其电源进线处必须设置防护罩。交流电焊机械应配装防二次侧触电保护器。电焊机械的二次线应采用防水橡皮护套铜芯软电缆，电缆长度不应大于 30 m，不得采用金属构件或结构钢筋代替二次线的地线。

3. 气瓶应放置在通风良好的场所，不应靠近热源和电气设备，与其他易燃易爆物品或火源的距离一般不应小于 10 m（高处作业时是与垂直地面处的平行距离）。使用过程中，乙炔瓶应放置在通风良好的场所，与氧气瓶的距离不应少于 5 m。胶管长度每根不应小于 10 m，以 15～20 m 为宜。

4. 在禁火区内焊接、气割时，应办理动火审批手续，并落实安全措施后方可进行作业。在室内或露天场地进行焊接及碳弧气刨工作，必要时应在周围设挡光屏，防止弧光伤眼。焊接场所应经常清扫，焊条和焊条头不应到处乱扔，应设置焊条保温筒和焊条头回收箱，焊把线应收放整齐。

5. 在现场焊接作业中严格执行动火管理制度，配备现场监护人员，落实焊接作业中的安全防范措施。现场监护人员对发现的隐患应及时消除，制止违规作业行为。

【参考示例】

电焊设备检查表如表 4.54 所示。

表 4.54 电焊设备检查表

单位名称：　　　　　　　　　　　　　　　　检查日期：　　　年　　月　　日

序号	检查项目	检查内容	检查结果
1	电焊机	(1) 电焊机必须符合现行有关电焊机标准规定的安全要求。电焊机工作环境应与焊机技术说明书上的要求相符，在气温过高、过低、湿度过大、气压过低或在腐蚀性、爆炸性等特殊环境下作业，应选用适合特殊环境条件的电焊机，或采用特殊防护措施	□是 □否
		(2) 手工电弧焊机高载电压高于现行相应电焊机标准规定的限值，而又在有触电危险的场所作业时，电焊机必须采用空载自动断电装置或其他防止触电的安全措施	□是 □否
		(3) 电焊机装有独立的专用电源开关，容量符合要求，电焊机超负荷时，能自动切断电源。禁止多台电焊机共用一个电源开关	□是 □否
		(4) 电源控制装置应在焊机附近便于操作之处，周围留有安全通道。采用启动器启动的电焊机，先合上电源的开关，再启动电焊机	□是 □否
		(5) 电焊机一次电源线长度一般 2～3 m，必要时需较长电源线时应沿墙或立柱隔离安全布设，距地面 2.5 m 以上	□是 □否
		(6) 电焊机外露的带电部分设有完好的隔离防护装置，裸露接线柱设有防护罩。使用插头插座连接的电焊机，插销孔的接线端采用绝缘极隔离	□是 □否
		(7) 禁止将金属物构架和设备作为电焊机电源回路	□是 □否

续表

序号	检查项目	检查内容	检查结果
1	电焊机	(8) 接入配电系统的电焊机不许超负荷使用,电焊机运行温升不得超过规定限值,电焊机应放在平稳和通风良好、干燥的地方,不得靠近热源、易燃易爆危险场所	□是 □否
		(9) 禁止在电焊机上放置物件或工具;启动电焊机前,焊钳与焊件不能短路;采用连接片改变焊接电流的电焊机,调节焊接电流前应先切断电源	□是 □否
		(10) 电焊机应经常保持清洁,清扫或检修电焊机前须切断电源。电焊机受潮后应用人工方法干燥,受潮湿严重时必须进行检修	□是 □否
		(11) 经常检查电焊机电缆与电焊机接线柱接触状况,保持其良好状态,保持螺帽紧固。工作完毕或离开现场时,须及时切断电源	□是 □否
		(12) 电焊机接地装置保持良好,定期检测接地系统的电气性能,禁止使用氧气或乙炔管道等易燃易爆气体管道作为接地装置的自然接地极,电焊机组或集装箱式电焊设备应安装接地极	□是 □否
2	焊接电缆	(1) 电焊机电缆外皮完整,绝缘良好、柔软,绝缘电阻不小于 1 MΩ	□是 □否
		(2) 电焊机与电焊钳连接应使用软电缆线,长度一般在 20~30 m。电焊机电缆线应使用整根导线,中间不应有连接头,当工作需要接长导线时,应用接头连接器牢固连接,连接器保持绝缘良好	□是 □否
		(3) 严禁将电缆搭在气瓶、乙炔等易燃物品的容器和材料上;电缆过路时,必须采取保护措施	□是 □否
		(4) 禁止使用金属构架、轨道、管道、暖气设施、金属物体等搭接起来作为电焊机导线电缆	□是 □否
3	电焊钳	(1) 电焊钳绝缘、隔热性能良好,手柄有良好的绝缘层	□是 □否
		(2) 电焊钳与电缆的连接应简单牢靠,接触良好	□是 □否
		(3) 在水平 45°、90°等方向时,电焊钳都能夹紧焊条,更换焊条时安全方便	□是 □否
		(4) 电焊钳操作灵便,重量不得超过 600 g	□是 □否
		(5) 不准将过热的电焊钳浸在水中冷却后使用	□是 □否
4	护具与护品	(1) 焊工使用的各类护具和护品应符合国家有关标准,护目镜和面罩符合规定要求	□是 □否
		(2) 工作服应根据焊接特点使用。工作服不应潮湿、破损,无空洞和缝隙,不允许沾有油脂;手套符合安全要求,无破损或潮湿,其长度不少于 300 mm,经 5 000 V 耐压试验合格后方可使用;防护鞋应具有绝缘、抗热、不易燃等性能,经 5 000 V 耐压试验合格后方可使用	□是 □否
		(3) 焊工使用的工具袋(包)、桶完好、无孔洞。移动和照明灯具采用不超过 12 V 的安全电压,灯具的灯泡备有金属防护网罩	□是 □否
		(4) 焊接现场应设置弧光辐射、熔渣飞溅的预防设施	□是 □否
5	持证上岗	焊接作业人员必须经过专业培训,持证上岗。操作证复审周期 3 年一次,连续从事本工种 10 年以上人员经用人单位教育考核,复审时间可延长至 6 年一次	□是 □否
6	审批办证	在易燃易爆场所焊接动火,进入有危险、危害环境的设备和登高焊接等作业均应按企业规定办理动火作业、进设备作业、登高等作业许可证,并落实安全措施后方可进行焊接作业	□是 □否

续表

检查结论:	
存在问题:	整改意见:
被查单位:	检查单位:
被查单位负责人: 签名　　　　　　年　月　日	监护人: 签名　　　　　　年　月　日

注:本表一式两份,项目负责单位和项目施工单位各执一份。

气焊设备检查表如表 4.55 所示。

表 4.55　气焊设备检查表

单位名称:　　　　　　　　　　　　　　　检查日期:　　　年　月　日

序号	检查项目	检查内容	检查结果
1	氧气瓶	(1)氧气瓶应符合国家颁布的《气瓶安全监察规程》要求,应定期进行技术检查,气瓶使用期满或检验未合格的气瓶,不准继续使用	
		(2)采用氧气汇流排(站)供气,应执行标准《氧气站设计规范》(GB 50030—2013),氧气汇流排输出的总管上,应装有防止可燃气体进入的单向阀	
		(3)使用氧气瓶前,应稍打开瓶阀,吹出瓶阀上黏附的细屑或脏污后立即关闭,然后接上减压表使用	
		(4)开启瓶阀时,操作者应站在瓶阀气体喷出方向的侧面缓慢开启,避免氧气冲向人体、易燃气体或火源喷出	
		(5)禁止在带动压力的氧气瓶上以拧紧瓶阀或垫圆螺母的方法消除泄漏,禁止有油、脂的棉纱、手套或工具等同氧气瓶、瓶阀、减压器等接触	
		(6)禁止用氧气代替压缩空气吹净工作服、乙炔管道或用作试压、气动工具的气源,禁止用氧气对半封闭场所焊接部位通风换气	
		(7)氧气瓶严禁放置在人行道或不安全的地方。禁止用手托住瓶帽移动氧气瓶	

续表

序号	检查项目	检查内容	检查结果
2	气体减压器	(1) 氧气、溶解乙炔气、液化石油气等减压器,必须选用符合气体特性的专业可靠的减压器,禁止使用未经检验合格的减压器	
		(2) 不同气体专用减压器,禁止互用或替用。减压器在气瓶上应安装牢固。采用螺扣连接时,应拧足5道螺纹以上;采用专用夹具夹紧时,装卡平整牢靠	
		(3) 禁止用棉、麻绳或一般橡胶等作为减压器的密封垫圈。使用两种不同气体进行焊接时,减压器的出口端都应各自装有单向阀,防止相互倒灌	
		(4) 减压器试压的顺序是:先关闭高压气瓶的瓶阀,放出减压器的全部余气,放松压力调节杆,使表针降到0位	
		(5) 严禁在高压气瓶或集中供气的汇流导管的减压器上挂放任何物件	
3	焊炬与割炬	(1) 焊、割炬应符合GB 5108—5110国家标准规定的各项要求	
		(2) 焊、割炬内腔要光滑,气路通畅,调节灵活,阀门严密,连接部位紧密、不泄漏	
		(3) 使用前应检查焊、割炬气路通畅、射吸能力、气密性等技术性能	
		(4) 禁止在使用中将焊、割炬的嘴头与平面摩擦。焊、割炬零件烧(磨)损后,要选用合格零件更换	
		(5) 设在切割机上的电气开关应与切割机头的割炬气阀门安全隔离	
		(6) 大功率焊、割炬,应采用安全点火器,禁止用普通火柴点火	
4	胶管	(1) 焊接与切割使用的氧气胶管为黑色,乙炔胶管为红色。氧气胶管与乙炔胶管不能相互换用,也不能用其他颜色胶管代替	
		(2) 氧气、乙炔胶管与回火防止器、汇流排等导管连接时,管径必须相互吻合,并用管卡严密固定	
		(3) 工作前应吹净胶管内残存气体,并对外观与老化状况进行检查,发现问题及时处理。禁止使用被回火烧损过的胶管	
		(4) 乙炔胶管管道的连接,应使用含铜70%以下的铜管、低合金钢管或不锈钢管	
		(5) 液化石油气和溶解乙炔气瓶等用的减压器必须保证减压器位于瓶体最高部位	
5	乙炔气瓶	(1) 溶解乙炔气瓶的充装、检验、运输、储存应符合《溶解乙炔气瓶安全监察规程》和《气瓶安全监察规程》的规定	
		(2) 乙炔气瓶的搬运、装卸、使用时都应竖立放稳,严禁卧放使用。如要使用卧放的乙炔瓶,必须先直立后静止20 min后再连接乙炔减压器使用	
		(3) 开启乙炔气瓶阀时应缓慢进行,一般开启3/4,不准超过一转半	
		(4) 禁止在乙炔瓶上放置物件、工具或杂物	
		(5) 乙炔汇流排空应通风良好。由汇流排管引出的每个出口端都应设有回火防止器。汇流排空内干式乙炔回火防止器应灵敏可靠	
6	液化石油气瓶	(1) 用于气割、气焊的液化石油气钢瓶的制造和充装应符合《液化石油气钢瓶》(GB/T 5842—2022)规定。瓶阀密封严实,瓶座护罩(护手)齐全	
		(2) 气瓶室内平整,通风换气良好,室内采用防爆型灯具和开关,胶管爆破工作压力不小于平常工作压力的4倍。胶管长度尽量短	
		(3) 单个液化石油气瓶应在出口处装减压器。3瓶以上的液化石油气瓶连接后由汇流排导出,在总导出管上应装总减压器和回火防止器	
		(4) 液化石油气瓶严格按规定充装	

续表

序号	检查项目	检查内容	检查结果
7	乙炔回火防止器	(1) 根据乙炔发生器及现场操作条件,选用符合安全要求的乙炔回火防止器 (2) 水封式回火防止器应设有卸压孔、爆破片并便于检查,且易于排除和清洗器内污物。水封式回火防止器要竖直安装,与乙炔导管连接严密不漏 (3) 每一只焊炬或割炬都必须与独立的、符合安全要求的回火防止器相配用 (4) 工作前检查回火防止器,应密封良好,逆止阀动作灵活可靠 (5) 水封式回火防止器,工作中必须保持器内规定的水位;干式回火防止器每月检查一次,清洗器内灰垢和污物,保证气流通畅、安全可靠	
8	气割设备及操作	(1) 乙炔最高工作压力严禁超过0.147 MPa(表压) (2) 乙炔发生器、回火防止器、氧气和液化石油气瓶、减压器等均应采取防冻措施,冻结时应用热水解冻,禁止采用明火烘烤或工具敲打解冻 (3) 容器、气瓶、管道、仪表、阀门等连接部位应采用涂抹肥皂水方法检漏,严禁使用明火检漏 (4) 溶解乙炔瓶等气瓶应避免阳光曝晒和热源直接辐射 (5) 氧气、溶解乙炔瓶,不应放空,瓶内留有残压力不小于0.98～1.96 MPa的余气(表压) (6) 禁止使用电磁吸盘、钢丝绳、链条等吊运各类焊割用气瓶。气瓶、溶解乙炔瓶等均应稳固竖立或装在专用车上使用 (7) 气瓶涂色禁止改动,严禁充装与气瓶涂色标志不符的气体 (8) 工作完毕、工作间隙、工作地点转移之前都应关闭瓶阀。留有余气重新罐装的气瓶,应关闭瓶阀,旋紧瓶帽,标明空瓶字样或记号 (9) 禁止使用气瓶作为登高支架或支撑重物的衬垫 (10) 氧气瓶与乙炔发生器、明火或热源的距离应大于5 m (11) 氧气瓶、乙炔发生器、减压器、焊割炬、回火防止器、胶管等必须按规定认真维护保养,及时排除故障 (12) 按规定穿戴个人防护用品,加强焊割保护,严防火、爆、毒、烫	
9	持证上岗	气焊、气割作业人员都必须经过专业培训,持证上岗。操作证复审周期3年一次,连续从事本工种10年以上人员经用人单位教育考核,复审周期可延长至6年一次	
10	审批办证	在易燃易爆场所气焊、气割动火,进入有危险、危害环境的设备作业和登高焊割等作业,均应按企业规定办理动火作业、进设备作业、登高作业许可证,并落实安全措施后方可进行焊割作业	

检查结论:

续表

存在问题：	整改意见：
被查单位：	检查单位：
被查单位负责人： 签名　　　　　年　月　日	监护人： 签名　　　　　年　月　日

注：本表一式两份，项目负责单位和项目施工单位各执一份。

施工现场动火作业证如表 4.56 所示。

表 4.56　施工现场动火作业证

编号：

动火单位		动火须知
动火原因		1. 动火人员必须持有特种作业人员操作证、动火作业证，按操作规程动火； 2. 动火现场须配有相应灭火器材，动火前清除 5 m 内易燃易爆物品； 3. 遇有无法清除的易燃物，必须采取防火措施； 4. 动火结束后必须对施工现场进行检查，确认无火灾隐患后，方可离开； 5. 监护人员在作业前应察看现场，消除隐患；作业中，应跟班看护；作业后，督促做好清理工作； 6. 此表须提前一天上报审批
动火部位		
动火时间	年　月　日　时　分 至　日　时　分	
动火人员		
特种作业证号		
监护人员		
动火方式	□电气焊作业　□现场明火作业　□切割机作业　□食堂明火作业　□其他（注明动火方式）	
防火措施	□灭火器　□水桶　□隔离挡板　□其他（注明防火措施）	
部门负责人： 　　年　月　日	项目负责人： 　　年　月　日	施工负责人： 　　年　月　日

注：1. 动火作业证只限动火作业人员本人在规定地点使用，动火人员需随身携带此证以备检查；
　　2. 本表一式两份，项目负责单位、施工单位各一份。

重点场所焊接作业工作票如表4.57所示。

表 4.57　重点场所焊接作业工作票

单位名称：　　　　　　　　　　　　　　　　　检查日期：　　　年　　月　　日

施工单位		工作地点	
负责人		现场负责人	
焊接人员		证书编号	
动火作业证		监护人员	
作业内容			
作业时间	自　年　月　日　时　分至　　年　月　日　时　分		

序号	检查内容	若满足要求,则打"√"
1	焊接前对设备进行检查,确保性能良好,符合安全要求	
2	在重点要害部门和重要场所,焊割应获得单位领导的批准和办理动火证手续	
3	焊工使用的各类护具和护品应符合国家有关标准,护目镜和面罩符合规定要求	
4	焊接作业人员必须经过专业培训,持证上岗	
5	焊接作业人员应按规定正确佩戴个人防护用品	
6	焊接前附近的易燃物品应及时清除或采取安全措施	
7	焊机上应有防触电装置	
8	焊工在施焊过程中,禁止乱扔焊条头,以免灼伤别人和引起火灾事故发生	
9	焊接作业中有防止触电、灼伤、爆炸和引起火灾的应急措施,和预防因此而造成的二次伤害措施,并严格遵守消防安全管理规定	
10	焊接应有低压照明、良好通风的外部环境和专人监护	
11	焊接作业结束后应仔细清理工作场所,消除焊件余热,切断电源,将焊接、切割设备及工具摆放在指定地点,仔细检查工作场所和防护设施,灭绝余火后才准离开工作场所	
危害识别	主要风险:触电、电气火灾、爆炸、灼烫事故和因触电造成的二次事故	
监护人职责	检查安全措施是否完全落实到位,并做好监护	
监护人	意见　　　　　　　　　　签名　　　　年　　月　　日　　时　　分	
作业单位负责人	意见　　　　　　　　　　签名　　　　年　　月　　日　　时　　分	
审核部门	意见　　　　　　　　　　签名　　　　年　　月　　日　　时　　分	
完工验收人	意见　　　　　　　　　　签名　　　　年　　月　　日　　时　　分	

注:本表一式两份,项目负责单位和项目施工单位各执一份。

重点场所气割作业工作票如表 4.58 所示。

表 4.58　重点场所气割作业工作票

单位名称：　　　　　　　　　　　　　　　　　　　　　　检查日期：　　年　　月　　日

施工单位		工作地点	
负责人		现场负责人	
气割人员		证书编号	
动火作业证		监护人员	
作业内容			
作业时间	自　　年　　月　　日　　时　　分至　　年　　月　　日　　时　　分		

序号	检查内容	若满足要求,则打"√"
1	气割前对设备进行检查,确保性能良好,符合安全要求	
2	在重点要害部门和重要场所,气割应获得单位领导的批准和办理动火证手续	
3	作业人员各类护具和护品应符合国家有关标准,护目镜和面罩符合规定要求	
4	气割作业人员必须经过专业培训,持证上岗	
5	气割作业人员应按规定正确佩戴个人防护用品	
6	气割前附近的易燃物品应及时清除或采取安全措施	
7	割炬上必须有独立的、符合安全要求的回火防止器	
8	气割作业中有防止烫伤、灼伤、爆炸和引起火灾的应急措施,以及预防因此而造成的二次伤害措施,并严格遵守消防安全管理规定	
9	气割应有低压照明、良好通风的外部环境和专人监护	
10	气割作业结束后仔细清理工作场所,消除工件余热,解除氧气、乙炔瓶(乙炔发生器)的工作状态,将气割设备及工具摆放在指定地点,仔细检查工作场所和防护设施,灭绝余火后才准离开工作场所	

危害识别	主要风险:火灾、爆炸、灼烫事故和因此造成的二次事故
监护人职责	检查安全措施是否完全落实到位,并做好监护

监护人	意见 　　　　　　　　　　签名　　　　　年　　月　　日　　时　　分
作业单位负责人	意见 　　　　　　　　　　签名　　　　　年　　月　　日　　时　　分
审核部门	意见 　　　　　　　　　　签名　　　　　年　　月　　日　　时　　分
完工验收人	意见 　　　　　　　　　　签名　　　　　年　　月　　日　　时　　分

注:本表一式两份,项目负责单位和项目施工单位各执一份。

4.4.2.15 其他危险作业

【考核内容】

涉及临近带电体作业,作业前按有关规定办理安全施工作业票,安排专人监护;交叉作业应制定协调一致的安全措施,并进行充分的交底;应搭设严密、牢固的防护隔离措施;有(受)限空间作业等危险作业按有关规定执行。(10分)

【赋分原则】

查相关记录并查看现场。作业未办理审批,扣10分;现场无专人监护,扣10分;临近带电体作业未办理作业票或未按作业票执行,扣10分;交叉作业未制定安全措施,扣5分;交叉作业未交底或交底不符合规定,每人扣2分;交叉作业安全防护隔离措施不满足要求,扣5分;有(受)限空间作业未按规定采取安全措施,扣10分;作业人员违反操作规程,每人扣3分;其他危险作业未执行相关规定,每项扣5分。

【条文解读】

1. 两个或两个以上的工种在同一个区域同时施工称为交叉作业,包括立体交叉作业和平面交叉作业,立体交叉作业是指在上下立体交叉的作业层次中,处于空间贯通状态下同时进行的高处作业。交叉作业可能危及对方安全生产,应进行充分的沟通和交底。

2. 在水管单位的维护过程中,同一作业区域内常见的立体交叉作业有:土石方开挖、设备(结构)安装、起重吊装、高处作业、模板安装、脚手架搭设拆除、焊接(动火)作业、施工用电、材料运输等。因作业空间受限制、人员多、工序多、联络不畅等原因,立体交叉作业中隐患较多,可能发生物体打击、高处坠落、机械伤害、火灾、触电等事故。

3. 上下交叉作业时,必须在上下两层中间搭设严密牢固的防护隔板、罩棚或其他隔离措施。

4. 上层作业时,不能随意向下方丢弃杂物、构件。《电力建设安全工作规程 第1部分:火力发电》(DL 5009.1—2014)中规定:交叉作业时,工具、材料、边角余料等严禁上下投掷,应用工具袋、箩筐或吊笼等吊运。严禁在吊物下方接料或逗留。

【规程规范技术标准及相关要求】

1. 《中华人民共和国突发事件应对法》(2007年)。
2. 《中华人民共和国安全生产法》(2021年修正)。
3. 《水闸设计规范》(SL 265—2016)。
4. 《水闸技术管理规程》(SL 75—2014)。
5. 《危险化学品企业特殊作业安全规范》(GB 30871—2022)。
6. 《水利水电工程施工作业人员安全操作规程》(SL 401—2007)。
7. 《生产经营单位生产安全事故应急预案编制导则》(GB/T 29639—2020)。
8. 《水利水电建设工程安全生产条件和设施综合分析报告编制导则》(SL/T 795—2020)。
9. 《电力建设安全工作规程 第1部分:火力发电》(DL 5009.1—2014)。
10. 《应急管理部办公厅关于印发〈有限空间作业安全指导手册〉和4个专题系列折页的通知》(应急厅函〔2020〕299号)。

11.《电力安全工作规程 电力线路部分》(GB 26859—2011)。

【备查资料】

1. 安全生产管理协议。
2. 安全技术交底单。
3. 交叉作业告知单。
4. 安全监护记录。
5. 临近带电体作业许可证。
6. 作业审批单。

【实施要点】

1. 沟通与交底

双方单位在同一作业区域内进行立体交叉作业时,应对施工区域采取全封闭、隔离措施,应设置安全警示标识、警戒线或派专人警戒指挥,防止高空落物,防止施工用具、用电危及下方人员和设备的安全。对参加施工作业的人员进行安全技术交底,如提供《交叉作业安全技术交底单》,使施工人员了解作业的范围、作业程序、人员配合的问题、危险点的情况及其他安全注意事项。

因施工需要进入他人作业场所,必须以书面形式,如提供《交叉作业告知单》向对方申请;说明作业性质、时间、人数、动用设备、作业区域范围、需要配合事项。其中必须进行告知的作业有:土石方开挖、爆破作业、设备(结构)安装、起重吊装、高处作业、模板安装、脚手架搭设拆除、焊接(动火)作业、施工用电、材料运输、其他作业等。

2. 防护和安全措施

交叉作业要设安全栏杆、安全网、防护棚和示警围栏;夜间工作要有足够照明;当下层作业位置在上层高度可能坠落的范围半径之内时,则应在上下作业层之间设置隔离层,隔离层应采用木脚手板或其他坚固材料搭设,必须保证上层作业面坠落的物体不能击穿此隔离层,隔离层的搭设、支护应牢靠,在外力突然作用时不至于垮塌,且其高度不影响下层作业的高度范围。

3. 防抛物和起重

上层作业时,不能随意向下方丢弃杂物、构件,应在集中的地方堆放杂物,并及时清运处理,作业人员应随身携带物料袋或塑料小胶桶,以便零散物件随身带走。

上层有起重作业时,吊钩应有安全装置;索具与吊物应捆绑牢固,必要时以绳索予以固定牵引,防止随风摇摆,碰撞其他固定构件;吊物运行路线下方所有人员应无条件撤离;指挥人员站位应便于指挥和了解,不得与起吊路线交叉,作业人员与被吊物体必须保持有效的安全距离。不得在吊物下方接料或逗留。

【参考示例1】

交叉作业安全生产管理协议

甲方:

乙方:

因甲乙双方共同在工程项目内施工作业,双方作业在立体空间和时间内出现交叉,可能危及对方生产安全。根据《中华人民共和国安全生产法》第四十条:"两个以上生产经营单位在同一作业区域内进行生产经营活动,可能危及对方生产安全的,应当签订安全生产管理协议,明确各自的安全生产管理职责和应当采取的安全措施,并指定专职安全生产管理人员进行安全检查与协调"的规定,经双方协商特签订安全生产管理协议,以明确双方各自的安全生产管理职责和应当采取的安全措施,同时各指派专职安全生产管理人员,甲单位专职安全员:×××,乙单位专职安全员:×××,负责现场的安全监察和相互协调工作,确保安全生产。

一、具体约定条文如下:

1. 双方在施工过程中必须严格遵守《中华人民共和国安全生产法》《水利水电工程施工通用安全技术规程》等国家法律、法规以及相关行业、地方的标准、规范及本工种安全操作规程。

2. 双方必须保证各自的作业人员掌握本工种安全操作规程,同时考试合格,特殊工种必须持有有效的特种作业证,并经体检合格后,方可上岗作业。

3. 双方在同一区域内进行交叉作业时,应在施工作业前对施工区域采取全封闭、隔离措施,应设置安全警示标识和警戒线或派专人警戒指挥,防止高空落物,防止施工用具、用电危及下方人员和设备的安全。

4. 双方作业人员进入施工现场,必须戴好安全帽,扣好帽带,高处作业时必须系好安全带等,正确使用个人劳动防护用具。

5. 双方进行每一项施工任务前,必须对作业人员进行书面安全交底,使施工人员了解作业的范围、作业程序、人员配合的问题、危险点的情况及其他安全注意事项。作业时要有安全管理人员监督检查。及时纠正违章作业,遏制安全事故发生。

6. 双方施工过程中每一方的某项施工作业可能给对方造成安全生产事故或人身伤害的,应在施工方案中制定并采取安全技术措施,并在施工前告知对方,施工过程中必须有专职安全管理人员现场进行监督协调。

7. 因施工需要进入他人作业场所,必须以书面形式,如提交《交叉作业告知单》向对方申请;说明作业性质、时间、人数、动用设备、作业区域范围、需要配合事项。其中必须进行告知的作业有:土石方开挖、爆破作业、设备(结构)安装、起重吊装、高处作业、模板安装、脚手架搭设拆除、焊接(动火)作业、施工用电、材料运输、其他作业等。

8. 交叉施工作业上部施工单位应为下部施工人员提供符合国家规范的隔离防护措施,同时做好警示警戒工作,确保下部施工作业人员的安全,在隔离防护设施未完善之前,下部施工作业人员不得进行施工,隔离防护措施完善后,经过上下方责任人和有关人员进行验收合格后才能施工作业。

9. 防护设施完善验收后,所有人员严禁破坏和拆除安全防护栏杆、安全平网、密目式安全网、洞口安全盖板、安全防护门、安全钢丝绳、安全通道或防护棚、漏电保护器、过载保护器、保护零线等一切安全防护设备和设施。如确实需要拆除更动的,必须经搭设(所有)方同意,并采取必要、可靠的安全措施后方能拆除。拆除后,拆除方应派专人警戒和做好警示标示,警戒人员离开时应恢复防护。由于安全防护设备和设施拆除更动造成的人员伤亡及其他损失由拆除更动方负责。

10. 在同一作业区域内进行起重吊装作业时,应充分考虑对各方工作的安全影响,制定起重吊装方案和安全措施。指派专业人员负责统一指挥,检查现场安全和措施符合要求后,方可进行起重吊装作业。与起重作业无关的人员不准进入作业现场,吊物运行路线下方所有人员应无条件撤离;指挥人员站位应便于指挥和瞭望,不得与起吊路线交叉,作业人员与被吊物体必须保持有效的安全距离。索具与吊物应捆绑牢固、采取防滑措施,吊钩应有安全装置;吊装作业前,起重指挥人通知有关人员撤离,确认吊物下方及吊物行走路线范围无人员及障碍物后,方可起吊。

11. 在同一区域内进行焊接(动火)作业时,施工单位必须事先通知对方做好防护,并配备合格的消防灭火器材,消除现场易燃易爆物品。无法清除易燃易爆物品时,应与焊接(动火)作业保持足够的安全距离,并采取隔离和防护措施。上方动火作业(焊接、切割)时应注意下方有无人员及易燃、可燃物质,并做好防护措施,遮挡落下的焊渣,防止引发火灾。焊接(动火)作业结束后,作业单位必须及时、彻底清理焊接(动火)现场,不留安全隐患。

12. 同一区域内的施工用电,应各自安装用电线路。施工用电必须做好接地(零)和漏电保护措施,防止触电事故发生。各方必须做好用电线路隔离和绝缘工作,互不干扰。敷设的线路必须通过对方工作面时,应事先征得对方同意;同时,应经常对用电设备和线路进行检查维护,发现问题及时处理。

13. 施工各方应共同维护好同一区域作业环境,切实加强施工现场消防、保卫、治安,文明施工管理;必须做到施工现场文明整洁,材料堆放整齐、稳固、安全可靠(必须有防垮塌、防滑、防滚落措施)。确保设备运行、维修、停放安全;设备维修时,按规定设置警示标志,必要时采取相应的安全措施(派专人看守、切断电源等),谨防误操作引发事故。

二、事故经济责任

1. 所有施工产生的危险源由危险源制造方进行防护和警示,由于防护和警示不到位造成人员伤亡及其他损失的责任由危险源制造方承担。

2. 教育自有人员严格遵守安全操作规程和规范、标准,由于违章操作或违章指挥、违反劳动纪律造成人身伤亡及其他损失的,由违章方承担责任。

3. 由于自身管理不善发生事故的,由事故单位承担责任,同时负责赔偿由于事故而给他方造成的损失。

4. 在同一作业区域内如果发生事故,各单位人员在确保人身安全的前提下,应积极帮助抢救。

三、争议的处理

当协议双方发生争议时,应通过协商解决。

四、其他补充条款

1. 根据项目实际情况需要说明的其他事宜:……

2. 其余未尽事宜按照有关法律、法规、规范、标准及双方今后的补充协议条款执行。

五、协议生效与终止

本协议一式二份,由双方各持一份。自签订之日起生效,随双方工程结束(或一方工程结束)时终止。

六、协议双方签字：

甲方：   乙方：
（公章）   （公章）
负责人：   负责人：
安全员：   安全员：
　　　年　　月　　日   　　　年　　月　　日

【参考示例 2】

其他作业安全技术交底单如表 4.59 所示。

表 4.59　其他作业安全技术交底单

工程名称		编号	
作业名称	交叉/临近带电体/有限空间	交底日期	
施工单位		分项工程名称	
交底内容： 1. 涉及临近带电体作业，作业前按有关规定办理安全施工作业票，安排专人监护； 2. 交叉作业应制定协调一致的安全措施； 3. 应采取严密、牢固的防护隔离措施； 4. 有(受)限空间作业等危险作业按有关规定执行			
审核人		交底人		接受交底人	

交叉作业告知单如表 4.60 所示。

表 4.60　交叉作业告知单

作业内容		作业区域	
作业时间		作业人数	
作业单位		作业负责人(号码)	
作业管理工区		管理责任人(号码)	
监护人		联系电话	
告知内容(存在风险、拟采取措施)： 　　　　　　　　　　　　　　　　　　　　　　　经办人：　　年　　月　　日			
被告知单位确认(已采取的安全措施、相关人员联系办法)： 　　　　　　　　　　　　　　　　　　　　被告知单位负责人：　　年　　月　　日			
施工管理部门确认： 　　　　　　　　　　　　　　　　　　　　　　　负责人：　　年　　月　　日			

填单说明：

1. 本告知单由引发交叉作业施工单位填写，共一份。
2. 作业负责人为引发交叉作业实际现场负责人，管理责任人为交叉作业管理工区现场负责人，被告知单位确认人为交叉作业另一方现场实际负责人。
3. 施工管理部门必须确认，工作票才能生效，工程办负责人为施工现场工程办管理干部。

交叉作业安全监护记录如表 4.61 所示。

表 4.61 交叉作业安全监护记录

工程内容：
施工单位：
监护人： 监护时段： 年 月 日 时 分至 年 月 日 时 分

序号	检查内容	检查情况
1	支模、粉刷、砌墙等各工种进行上下立体交叉作业时,不得在同一垂直方向上操作。下层作业的位置,必须处于依上层高度确定的可能坠落范围半径之外。不符合以上条件时,已设置安全防护层	
2	各交叉作业层的作业人员已正确穿戴使用劳动防护用品,存在高处坠落危险的人员已系好安全带	
3	安全防护设施经验收已合格	
4	作业时,没有上下投掷材料、边角余料,工具放入袋中,无在吊物下方接料或逗留情况	
5	各层间的指挥号令没有相互影响,指挥信号及时、清晰、有效	
6	当发生机械伤害、触电、火灾等情况时,已设有相关应急措施	

备注：
填表日期： 年 月 日 时 分

临近带电体作业安全监护记录如表 4.62 所示。

表 4.62 临近带电体作业安全监护记录

工程内容：
施工单位：
监护人： 监护时段： 年 月 日 时 分至 年 月 日 时 分

序号	检查内容	检查情况
1	作业人员的防护用品配备符合有关要求并且已按规定穿戴和使用	
2	带电作业所使用工具、装置和设备经检验合格	
3	有批准的安全施工作业票	
4	现场搭设的脚手架、防护围栏符合安全规程,已划定警戒区域,且设置警示标志	
5	已对作业人员进行风险告知、技术交底等	
6	已组织现场查勘,做出是否停电的判断	
7	带电作业时天气状况良好	
8	复杂、难度大的带电作业项目已编制操作工艺方案和安全措施,经批准后执行	
9	进行 30 m 以上的高处作业时,已配备通信联络工具	
10	当与带电线路和设备的作业距离不能满足最小安全距离的要求时,已向有关电力部门申请停电,否则严禁作业	

续表

备注：
填表日期： 年 月 日 时 分

临近带电体作业许可证如表4.63所示。

表4.63 临近带电体作业许可证

工程名称		工作地点	
施工单位		项目负责人	
技术负责人		安全负责人	
监护人员		带电体电压等级	
作业内容			
作业时间	自 年 月 日 时 分至 年 月 日 时 分		

序号	主要安全措施	若已采取相应措施,则打"√"
1	作业人员的防护用品配备符合有关要求并且按规定穿戴和使用	
2	带电作业所使用工具、装置和设备经检验合格	
3	有批准的安全施工作业票	
4	现场搭设的脚手架、防护围栏符合安全规程,划定警戒区域,设置警示标志	
5	现场有负责人和监护人	
6	对作业人员进行风险告知、技术交底等	
7	组织现场查勘,做出是否停电的判断	
8	临近带电体作业设备有接地装置	
9	带电作业应在良好天气下进行	
10	复杂、难度大的带电作业项目应编制操作工艺方案和安全措施,经批准后执行	
11	进行30 m以上的高处作业时,应配备通信联络工具	
12	当与带电线路和设备的作业距离不能满足最小安全距离的要求时,向有关电力部门申请停电,否则严禁作业	
13	其他	
危害识别:高处坠落、物品打击、机械伤害、触电、火灾		

监护人：	年 月 日 时 分
技术负责人：	年 月 日 时 分
项目负责人：	年 月 日 时 分

4.4.2.16 岗位达标

【考核内容】

建立班组安全活动管理制度,明确岗位达标的内容和要求,开展安全生产和职业卫生教育培训、安全操作技能训练、岗位作业危险预知、作业现场隐患排查、事故分析等岗位达标活动,并做好记录。从业人员应熟练掌握本岗位安全职责、安全生产和职业卫生操作规程、安全风险及管控措施、防护用品使用、自救互救及应急处置措施。(10分)

【赋分原则】

查相关文件、记录并现场问询;未建立班组安全活动管理制度,扣3分;制度内容不符合要求,每项扣2分;未按规定开展岗位达标活动,每少一项扣3分;从业人员对相关安全知识不熟悉,每人扣2分;记录不完整,每项扣2分。

【条文解读】

1. 水管单位在安全活动管理中为不断提高每位员工、班组的安全意识、知识和技能,强化管理,使员工做到"四不伤害";规范现场安全管理工作,实现岗位操作标准化、动态化、常态化管理,防止事故发生,制定安全活动管理制度。

2. 水管单位要明确工作任务,强化岗位培训,开展隐患排查,加强安全检查,分析事故风险,铭记防范措施并严格落实到位。

3. 各部门需建立岗位达标活动细则,对照岗位标准确定量化评定指标,明确评定方式、程序等内容。

4. 各岗位人员应熟练掌握本岗位安全职责、安全生产和职业卫生操作规程、安全风险及管控措施、防护用品使用、自救互救及应急处置措施。

【规程规范技术标准及相关要求】

无

【备查资料】

1. 以正式文件发布的班组安全活动管理制度。
2. 职工教育培训台账。

【实施要点】

1. 岗位达标必须符合国家有关法律法规、标准规范以及水管单位安全、设备、工艺技术管理制度,符合各项操作规程的要求,是该岗位人员作业的综合规范和要求,内容必须具体全面、切实可行。

2. 岗位人员基本要求:年龄、学历、上岗资格证书、职业禁忌证等。

3. 岗位知识和技能要求:熟悉或掌握本岗位的危险有害因素(危险源)及其预防控制措施、安全操作规程、岗位关键点和主要工艺参数的控制、自救互救及应急处置措施等。

4. 行为安全要求:严格按操作规程进行作业,执行作业审批、交接班等规章制度,禁止各种不安全行为及与作业无关的行为,对关键操作进行安全确认,不具备安全作业条件时拒绝作业等。

5. 作业现场安全要求:作业现场清洁有序,作业环境中粉尘、有毒物质、噪声等浓度(强度)符合国家或行业标准要求,工具物品定置摆放,安全通道畅通,各类标识和安全标志醒目等。

6. 岗位管理要求：明确工作任务，强化岗位培训，开展隐患排查，加强安全检查，分析事故风险，铭记防范措施并严格落实到位。

7. 结合本单位、专业及岗位的特点所提出的其他岗位安全生产要求。

【参考示例】

班组安全活动管理制度

1 总则

1.1 为强化安全生产责任制，切实做好安全生产工作，根据《中华人民共和国安全生产法》《江苏省安全生产条例》《江苏省安全生产"党政同责、一岗双责"暂行规定》等安全生产法律法规，结合单位管理实际，制定本制度。

1.2 安全生产、人人有责，每个职工都有义务在自己岗位上认真履行各自的安全职责，实现全员安全生产责任制。

2 班组长安全生产职责

2.1 贯彻执行本部门对安全生产的指令和要求，全面负责本班组的安全生产工作。

2.2 学习并贯彻有关安全生产规章制度和安全技术操作规程，教育职工遵章守纪，制止违章行为。

2.3 组织并参加班组安全活动，坚持班前讲安全、班中检查安全、班后总结安全。

2.4 负责对新职工（包括临时人员）进行安全操作规程和职业卫生教育，组织班组安全生产竞赛及安全生产月活动。

2.5 负责班组安全检查，发现不安全因素时及时组织力量消除并报告。发生事故立即报告，组织抢救，保护好现场，做好详细记录，参加事故调查、分析，落实防范措施。

2.6 负责生产设备、安全装备、消防设施、防护器材和急救器具的检查维护工作，使其保持完好和正常运行，督促教育职工合理使用劳动防护用品、用具，正确使用消防器材。

2.7 提高班组生产运行管理水平，保持生产作业现场整齐、清洁，实现文明生产。

3 生产运行操作人员安全生产职责

3.1 认真学习、严格遵守安全规章制度和操作规程，服从管理，不违反劳动纪律，不违章作业。

3.2 积极参加安全生产教育培训和安全生产月活动，提高安全生产技能，获取相应岗位操作证书，增强事故预防和应急处理能力。

3.3 正确操作，精心维护设备，严格执行安全运行规程，保持作业环境整洁，搞好文明生产。

3.4 积极参加应急救援演练，正确分析、判断和处理各种事故隐患，把事故消灭在萌芽状态，如发生事故，要正确处理，及时、如实地向上级报告，并保护现场，做好详细记录。

3.5 按时认真进行巡回检查，做好各项记录，发现异常情况及时处理和报告。

3.6 上岗前必须按规定正确佩戴劳动防护用品，妥善保管劳动防护器具。

3.7 发现直接危及人身安全的紧急情况时，有权停止作业或者采取应急措施后撤离作业场所。

3.8 有权拒绝违章指挥和强令冒险作业,对他人违章作业要加以劝阻和制止。

4.4.2.17 相关方管理

【考核内容】

严格审查检修、施工等单位的资质和安全生产许可证,并在发包合同中明确安全要求;与进入管理范围内从事检修、施工作业的单位签订安全生产协议,明确双方安全生产责任和义务;对进入管理范围内从事检修、施工作业过程实施有效的监督,并进行记录。(10分)

【赋分原则】

查相关文件、记录并查看现场。未审查相关方的资质和安全生产许可证,扣10分;合同中未明确安全要求,扣5分;未签订安全生产协议,扣10分;协议内容不符合要求,扣5分;未对相关方作业实施有效监督,扣5分;记录不完整,每项扣2分。

【条文解读】

1. 相关方主要是指在水管单位进行建设项目工程施工、设备安装维修、原辅材料供货、产品配套供货、环卫绿化服务、废弃物处置、参观、检查、培训、实习等的外来单位(个人)。

2. 相关方管理是水管单位对从事设备检修、工程施工等相关单位进行的安全管理,为了营造安全健康环境,规避项目实施过程中的安全风险,预防人身伤害、财产损失、环境污染等各类安全生产事故发生。它主要包括项目招投标公告中投标单位应当具备的资质、安全生产考核合格证和安全生产许可证等现行法规规定的要求,以及应严格审查施工单位的资质、安全生产考核合格证和安全生产许可证等,做到有资质投标、持证上岗。对涉及特种设备作业和特种作业的施工人员,必须取得特种设备作业人员证、特种作业操作证及特种作业许可证,方可参加作业。

3. 相关方管理要求水管单位应与相关方就存在的危险因素、防护措施等进行充分的告知,必要时进行培训,签订安全生产协议外,明确双方在安全生产中的责任与义务。

4. 水管单位管理的工程、设备具有复杂性和特殊性,技术含量、危险系数和安全要求非常高,对相关方除了进行书面安全告知和签订安全生产协议书外,还必须指派熟悉工程和设备的专人对作业过程中涉及安全的事项进行跟踪监督,确保检修、施工等作业的顺利进行和施工人员的人身安全。

5. 对相关方施工人员的监督采用定期检查和不定期抽查的方式进行,要求施工方对查出的安全隐患制定切实可行的整改措施,并督促及时整改。

6. 及时填写施工现场安全监督记录表,要求现场施工监管人员签字确认,并妥善保管。

【规程规范技术标准及相关要求】

《水利安全生产标准化通用规范》(SL/T 789—2019)。

【备查资料】

1. 相关方资质和安全生产许可证。

2. 相关方安全管理制度。

3. 安全生产协议书。

4. 作业过程监督检查表。

【实施要点】

1. 制定符合本单位(部门)安全生产工作实际的相关方安全管理制度,并以正式文件下发。

2. 对相关方施工作业安全监督管理要求:

(1) 资格审查:资质、安全生产许可证、安全管理机构、安全规章制度、安全操作规程、装备能力、安全业绩、经营范围和能力、持证情况。

(2) 开工前准备:签订安全协议、组织安全培训、明示安全告知、发放劳保用品、确定安全人员。

(3) 作业过程监督:作业协调与交流、安全交底、交叉作业、安全表现评价。

(4) 竣工验收:安全设施设备质量、安全文件。

3. 指派熟悉工程和设备状况的专人负责作业过程的监督工作,为施工作业安全提供保障。

4. 监督记录格式规范,内容齐全完整,签字有效确认,保存完好。

【参考示例1】

相关方安全管理制度

第一章 总则

第一条 为了确保在本单位施工的相关方人员的安全,有效控制相关方在本单位的有关活动,对可能产生环境污染、职业健康、安全危险的相关方进行管理,维护本单位管理体系的正常运行。根据《中华人民共和国安全生产法》《安全生产违法行为行政处罚办法》的相关规定,结合本单位工程管理实际,制定本制度。

第二条 本制度适用于一切与本单位签订合同协议的合同方、承包方、协作方、对外租赁单位以及进入工作现场、作业区域的参观学习、实习人员;向外单位借用的人员;外单位进行基建、安装、维修施工人员以及临时招聘的民工等所有外来人员。

第二章 职责分工

第三条 安全生产领导小组(工作组)负责监督检查各部门对相关方管理的情况,负责处理相关方有关安全方面的投诉。

第四条 对相关方实行"谁主管,谁负责"的原则,由签订合同的单位指定专人进行安全监督管理,并负责相关方的安全教育管理,建立教育档案。

第五条 相关方的作业现场安全,由生产、技术部门进行监督管理,一旦发现问题必须立即制止。

第六条 对于进入单位进行业务洽谈、送货的个人或单位由联系人负责告知安全须知和陪同。

第七条 对于进入单位参观、学习人员的教育及安全管理,由接待部门负责。

第八条 临时工、实习人员视同正式职工进行安全管理。

第三章 管理内容

第九条 参观、学习人员由接待部门负责介绍安全注意事项,同时做好全过程的安全管理工作,确保参观、学习人员的安全。

第十条 接待部门应向外来参观、学习人员提供相应的安全用具,安排专人带领并做好监护工作。

第十一条 接待部门应填写并保留对外来参观、学习人员进行安全教育的培训记录和劳动防护用品领用记录。

第十二条 对外签订劳务、协作、承包、租赁合同前必须严格审查单位的资质和安全生产许可证。签订合同时,必须同时签订一份安全生产合同,明确双方的责任,以及安全管理、防火管理、设备使用、人员教育与培训、安全检查与监督等方面的管理要求,同时应将危险源、生产特点及安全注意事项告知对方。

第十三条 与建筑工程承包方签订合同时必须规定由工程承包方进行危险源辨识和环境因素调查,并制定预防控制措施。同时监督、检查施工方做好安全监护工作,督促其遵守单位相关安全管理制度;发包部门还应督促承包方对进场作业人员进行安全教育培训,考核合格后方可进入现场作业;需持证上岗的岗位,不得安排无证人员上岗作业。

第十四条 单项工程的安全管理协议书有效期为一个施工周期,长期在单位从事零星项目施工的承包方,安全生产合同签订的有效期不得超过一年。

第十五条 外来施工(作业)方应有相应的安全资质、项目负责人和安全负责人,并建立安全责任制和管理制度,具备安全生产的保障条件。责任部门应对外来施工(作业)方的上述资质进行审查。

第十六条 采购人员应依据供货合同规定对物资供应方进行管理,向供应方索要材料或设备必要的资质证书、环境、安全性能指标和运输、包装、贮存条件说明等信息,并发放至相关部门。

第十七条 对招聘的短期合同工、临时工和实习人员必须纳入"新员工三级安全教育",进行安全教育培训,告知安全操作规程、作业区域的危险源和控制方法。同时要加强对其安全监督和检查,杜绝违章作业和违规行为。

第十八条 接到相邻单位及相关方的投诉和意见后,相关部门应负责登记、整理并予以答复,处理不了的应向上级部门和领导反映,直到问题解决。

第四章 附则

第十九条 本制度由单位安全领导小组负责解释,自印发之日起施行。

【参考示例2】

安全生产协议书

发包单位(以下简称甲方):

承包单位(以下简称乙方):

工程名称:

工程地点:

根据《中华人民共和国合同法》、《中华人民共和国安全生产法》以及国家有关安全生产管理的法律、法规及标准,《××××××合同》(以下简称"主合同")中的甲乙双方约定,双方本着平等、自愿的原则,签订本协议。甲方和乙方均严格遵守本协议书规定的权利、责任和义务,就主合同中安全生产、文明施工要求等事项订立协议如下:

1. 作业概况

1.1 乙方承担甲方安排的×××项目施工作业活动。

1.2 主要危害因素：

(1) 在施工中使用×××等机电设备，易发生机电设备故障和人身伤害。

(2) 在施工中设立部分临时的坑洞、围栏、管线、线路、散落器材等，易发生人身伤害。

(3) 焊接产生的射线辐射、有害气体、弧光等影响身体健康。作业中易发生火灾事故。

(4) 高空作业易发生人员高空坠落伤亡事故和物品、工具坠落物体打击事故。

(5) 施工过程使用大量运输设备，易发生交通事故。

(6) 有可能发生脚手架坍塌事故。

(7) 临水作业，易发生人员落水事故。

(8) 施工人员集体就餐，餐具、食物不卫生，易发生食物中毒事故。

(9) 夏季施工措施不当，易发生施工人员中暑事故。

(10) 其他作业过程中发生的一些危害因素。

2. 双方的安全责任

2.1 甲方的安全责任

(1) 开工前甲方对乙方进行施工前安全技术交底，向乙方明确施工作业区的范围、作业时间要求、危险源及安全管理要求，为乙方提供工程合同中规定的安全条件支持。

(2) 甲方认真执行有关法律法规、规范标准，加强工程施工监管。甲方有权对乙方施工现场和区域进行全面的安全生产监督检查并对施工现场临时用电、特种作业进行安全检查与指导。

(3) 甲方按规定对乙方进行安全业绩、资质审查，对乙方针对作业项目制定的施工专项方案进行审查并备案。

(4) 甲方派×××同志负责与乙方联系安全生产方面的工作。

(5) 甲方有权要求乙方必须履行安全生产职责，并对乙方履行安全生产职责情况进行监督。

(6) 甲方有权对乙方现场员工的特种作业证件进行验证并登记造册，有权制止非特种作业人员从事特种作业。

(7) 甲方有权要求乙方维护好相关的安全生产设施、设备和器材。对乙方人员劳动防护用品使用情况进行督查。

(8) 甲方不得要求乙方违反安全管理规定冒险施工，因甲方违章指挥造成的事故由甲方负责。

(9) 发生事故后，甲方根据有关规定组织、参与事故的调查，有权对乙方事故进行统计上报。

(10) 甲方有权对乙方施工安全生产情况进行检查，对"三违"(违章指挥、违章作业、违反劳动纪律)行为有权制止、纠正和处罚，直至清退出场。

(11) 甲方有权要求乙方对在施工作业过程中造成的环境污染和植被破坏进行治理恢复。

(12)发生事故后甲方积极组织抢险,防止事故扩大,并按照公司有关规定进行报告。
(13)甲方应乙方要求,向乙方提供相关的安全资料。

2.2 乙方的安全责任

(1)乙方作为工程项目的承包单位,具有承担本工程的施工能力和安全保障能力,已清楚本工程存在的安全风险,已采取了相应的防范措施。对工程施工过程中发生的人身伤害、设备损失事故、文明施工承担安全责任。

(2)乙方必须严格贯彻执行国家及行业有关安全生产法律法规、标准规范、有关工程建设强制性条文。健全安全生产组织机构,健全安全管理制度。在工程施工中,按规定落实安全措施,消除安全隐患,全面负责施工区域安全责任。

(3)乙方派×××同志负责与甲方联系安全生产方面的工作。

(4)开工前乙方应组织人员对施工区域、作业环境及使用甲方提供的设施设备、工器具等进行检查,确认符合安全要求,一经开工,就表示乙方已确认施工现场符合安全要求。

(5)乙方应按照建设工程安全生产标准化和有关强制规定要求做好安全措施,应在施工范围装设临时围栏或警告标志,禁止无关人员进入施工现场。

(6)乙方在施工过程中需要使用电、水和动火作业,应事先与甲方取得联系,并办理相关手续,不得擅自私拉乱接,不得随意使用电焊、气割。

(7)乙方所提供的承包工程要求的相关资质证明、特种作业证等资料应真实、合法、有效。

(8)乙方应遵守国家和地方关于劳动安全、劳务用工的法律法规,保证其用工的合法性,为施工人员购买人身保险,配备合格的劳动防护用品、安全用具。督促施工人员正确佩戴劳保用品。

(9)乙方不得购买、使用不符合国家、行业标准的原材料、设备、装置、防护用品、器材、仪器等。

(10)乙方对"五类工程"必须编制施工专项方案,并提交甲方备案,服从甲方对专项方案实施的现场监督检查。

(11)乙方应采取措施将施工区域与生活区域隔离开,为施工人员创造安全健康的生活环境。

(12)乙方应保持施工现场、施工住宿环境整洁,工程废弃物集中存放,生活废弃物集中处理。

(13)发生事故时,乙方应积极抢险,服从统一指挥,避免事故进一步扩大,并向甲方报告事故。

(14)乙方应采取安全防护措施,承担由于自身原因造成的质量、安全事故的责任和因此发生的费用。

(15)发生严重危及乙方生命安全的不可抗拒紧急情况时,乙方有权采取必要的措施避险。

(16)乙方有权对甲方的安全工作提出合理化建议和改进意见,有权要求甲方提供必要的安全生产环境。对甲方违章指挥行为有权拒绝执行。

2.3 发生以下情况责任事故,造成的经济损失及违约责任由乙方承担:

(1) 人身伤害和伤亡事故。
(2) 发生施工机械、电气设备严重损坏事故。
(3) 发生现场火灾事故。
(4) 向河道倾倒垃圾，造成水污染事故。

3．事故调查

在主合同的履行过程中发生的安全事故，应经事故调查确认责任。事故调查应按照国家《生产安全事故报告和调查处理条例》的有关规定进行。

4．违约责任及处理

(1) 违反本协议约定，但未造成安全事故的，违约方应承担违约责任。
(2) 甲、乙双方共同违约造成的事故，按双方责任大小承担相应责任，并按规定追究有关人员责任。
(3) 发生事故时，甲、乙双方有抢险、救灾的义务，所发生的费用由责任方承担。
(4) 发生的事故，应经事故调查确认责任，事故报告和调查应按照国家《生产安全事故报告和调查处理条例》的有关规定进行。
(5) 甲方违约造成的事故，甲方承担全部责任，并按规定追究有关人员责任。
(6) 乙方违约造成的事故，乙方承担全部责任，在向甲方报告的同时按规定追究有关人员责任，由于乙方施工质量导致的事故，由乙方承担责任。
(7) 对乙方发生事故后弄虚作假、隐瞒不报、迟报或谎报，一经查出，按有关规定处罚。
(8) 对乙方施工过程中"三违"行为，甲方监督管理部门将给予经济处罚，直至停工整顿，由此造成的一切损失由乙方承担。

5．不可抗力

由于不可抗力造成主合同项目施工作业事故及产生的损失，当事人双方依据主合同中双方的约定，各自承担相应的损失。

6．合同的履行期限

本协议的履行期限与主合同保持一致。如果主合同因故需要变更期限，本协议与之变更至相同期限。

7．合同的变更、解除或终止

本协议与主合同具有同等的法律效力，本协议随主合同的变更、解除或终止而变更、解除或终止。

8．保险

乙方合同项目施工作业人员的工伤保险由其自行承担。

9．争议的解决

本协议在履行过程中发生争议，由双方协商解决，协商未果请求劳动仲裁。

10．附则

(1) 本协议经甲乙双方法定代表人或委托代理人签字并加盖合同专用章后生效。
(2) 本协议与主合同同时生效，并作为主合同的组成部分与主合同具有同等法律效力。

(3)本协议一式四份,甲方和乙方各执两份,每份具有同等法律效力。
甲方(盖章):
法定代表人(签字):
委托代理人(签字):
联系电话:　　　　　　　　　　　　　　　　签字时间:

乙方(盖章):
法定代表人(签字):
委托代理人(签字):
联系电话:　　　　　　　　　　　　　　　　签字时间:

【参考示例 3】

作业过程监督检查表如表 4.64 所示。

表 4.64　作业过程监督检查表

项目名称:×××外墙油漆			
施工单位:			
检查人员:			
检查时段:　　时　　分至　　时　　分			
序号	检查内容		检查情况
1	已对施工人员进行安全交底		
2	施工人员持证上岗		
3	作业场地周边设有安全围栏和"严禁靠近"警示牌		
4	施工的物料、机具有适合摆放的地方,不会坠落		
5	上下交叉施工作业中,采取了防止物体打击的措施		
6	施工人员正确穿戴合格的劳保用品		
7	没有高空投掷物品情况		
8	移动式脚手架不允许高于 5 m,若超过 5 m 应按规范进行固定脚手架搭设		
备注			
填表日期:　　年　　月　　日		检查情况:是(√),否(×),无此项(/)	

4.4.3　职业健康

4.4.3.1　职业健康管理制度应明确职业危害的监测、评价和控制的职责和要求。

【考核内容】

职业健康管理制度应明确职业危害的监测、评价和控制的职责和要求。(3 分)

【赋分原则】

查制度文本;未以正式文件发布,扣 3 分;制度内容不全,每缺一项扣 1 分;制度内容不符合有关规定,每项扣 1 分。

【条文解读】

1. 此处的职业健康是指研究并预防因工作导致的疾病,防止原有疾病的恶化。主要表现为工作中因环境及接触有害因素引起人体生理机能的变化。

2. 职业健康的目的:使在组织内活动的成员的职业健康安全风险降低到最小限度;使组织的经营者的灾害风险降低到最小限度;强化组织的风险管理,避免可能发生的职业健康安全风险,提高企业的整体管理水平。

3. 单位存在的职业危害因素主要有噪声、粉尘、高温、振动、电磁场、化学因素(六氟化硫)等。

4. 单位是水利工程管理范围内职业健康监护工作的责任主体,其主要负责人对本单位职业健康监护工作全面负责,必须结合本单位的工程管理特点、职业危害特点及状况,预防、控制和消除职业病危害,防治职业病,保护职工和相关方的身体健康及其相关权益。单位不但要做好工程运行过程中的职业健康管理工作,还要做好项目施工相关方职业健康监管工作。

5. 单位对存在职业病危害的作业场所至少每年进行一次检测,每三年进行一次职业病危害现状评价。检测与评价结果应及时向劳动者公布,并上报当地安全监管部门备案。

6. 职业健康管理制度包括:职业危害防治责任制度、职业危害告知制度、职业危害申报制度、职业健康宣传教育培训制度、职业危害防护设施维护检修制度、从业人员防护用品管理制度、职业危害日常监测管理制度、从业人员职业健康监护档案管理制度、岗位职业健康操作法律、法规、规章、规程规定的其他职业危害防治制度。

【规程规范技术标准及相关要求】

1. 《中华人民共和国安全生产法》(2021年修正)。
2. 《中华人民共和国职业病防治法》(2018年修正)。
3. 《使用有毒物品作业场所劳动保护条例》(国务院令第352号)。
4. 《国家卫生计生委等4部门关于印发〈职业病分类和目录〉的通知》(国卫疾控发〔2013〕48号)。
5. 《关于印发〈职业病危害因素分类目录〉的通知》(国卫疾控发〔2015〕92号)。
6. 《职业病危害项目申报办法》(安监总局令第48号)。
7. 《用人单位职业健康监护监督管理办法》(安监总局令第49号)。
8. 《工作场所职业病危害警示标识》(GBZ 158—2003)。
9. 《职业健康监护技术规范》(GBZ 188—2014)。
10. 《工作场所有害因素职业接触限值 第1部分:化学有害因素》(GBZ 2.1—2019)。
11. 《工作场所有害因素职业接触限值 第2部分:物理因素》(GBZ 2.2—2007)。
12. 《企业安全生产标准化基本规范》(GB/T 33000—2016)。
13. 《水利安全生产标准化通用规范》(SL/T 789—2019)。

【备查资料】

以正式文件发布的职业健康管理制度。

【实施要点】

1. 由具有省级职业卫生技术服务资质的职业病防治机构开展职业病监测评价,范围包括单位所有职工生产生活区域、在建工程,并提供检测报告。
2. 根据监测结果,制定职业健康管理制度,以正式文件发放。
3. 制度要齐全,可操作性强。

【参考示例】

××× 单位文件

×安〔20××〕×号

关于印发《×××单位职业健康管理制度》的通知

各部门:

为防止、控制和消除职业危害,预防职业病,保护职工的身体健康和相关权益,根据《中华人民共和国职业病防治法》《用人单位职业健康监护监督管理办法》等有关法律法规、规定,结合本单位工程管理实际,研究制定了《×××单位职业健康管理制度》,现印发给你们,请认真贯彻执行。

附件:×××单位职业健康管理制度

×××单位(章)

20××年××月××日

×××单位职业健康管理制度

第一章　总则

第一条　为了预防、控制和消除职业危害,预防职业病,保护全体员工的身体健康和相关权益,根据《中华人民共和国职业病防治法》《用人单位职业健康监护监督管理办法》《工作场所职业卫生监督管理规定》等有关法律法规、规定,结合单位水利工程管理实际,特制定本制度。

第二条　职业卫生管理和职业病防治工作坚持"预防为主,防治结合"的方针,实行分类管理、综合治理的原则。

第三条　本制度适用于×××单位范围内职业危害的监测、评价和控制。

第二章　职业病防治责任制度

第四条　单位安全生产领导小组负责全单位职业健康管理工作,协调职业健康管理日常工作。

第五条　财务部门负责保证职业健康管理资金投入。

第六条　综合办公室负责制定职业健康相关规章制度,职业危害申报,建立健全职工健康监护档案,工伤保险、培训等工作。

第七条　工会协助监督检查职业健康状况,负责职工健康体检及职业卫生档案保管工作。

第八条　单位各部门落实职业健康管理的各项具体措施,做好职业病的日常防控工作。

第九条　制定或者修改有关职业健康的规章制度,应当听取工会组织的意见。

第三章　职业病危害警示与告知制度

第十条　岗前告知。

(一)单位组织人事部门与职工签订合同(含聘用合同)时,应将工作过程中可能产生的职业病危害及其后果、职业病危害防护措施和待遇等如实告知,并在劳动合同中写明。

(二)未与在岗员工签订职业病危害劳动告知合同的,应按国家职业病危害防治法律、法规的相关规定与员工进行补签。

(三)在已订立劳动合同期间,因工作岗位或者工作内容变更,从事与所订立劳动合同中未告知的存在职业病危害的作业时,应向员工如实告知现所从事的工作岗位存在的职业病危害因素。

第十一条　现场告知。

(一)在有职业危害告知需要的工作场所醒目位置设置公告栏,公布有关职业病危害防治的规章制度、操作规程、职业病危害事故应急救援措施以及作业场所职业病危害因素检测和评价的结果。各有关部门及时提供需要公布的内容。

(二)在产生职业病危害的作业岗位的醒目位置,设置警示标识和中文警示说明。警示说明应当载明产生职业病危害的种类、后果、预防和应急处置措施等内容。

第十二条　检查结果告知。

如实告知员工职业卫生检查结果,发现疑似职业病危害的应及时告知本人。员工离开本用人单位时,如索取本人职业卫生监护档案复印件,应如实、无偿提供,并在所提供的复印件上签章。

第十三条　单位安全生产领导小组会定期对各项职业病危害告知事项的实行情况进行监督、检查和指导,确保告知制度的落实。

第十四条　有职业病危害的部门应对接触职业病危害的员工进行上岗前和在岗定期培训和考核,使每位员工掌握职业病危害因素的预防和控制技能。

第十五条　因未如实告知职业病危害的,从业人员有权拒绝作业。不得以从业人员拒绝作业而解除或终止与从业人员订立的劳动合同。

第十六条　发生职业病危害事故时,责任部门要在1小时内报单位领导,若险情或事故严重的应在半小时内上报单位主要负责人,同时以书面形式向单位安全生产领导小组汇报情况。

第四章　职业病危害项目申报制度

第十七条　由安全生产领导小组负责职业病危害的申报工作,综合办公室负责具体工作,其他部门根据需要及时提供相关资料。

第十八条　职业病危害项目申报后,因技术、工艺、设备或材料发生变化而导致原申报的职业病危害因素及其相关内容发生改变时,自发生变化之日起15日内向原申报机关变更内容。

第十九条　经过职业病危害因素检测、评价,发现原申报内容发生变化的,自收到有关检测、评价结果之日起15日内向原申报机关进行申报。

第二十条　单位工作场所、名称、主要负责人发生变化时,自发生变化之日起15日内向原申报机关进行申报。

第五章　职业病防治宣传教育培训制度

第二十一条　职业健康宣传教育培训应纳入安全生产培训计划。

第二十二条　工作内容

(一)培训计划:各部门根据岗位特点每年1月份负责向综合办公室申报培训需求。综合办公室根据申报的培训需求制定年度职业健康宣传教育培训计划。

(二)培训时间:对作业人员进行上岗前和在岗期间的职业卫生培训,每年累计培训时间不得少于8小时。

(三)培训内容:单位内相关岗位职业健康知识、岗位危害特点、职业危害防护措施、职业健康安全岗位操作规程、防护措施的保养及维护注意事项、防护用品使用要求、职业危害防治的法律、法规、规章、国家标准、行业标准等。

第二十三条　培训形式:内部培训、外部委托培训

(一)内部宣传教育培训

1. 新员工进单位:结合安全"三级教育",介绍×××单位作业现场、岗位存在的职业危害因素和安全隐患,以及可能造成的危害;

2. 员工在岗期间:通过定期培训或公告栏宣传,学习职业健康岗位操作规程、相关制度、法律法规及公司新设备、新工艺的有关性能、可能产生的危害及防范措施,了解工作环境检测结果及个人身体检查结果;

3. 转换岗位:由岗位部门负责人讲解新岗位可能产生的危害及防范措施;

4. 单位按培训计划组织的职业健康知识及法律法规、标准等知识。

(二)外部委托培训

为提高职业健康知识和管理能力,外部培训一般情况是参加安全生产监督管理部门组织的职业健康培训,参加人员一般是单位主要负责人和职业健康管理人员。

第二十四条　培训效果评定

(一)新进职工或转岗人员经考核、评定具备与本岗位相适应的职业卫生安全知识和能力后方可上岗。未经培训或者培训不合格的人员,不得上岗作业。

(二)无正当理由未按要求参加职业健康安全培训的人员评定为不合格。

第六章　职业病防护设施维护检修制度

第二十五条　告知卡和警示标识应至少每半年检查一次,发现有破损、变形、变色、图形符号脱落、亮度老化等影响使用的问题时,应及时修整或更换。

第二十六条　自行或委托有关单位对存在职业病危害因素的工作场所设计和安装非定型的防护设施项目的,防护设施在投入使用前应当经具备相应资质的职业卫生技术服务机构检测、评价和鉴定。

第二十七条　未经检测或者检测不符合国家卫生标准和卫生要求的防护设施,不得使用。

第二十八条 落实防护设施管理责任,定期对防护设施的运行和防护效果进行检查。

第二十九条 健全防护设施技术档案,主要有防护设施的技术文件(设计方案、技术图纸、各种技术参数等)、防护设施检测、评价和鉴定资料、防护设施的操作规程和管理制度以及防护设施使用、检查和日常维修保养记录。

第三十条 各相关部门应当对防护设施进行定期检查、维修、保养,保证防护设施正常运转,每年应当对防护设施的效果进行综合性检测,评定防护设施对职业病危害因素控制的效果。

第三十一条 各部门应当对劳动者进行使用防护设施操作规程、防护设施性能、使用要求等相关知识的培训,指导劳动者正确使用职业病防护设施。

第七章 职业病防护用品管理制度

第三十二条 现场作业人员在正常作业过程中,必须规范穿戴和使用本岗位规定的各类特种防护用品,不得无故不使用劳动防护用品。

第三十三条 特种劳动防护用品每次使用前应由使用者进行安全防护性能检查,发现其不具备规定的安全和职业防护性能时,使用者应及时提出更换,不得继续使用。

第三十四条 各部门根据岗位需求,采购、配发劳动防护用品。

第三十五条 防护用品管理要求

(一)按规定建立个人防护用品登记卡,由仓库保管员按规定发放个人防护用品。

(二)员工在各部门之间调动,应把按规定需交回的劳动防护用品交回原部门劳保仓库,员工调入部门后按规定发放防护用品。

(三)实习人员、进入生产区参观人员等,接待部门应提供必要的个人防护用品。

第三十六条 项目实施前应与施工方签订安全生产协议,协议中应注明对劳动防护用品的要求,项目实施部门在项目实施过程中应经常检查相关方人员的执行情况。

第八章 职业病危害监测及评价管理制度

第三十七条 安全生产领导小组负责组织、监督、指导全部作业场所职业危害因素的分布、监测和分级管理。

第三十八条 监测点的设定和监测周期应符合相关规程规范的要求,由安全生产领导小组和具有相关资质的职业卫生技术服务机构共同确定。

第三十九条 监测点可根据实际需要进行调整,监测点的变更和取消应由确定单位共同审核认可。

第四十条 由具有相关资质的职业卫生技术服务机构按照相关规定开展监测工作。

第四十一条 安全生产领导小组接到《职业病危害因素日常监测结果告知书》后就立即组织对监测结果异常的作业场所采取切实有效的防护措施,落实专人进行整改。对暂时不能整改或整改后仍不能达标的,应向上级安全管理部门申请立项,进行整改。

第四十二条 监测结果应在单位给予公示。

第九章 建设项目职业卫生"三同时"管理制度

第四十三条 本制度适用于在本单位内可能产生职业危害的新建、改建、扩建和技术改造、技术引进建设项目职业病防护设施建设及其监督管理。

第四十四条 建设项目职业病防护设施必须与主体工程同时设计、同时施工、同时投入生产和使用。职业病防护设施所需的费用应当纳入建设项目工程预算。

第四十五条 安全生产领导小组负责监督指导全单位职业卫生"三同时"管理工作，建设项目实施部门为"三同时"管理制度的执行部门。

第四十六条 建设项目职业卫生"三同时"工作完成后，应及时将资料整理归档。

第十章 劳动者职业健康监护及其档案管理制度

第四十七条 综合办公室建立职业卫生档案、个人职业健康监护档案，并在单位档案室设立档案专柜。

第四十八条 职业卫生档案应包括职业卫生记录卡、接触职业病危害因素作业人员登记卡、职业病危害记录卡、职业病危害因素检测资料、职业病危害事故报告与处理记录、职业病防护设施和防护用品档案、职业卫生培训教育资料、职业病事故应急救援预案及演练等有关资料。

第四十九条 员工离开单位时，有权索取个人健康档案资料并复印，综合办公室应如实、无偿地提供，并在所提供的个人复印件上签章。

第五十条 在职业病诊断过程中，当鉴定单位需提供有关"两档"资料时，综合办公室应如实地提供。

第五十一条 档案室对各部门移交来的职业卫生档案，要认真进行质量检查，归档的案卷要填写移交目录，双方签字，及时编号登记，入库保管。

第五十二条 档案工作人员对档案的收进、移出、销毁、管理、借阅利用等情况要进行登记，档案工作人员调离时，必须办好交接手续。

第五十三条 存放职业卫生档案的库房要坚固、安全，做好防盗、防火、防虫、防鼠、防高温、防潮、通风等工作，并有应急措施。职业卫生档案库要设专人管理，定期检查清点，如发现档案破损、变质时要及时修补复制。

第五十四条 利用职业卫生档案的人员应当爱护档案，职业卫生档案室严禁吸烟，严禁对职业卫生档案拆卷、涂改、污损、转借和擅自翻印。

第十一章 职业病危害事故处置与报告制度

第五十五条 安全生产领导小组负责对职业病危害事故进行处置和报告。

第五十六条 职业病危害事故发生后，所在部门应立即向安全生产领导小组报告，不得以任何借口瞒报、虚报、漏报和迟报。

第五十七条 职业病危害事故发生部门应配合安全生产领导小组采取临时控制和救援措施，并停止导致危害事故的作业，控制事故现场，防止事故扩大，把事故危害降到最低。

第五十八条 职业病危害事故发生部门应保护事故现场，保留导致事故发生的材料、设备和工具，配合上级部门进行事故调查。

第五十九条 事故调查中任何单位和个人不得拒绝、隐瞒或提供虚假证据，不得阻碍、干涉调查组的现场调查和取证工作。

第十二章 职业病危害应急救援与管理制度

第六十条 安全生产领导小组负责监督、检查、指导本单位职业病危害应急救援与管理工作。

第六十一条 综合办公室负责对职工进行职业病救援的培训、演练工作。

第六十二条 生产部门负责对职业病应急救援物资的管理和维护保养工作。

第六十三条 各部门根据实际情况编制职业危害应急救援预案,确保在发生职业病危害时,作业人员可正确处理。

第六十四条 职业病危害应急救援时,救援人员要首先保证自身安全,严禁无防护措施进行救援。

第十三章 岗位职业卫生操作规程

第六十五条 职业卫生操作规程

(一)作业时必须严格遵守劳动纪律,坚守岗位,服从管理,正确佩戴和使用劳动防护用品。

(二)对生产现场经常进行检查,及时消除现场中跑、冒、滴、漏现象,做到文明生产,降低职业危害。

(三)按时巡回检查所属设备的运行情况,不得随意拆卸和检修设备,发现问题及时找专业人员修理。

(四)在噪声较大区域连续工作时,应佩戴耳塞,并分批轮换作业。

(五)长时间在噪声环境中工作的职工应定期进行身体检查。

第六十六条 高温岗位职业卫生操作规程

(一)工作期间时必须严格遵守劳动纪律,坚守岗位,服从管理,正确佩戴和使用劳动防护用品。

(二)缩短一次性持续接触高温时间,持续接触热源后,应轮换作业和休息,休息时应脱离热环境,并多喝水。

第六十七条 有限空间作业要采取通风降温措施,必要时加装通风机进行强制通风。

第十四章 附则

第六十八条 本制度未包括的其他职业病防治应符合相关法律、法规、规章规定的要求。

第六十九条 本制度由单位安全领导小组负责解释,自印发之日起施行。

4.4.3.2 按照法律法规、规程规范的要求,为从业人员提供符合职业健康要求的工作环境和条件,配备相适应的职业病防护设施、防护用品。

【考核内容】

按照法律法规、规程规范的要求,为从业人员提供符合职业健康要求的工作环境和条件,配备相适应的职业病防护设施、防护用品。(12分)

【赋分原则】

查相关记录并查看现场;作业环境和条件不符合规定要求,每处扣2分;未按规定配备防护设施,每处扣1分;未按规定配备防护用品,每人扣1分。

【条文解读】

1. 水管单位应当依法为劳动者创造符合国家职业卫生标准和卫生要求的工作环境和条件,采取措施保障劳动者获得职业卫生保护,必须采用有效的职业病防护设施,并为劳动者提供个人使用的职业病防护用品。

2. 水管单位的作业场所应当符合下列要求:作业场所与生活场所分开,布局合理,作业场所不得住人;有与职业危害防治工作相适应的有效防护设施;有配套的更衣间、洗浴间等卫生设施;设备、设施符合保护劳动者生理、心理健康的要求;职业危害因素的强度或者浓度符合国家标准、行业标准;符合法律、法规、规章和国家标准、行业标准的其他规定。

3. 职业健康保护设施、工具和用品应符合《劳动防护用品配备标准(试行)》(国经贸安全〔2000〕189号)、《个体防护装备选用规范》(GB/T 11651—2008)、《江苏省劳动防护用品配备标准》(苏安监〔2007〕196号)等规定。

4. 水管单位配备的常用安全防护用品主要有防噪声耳塞(耳罩)、绝缘鞋、安全帽、防尘口罩、防寒服、过滤式防毒面具等。

【规程规范技术标准及相关要求】

1.《中华人民共和国安全生产法》(2021年修正)。

2.《中华人民共和国职业病防治法》(2018年修正)。

3.《使用有毒物品作业场所劳动保护条例》(国务院令第352号)。

4.《国家卫生计生委等4部门关于印发〈职业病分类和目录〉的通知》(国卫疾控发〔2013〕48号)。

5.《关于印发〈职业病危害因素分类目录〉的通知》(国卫疾控发〔2015〕92号)。

6.《职业病危害项目申报办法》(安监总局令第48号)。

7.《用人单位职业健康监护监督管理办法》(安监总局令第49号)。

8.《工作场所职业病危害警示标识》(GBZ 158—2003)。

9.《职业健康监护技术规范》(GBZ 188—2014)。

10.《工作场所有害因素职业接触限值 第1部分:化学有害因素》(GBZ 2.1—2019)。

11.《工作场所有害因素职业接触限值 第2部分:物理因素》(GBZ 2.2—2007)。

12.《企业安全生产标准化基本规范》(GB/T 33000—2016)。

13.《水利安全生产标准化通用规范》(SL/T 789—2019)。

【实施要点】

1. 按照法律法规、规程规范的要求,结合本单位工程管理实际,制定《劳动防护用品管理制度》。

2. 对照法规、标准规定查找工作环境和条件存在的差距,按要求整改。

3. 按有关规定配备劳动保护设施、工具和用品。

4. 教育和监督作业人员按照规定正确佩戴、使用个人劳动防护用品。

【现场管理】

1. 防护设施

（1）防尘设备。

（2）防毒设备、有毒气体报警器。

（3）防噪声、防振动设备。

（4）防暑降温、防寒设备，防潮空调、除湿机（如图 4.72 所示）。

（5）防小动物挡板、杀虫设备（如图 4.73 所示）。

图 4.72　防潮空调、除湿机

图 4.73　防小动物挡板、杀虫设备

2. 防护用品

（1）防毒面具（如图 4.74 所示）。

（2）护目镜（如图 4.75 所示）。

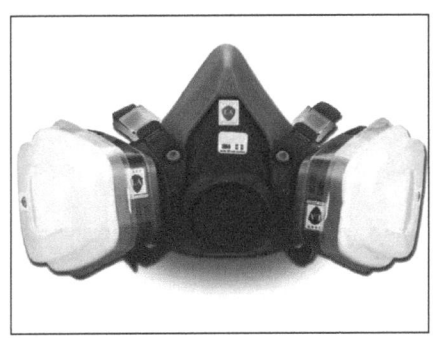

图 4.74　防毒面具　　　　　　　　　图 4.75　护目镜

(3) 耳塞(如图 4.76 所示)。

图 4.76　耳塞

(4) 绝缘靴(如图 4.77 所示)。

图 4.77　绝缘靴

(5) 绝缘手套(如图 4.78 所示)。

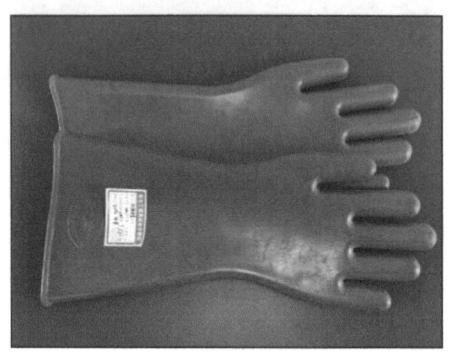

图 4.78　绝缘手套

【管理台账】

1. 劳动防护用品安全检查表。
2. 仓库存储记录。
3. 安全用具配置表。

安全用具配置表如表 4.65 所示。

表 4.65　安全用具配置表

统计日期：　　　年　　　月　　　日

序号	名称		型号	单位	数量	存放位置
1	安全绳索	安全带	五点式 2 m	副		仓库
		安全绳	12 mm×20 m	条		仓库
2	过滤式消防自救呼吸器		TZL30	个		厂房门厅微型消防柜
3	护目眼镜		封闭型	副		仓库
4	绝缘靴		30 kV	双		低压室、高压室
5	绝缘手套		Ⅰ级	副		低压室、高压室
6	安全帽		YTQ	个		检修层、低压室、高压室
7	接地线		25 方 10 kV 3×1.5+8 m	组		高压室
8	伸缩式声光验电器		GSY	个		低压室
9	标示牌	禁止合闸、有人工作	25 cm×20 cm	个		低压室、高压室
		当心触电	25 cm×20 cm	个		
		禁止分闸	25 cm×20 cm	个		
		在此工作	25 cm×20 cm	个		
10	户内电磁锁		DSN-FMZ	个		仓库、高压室
11	安全遮栏		1.2 m×3 m	个		检修层
12	绝缘拉杆		5 节 10 m	个		工具室

4.4.3.3　指定专人负责保管、定期校验和维护职业病防护设施、防护用品，确保其完好有效。

【考核内容】

指定专人负责保管、定期校验和维护职业病防护设施、防护用品，确保其完好有效。（10 分）

【赋分原则】

查相关记录并查看现场；未指定专人保管，扣 5 分；未定期校验和维护，扣 5 分；防护设施、防护用品损坏或失效，每项扣 2 分。

【条文解读】

1. 指定专人是指水管单位应有专（兼）职人员负责防护用具保管、检验等工作。
2. 防护用具应定期进行检验和维护保养，确保其处于正常状态。
3. 劳动防护用品应定期进行检查，确保其在国家规定的有效期内。

【规程规范技术标准及相关要求】

1.《中华人民共和国安全生产法》（2021 年修正）。
2.《中华人民共和国职业病防治法》（2018 年修正）。
3.《使用有毒物品作业场所劳动保护条例》（国务院令第 352 号）。
4.《国家卫生计生委等 4 部门关于印发〈职业病分类和目录〉的通知》（国卫疾控发〔2013〕48 号）。

5. 《关于印发〈职业病危害因素分类目录〉的通知》(国卫疾控发〔2015〕92号)。
6. 《职业病危害项目申报办法》(安监总局令第48号)。
7. 《用人单位职业健康监护监督管理办法》(安监总局令第49号)。
8. 《工作场所职业病危害警示标识》(GBZ 158—2003)。
9. 《职业健康监护技术规范》(GBZ 188—2014)。
10. 《工作场所有害因素职业接触限值 第1部分:化学有害因素》(GBZ 2.1—2019)。
11. 《工作场所有害因素职业接触限值 第2部分:物理因素》(GBZ 2.2—2007)。
12. 《企业安全生产标准化基本规范》(GB/T 33000—2016)。
13. 《水利安全生产标准化通用规范》(SL/T 789—2019)。

【实施要点】

1. 指定专人负责各类防护用具和用品的保管、发放、校验、检查维护和报废等工作。
2. 劳动防护用品的保管、发放、校验、检查维护和报废等记录应翔实并存档。

【现场管理】

1. 现场安全用具定期校验。
2. 定期校验标准明示。
3. 建立安全用具管理台账。

【管理台账】

1. 职工健康档案特种劳动防护用品安全检查表。

特种劳动防护用品安全检查表如表4.66所示。

表4.66 特种劳动防护用品安全检查表

受检单位			检查时间	
检查地点			检查人	
类别	检查内容		是否合格	备注
安全帽	锁紧器符合要求			
	是否在规定的使用期内(从产品制造完成之日计算,塑料帽不超过2年半,玻璃钢、橡胶帽不超过3年半)			
	帽壳完整,无裂纹或损伤,无明显变形			
	帽衬组件(包括帽箍、顶衬、后箍等)齐全、牢固			
安全带	绳索、纺织带无脆裂、断股或扭结			
	皮革配件完好、无伤残			
	金属配件无裂纹、无焊接缺陷、无严重锈蚀			
	挂钩的钩舌咬口平整不错位,保险装置完整可靠			
	活梁卡子的活梁灵活,表面滚花良好,与框边间距符合要求			
	铆钉无明显偏位,表面平整			
	定期检验合格,有记录,未超期使用			
	组件完整,无短缺,无伤残			

续表

类别	检查内容	是否合格	备注
绝缘鞋	绝缘鞋胶料部分无破损		
	绝缘胶鞋每6个月做一次预防性试验,并贴试验合格证		
绝缘手套	表面无裂痕、拆缝、发黏、发脆等缺陷		
	绝缘手套每6个月做一次预防性试验,并贴试验合格证		

2. 劳保用品使用培训记录表。

劳保用品使用培训记录表如表4.67所示。

表4.67 劳保用品使用培训记录表

培训时间		培训地点	
授课人		记录	
培训内容: 1. 对发放防护用品的种类及作用进行详细讲解,要求职工增强自我保护意识,工作期间坚持穿戴好安全帽等防护用品。 2. 学习几种劳保用品的基本用法。 3. 授课人进行防护用品的穿戴示范。 4. 参与培训的职工自由练习穿戴劳保用品。 　　　　　　　　　　　　　　　　　　　　　　　　　　年　　月　　日			

3. 职工个人劳动防护用品领取卡。

职工个人劳动防护用品领取卡如表4.68所示。

表4.68 职工个人劳动防护用品领取卡

姓名		部门		工种	
序号	核定发放品种	领取记录			
		数量	日期		发放人
1	安全帽				
2	绝缘手套				
3	绝缘靴				
4	工作帽				
5	雨伞				
6	雨衣				
7	工作服				

4. 防护物品专人负责责任牌。

防护物品专人负责责任牌如表4.69所示。

表 4.69　防护物品专人负责责任牌

防护设备(用品)名称
设备(用品)位置
设备种类
设备(用品)责任人

4.4.3.4　对从事接触职业病危害的作业人员应按规定组织上岗前、在岗期间和离岗时职业健康检查,建立健全职业卫生档案和员工健康监护档案。

【考核内容】

对从事接触职业病危害的作业人员应按规定组织上岗前、在岗期间和离岗时职业健康检查,建立健全职业卫生档案和员工健康监护档案。(5分)

【赋分原则】

查相关记录并查看现场;职业健康检查不全,每少一人扣1分;职业卫生档案和健康监护档案不全,每少一人扣1分。

【条文解读】

1. 水管单位应当按照《中华人民共和国职业病防治法》、《职业健康监护技术规范》(GBZ 188—2014)、《用人单位职业健康监护监督管理办法》等规定,对从事接触职业病危害作业的劳动者进行职业健康监护。

2. 职业健康监护主要包括职业健康检查和职业健康监护档案管理等内容。职业健康检查包括上岗前、在岗期间、离岗时和离岗后医学随访以及应急健康检查。上岗前职业健康检查的目的在于掌握劳动者的健康状况,发现职业禁忌;在岗期间的职业健康检查目的在于及时发现劳动者的健康损害;离岗时的职业健康检查是为了解劳动者离开工作岗位时的健康状况,以便分清健康损害的责任。

3. 职业卫生档案包括:用人单位基本情况;职业卫生防护设施的设置、运转和效果;职业危害因素浓(强)度监测结果及分析;职业健康检查的组织及检查结果评价等。内容应定期更新。

4. 职业健康监护档案包括:劳动者姓名、性别、年龄、籍贯、婚姻、文化程度、嗜好等情况;劳动者职业史、既往病史和职业病危害接触史;历次职业健康检查结果及处理情况;职业病诊疗资料;需要存入职业健康监护档案的其他有关资料。

【规程规范技术标准及相关要求】

1.《中华人民共和国安全生产法》(2021年修正)。

2.《中华人民共和国职业病防治法》(2018年修正)。

3.《使用有毒物品作业场所劳动保护条例》(国务院令第352号)。

4.《国家卫生计生委等4部门关于印发〈职业病分类和目录〉的通知》(国卫疾控发〔2013〕48号)。

5.《关于印发〈职业病危害因素分类目录〉的通知》(国卫疾控发〔2015〕92号)。

6.《职业病危害项目申报办法》(安监总局令第48号)。

7.《用人单位职业健康监护监督管理办法》(安监总局令第49号)。

8.《工作场所职业病危害警示标识》(GBZ 158—2003)。

9.《职业健康监护技术规范》(GBZ 188—2014)。

10.《工作场所有害因素职业接触限值 第1部分:化学有害因素》(GBZ 2.1—2019)。

11.《工作场所有害因素职业接触限值 第2部分:物理因素》(GBZ 2.2—2007)。

12.《企业安全生产标准化基本规范》(GB/T 33000—2016)。

13.《水利安全生产标准化通用规范》(SL/T 789—2019)。

【实施要点】

1. 水管单位要对接触职业危害因素的岗位职工进行上岗前、岗中以及离岗前的职业健康检查,及时掌握职工的健康状况。

2. 建立健全职业卫生档案和职工健康监护(包括上岗前、岗中和离岗前)档案,做到一人一档,档案内容齐全。

【现场管理】

设立职业健康档案,每年开展职工职业病体检和作业区职业病因素监测。

【管理台账】

1. 职工健康档案。

编号：

劳动者职业健康监护档案

姓　　名：
建档日期：

×××管理所

说　明

一、劳动者职业健康监护档案是对劳动者个体职业健康状况的记录，历年的职业健康监护资料应归为一档，永久保存。

二、劳动者职业健康监护档案应由专人、专柜保存，不得丢失或损坏。劳动者离开用人单位时，有权索取本人职业健康监护档案复印件，用人单位应当如实、无偿提供，并在所提供的复印件上签章。

三、劳动者职业健康监护档案内容包括：

1. 劳动者姓名、性别、年龄、籍贯、婚姻、文化程度、嗜好等情况；

2. 劳动者职业史、既往病史和职业病危害接触史；

3. 历次职业健康检查结果及处理情况；

4. 职业病诊疗资料；

5. 需要存入职业健康监护档案的其他有关资料。

四、劳动者职业健康监护档案填写应由用人单位的专业人员按规定填写，字迹清楚、工整，应用中性碳素笔填写。

五、劳动者职业史登记表是对劳动者在同一单位或不同单位工作经历的纪录，应逐年填写。

六、职业病危害接触史是对劳动者接触职业病危害情况的记录。

七、表四是对历年劳动者职业健康检查情况和职业病诊疗、伤残鉴定情况的记录。

八、档案续填表格应按原版印刷。

一、基本情况

姓名		性别		照片 （2寸）
出生年月		民族		
学历		工种		
技术职称				
家庭住址				
职业史				
既往史				
职业病危害接触史				

二、作业场所职业病危害因素检测情况表

作业场所	检测日期	检测结论	检测机构	复测日期	复测结论	复测机构

三、职业健康检查情况表

上岗前检查情况		
检查日期	结论	检查机构

在岗期间检查情况					
检查日期	结论	检查机构	复查项目	复查结论	复查机构

离岗时检查情况		
检查日期	结论	检查机构

四、职业病诊疗情况表

诊断情况		
诊断日期	职业病种类	诊断机构

治疗情况				
治疗日期	病情	处方	治疗机构	主治医师

2. 职业场所检测(每年一次)。

职业病危害因素检测评价报告如图 4.79 所示。

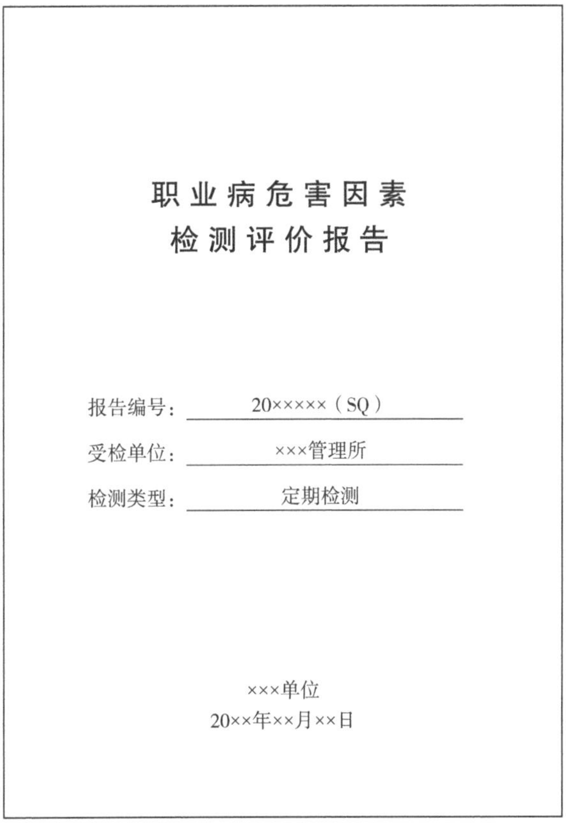

职业病危害因素
检测评价报告

报告编号： 20×××××（SQ）
受检单位： ×××管理所
检测类型： 定期检测

×××单位
20××年××月××日

图 4.79　职业病危害因素检测评价报告

4.4.3.5　按规定使职业病患者得到及时治疗、疗养；患有职业禁忌证的职工，应及时调整到合适岗位。

【考核内容】

按规定使职业病患者得到及时治疗、疗养；患有职业禁忌证的职工，应及时调整到合适岗位。(5 分)

【赋分原则】

查相关记录和档案；职业病患者未得到及时治疗、疗养，每人扣 1 分；患有职业禁忌证的职工未及时调整到合适岗位，每人扣 1 分。

【条文解读】

1.《中华人民共和国职业病防治法》规定，职业病病人依法享受国家规定的职业病待遇。用人单位应当按照国家有关规定，安排职业病病人进行治疗、康复和定期检查；用人单位对不适宜继续从事原工作的职业病病人，应当调离原岗位，并妥善安置。

2. 职业病，是指企业、事业单位和个体经济组织等用人单位的劳动者在职业活动中，因接触粉尘、放射性物质和其他有毒、有害因素而引起的疾病。

3. 职业禁忌证是指劳动者从事特定职业或者接触特定职业病危害因素时，比一般职业人群更易于遭受职业病危害和罹患职业病或者可能导致原有自身疾病病情加重，或者在作业过程中诱发可能导致对他人生命健康构成危险的疾病的个人特殊生理或病理状态。例如恐高症、高血压对于电力工、架子工，高血压、心脏病对于巡道工、调车人员等均属职业禁忌证。《用人单位职业健康监护监督管理办法》等法规办法明确规定不得安排有职业禁忌证的劳动者从事其所禁忌的作业。

【规程规范技术标准及相关要求】

1.《中华人民共和国安全生产法》(2021年修正)。
2.《中华人民共和国职业病防治法》(2018年修正)。
3.《使用有毒物品作业场所劳动保护条例》(国务院令第352号)。
4.《国家卫生计生委等4部门关于印发〈职业病分类和目录〉的通知》(国卫疾控发〔2013〕48号)。
5.《关于印发〈职业病危害因素分类目录〉的通知》(国卫疾控发〔2015〕92号)。
6.《职业病危害项目申报办法》(安监总局令第48号)。
7.《用人单位职业健康监护监督管理办法》(安监总局令第49号)。
8.《工作场所职业病危害警示标识》(GBZ 158—2003)。
9.《职业健康监护技术规范》(GBZ 188—2014)。
10.《工作场所有害因素职业接触限值 第1部分：化学有害因素》(GBZ 2.1—2019)。
11.《工作场所有害因素职业接触限值 第2部分：物理因素》(GBZ 2.2—2007)。
12.《企业安全生产标准化基本规范》(GB/T 33000—2016)。
13.《水利安全生产标准化通用规范》(SL/T 789—2019)。

【备查资料】

1. 体检报告。
2. 转岗手续资料。

【实施要点】

1. 严格按照规定对疑似职业病的病人及时检查诊断，使已确诊患职业病的病人得到及时治疗、疗养。
2. 对患职业病和职业禁忌证的职工要妥善安置，调整到合适的岗位，做好有关记录并及时归档。

4.4.3.6 与从业人员订立劳动合同时，如实告知工作过程中可能产生的职业危害及其后果和防护措施。

【考核内容】

与从业人员订立劳动合同时，如实告知工作过程中可能产生的职业危害及其后果和防护措施。(5分)

【赋分原则】

查劳动合同和相关记录；未告知职业危害、后果及防护措施，每人扣1分。

【条文解读】

1. 用人单位与劳动者订立劳动合同(含聘用合同)时，应当将工作过程中可能产生的职业病危害及其后果、职业病防护措施和待遇等如实告知劳动者,并在劳动合同中写明。

2. 水管单位要加强职工和相关方的宣传与培训,在对职工及相关方进行生产过程中的职业危害预防和应急处理措施的宣传和培训中可以提高他们对职业危害的认识,掌握基本的处理技能,起到预防和减少职业危害的作用。

【规程规范技术标准及相关要求】

1.《中华人民共和国安全生产法》(2021年修正)。
2.《中华人民共和国职业病防治法》(2018年修正)。
3.《使用有毒物品作业场所劳动保护条例》(国务院令第352号)。
4.《国家卫生计生委等4部门关于印发〈职业病分类和目录〉的通知》(国卫疾控发〔2013〕48号)。
5.《关于印发〈职业病危害因素分类目录〉的通知》(国卫疾控发〔2015〕92号)。
6.《职业病危害项目申报办法》(安监总局令第48号)。
7.《用人单位职业健康监护监督管理办法》(安监总局令第49号)。
8.《工作场所职业病危害警示标识》(GBZ 158—2003)。
9.《职业健康监护技术规范》(GBZ 188—2014)。
10.《工作场所有害因素职业接触限值 第1部分:化学有害因素》(GBZ 2.1—2019)。
11.《工作场所有害因素职业接触限值 第2部分:物理因素》(GBZ 2.2—2007)。

【备查资料】

职业危害告知书。

【实施要点】

水管单位在与职工订立合同时,合同条款中应包含工作过程中可能接触到的职业危害因素的种类及其后果,职业危害防护措施及待遇的相关条款。如果合同中没有相关条款,同时合同又没有到期,可把相关条款作为合同附件,附件与合同具有同等法律效力。

【参考示例】

1. 职工签订职业病危害告知书。

职业病危害告知书

根据《中华人民共和国职业病防治法》第三十四条的规定,用人单位(甲方)在与劳动者(乙方)订立劳动合同时应告知工作过程中可能产生的职业危害、后果及防护措施等。现告知如下内容(表4.70):

表4.70 职业病危害告知表

所在部门及岗位名称	职业病危害	职业禁忌证	可能导致的职业病	职业病防护措施
×××部门 ×××工种	噪音	1. 各种原因引起永久性感音神经性听力损失; 2. Ⅱ期及Ⅲ期高血压; 3. 器质性心脏病; 4. 中度以上传导性耳聋	噪声聋	如长时间接触,应正确佩戴个人防护用品
	工频磁场	—	—	遵守安全操作规程

一、所在工作岗位、可能产生的职业病危害、后果及职业病防护措施。

二、甲方应依照《中华人民共和国职业病防治法》及《职业健康监护技术规范》(GBZ 188—2014)的要求,做好乙方上岗前、在岗期间、离岗时的职业健康检查和应急检查。一旦发生职业病,甲方必须按照国家有关法律、法规的要求,为乙方如实提供职业病诊断、鉴定所需的劳动者职业史和职业病危害接触史、工作场所职业病危害因素检测结果等资料及相应待遇。

三、乙方应自觉遵守甲方的职业卫生管理制度和操作规程,正确使用维护职业病防护设施和个人职业病防护用品,积极参加职业卫生知识培训,按要求参加上岗前、在岗期间和离岗时的职业健康检查。若被检查出职业禁忌证或发现与所从事的职业相关的健康损害的,必须服从甲方为保护乙方职业健康而调离原岗位并妥善安置的工作安排。

四、当乙方工作岗位或者工作内容发生变更,从事告知书中未告知的存在职业病危害的作业时,甲方应与其协商变更告知书相关内容,重新签订职业病危害告知书。

五、甲方若未履行职业病危害告知义务,乙方有权拒绝从事存在职业病危害的作业,甲方不得因此解除与乙方所订立的劳动合同。

六、本《职业病危害告知书》作为甲方和乙方签订劳动合同的附件,具有同等的法律效力。

甲方(签章):×××　　　　　　　　　　　　乙方(签字):×××
　　年　　月　　日　　　　　　　　　　　　　年　　月　　日

4.4.3.7　按照有关规定,产生职业病危害的单位,在醒目位置设置公告栏,公布有关职业病防治的规章制度、操作规程、职业病危害事故应急救援措施和工作场所职业病危害因素监测结果。

【考核内容】

按照有关规定,产生职业病危害的单位,在醒目位置设置公告栏,公布有关职业病防治的规章制度、操作规程、职业病危害事故应急救援措施和工作场所职业病危害因素监测结果。(5分)

【赋分原则】

查相关记录并查看现场;未设置公告栏,扣5分;标志和说明内容不全,每少一项扣1分。

【条文解读】

1. 职业危害,是指对从事职业活动的劳动者可能导致职业病的各种危害。职业病危害因素包括:职业活动中存在的各种有害的化学、物理、生物因素以及在作业过程中产生的其他职业有害因素。

2. 对可能存在职业危害的作业岗位,在醒目位置设置公告栏,公布有关职业病防治的规章制度、操作规程、职业病危害事故应急救援措施和工作场所职业病危害因素检测结果。对产生严重职业病危害的作业岗位,应当在其醒目位置,设置警示标识和中文警示说明。警示说明应当载明产生职业病危害的种类、后果、预防以及应急救治措施等内容。

3. 在工作场所设置可以使劳动者对职业病危害产生警觉,并采取相应防护措施的图形标识、警示线、警示语句和文字。

(1) 图形标识

图形标识分为禁止标识、警告标识、指令标识和提示标识。

禁止标识：禁止不安全行为的图形，如"禁止入内"标识。

警告标识：提醒对周围环境需要注意，以避免可能发生危险的图形，如"噪声有害"标识。

指令标识：强制做出某种动作或采用防范措施的图形，如"必须戴护耳器"标识。

提示标识：提供相关安全信息的图形，如"救援电话"标识。

图形、警示语句和文字设置在作业场所入口处或作业场所的显著位置。

(2) 警示线

警示线是界定和分隔危险区域的标识线，分为红色、黄色和绿色三种。按照需要，警示线可喷涂在地面或制成色带设置。

(3) 警示语句

警示语句是一组表示禁止、警告、指令、提示或描述工作场所职业病危害的词语。警示语句可单独使用，也可与图形标识组合使用。

其他职业病危害工作场所警示标识的设置：在产生粉尘的作业场所，设置"注意防尘"警告标识和"戴防尘口罩"指令标识；在产生噪声的作业场所，设置"噪声有害"警告标识和"戴护耳器"指令标识；在高温作业场所，设置"注意高温"警告标识；在可引起电光性眼炎的作业场所，设置"当心弧光"警告标识和"戴防护镜"指令标识。

设备警示标识的设置：在可能产生职业病危害的设备上或其前方醒目位置设置相应的警示标识。

4. 职业病危害事故现场警示线的设置：在职业病危害事故现场，根据实际情况，设置临时警示线，划分出不同功能区。红色警示线设在紧邻事故危害源周边。将危害源与其他的区域分隔开来，限佩戴相应防护用具的专业人员可以进入此区域。黄色警示线设在危害区域的周边，其内外分别是危害区和洁净区，此区域内的人员要佩戴适当的防护用具，出入此区域的人员必须进行洗消处理。绿色警示线设在救援区域的周边，将救援人员与公众隔离开来。患者的抢救治疗、指挥机构设在此区内。

【规程规范技术标准及相关要求】

1.《中华人民共和国安全生产法》(2021年修正)。

2.《中华人民共和国职业病防治法》(2018年修正)。

3.《使用有毒物品作业场所劳动保护条例》(国务院令第352号)。

4.《国家卫生计生委等4部门关于印发〈职业病分类和目录〉的通知》(国卫疾控发〔2013〕48号)。

5.《关于印发〈职业病危害因素分类目录〉的通知》(国卫疾控发〔2015〕92号)。

6.《职业病危害项目申报办法》(安监总局令第48号)。

7.《用人单位职业健康监护监督管理办法》(安监总局令第49号)。

8.《工作场所职业病危害警示标识》(GBZ 158—2003)。

9.《职业健康监护技术规范》(GBZ 188—2014)。

10.《工作场所有害因素职业接触限值 第1部分：化学有害因素》(GBZ 2.1—2019)。

11.《工作场所有害因素职业接触限值 第2部分:物理因素》(GBZ 2.2—2007)。
12.《企业安全生产标准化基本规范》(GB/T 33000—2016)。
13.《水利安全生产标准化通用规范》(SL/T 789—2019)。

【实施要点】

1.水管单位要根据专业的职业病检测机构提供的检测报告确定本单位的职业病危害因素和存在职业病危害因素的工作场所。

2.对存在职业病危害因素的工作场所要张贴警示标识,警示标识的设置要准确合理,标识内容要全面,要包括职业危害的种类、后果、预防以及应急救治措施等。

【现场管理】

1.在存在职业病危害因素的工作场所布置防护措施的警示标识及警戒线(如图4.80至图4.82所示)。

图4.80 柴油发电机室安全标识图

图4.81 电机层安全标识图

图 4.82　现场布置警戒线

2. 在存在职业病危害因素的工作场所布置职业危害告知牌(如图 4.83、图 4.84 所示)。

图 4.83　职业危害告知牌(噪声)

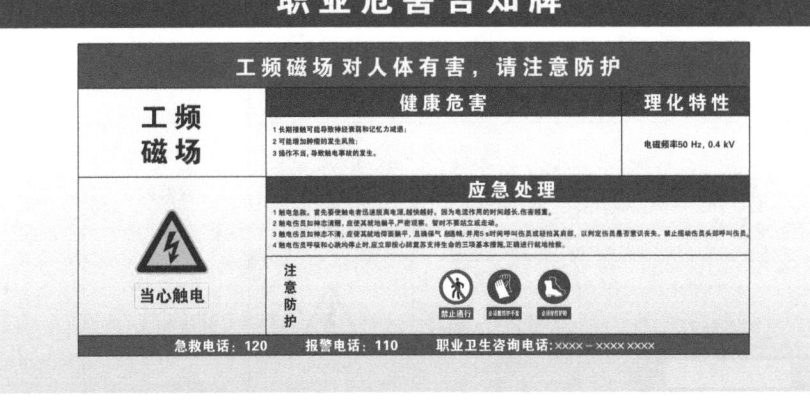

图 4.84　职业危害告知牌(工频磁场)

【管理台账】

管理所标识检查维护记录表如表4.71所示。

表4.71 管理所标识检查维护记录表

检查日期： 年 月 日 检查人：

序号	标识名称	标识尺寸	标识图样	地点	是否合格
1	危险源风险告知	1.6 m×1.2 m	长方形	高压室外墙	
2	高压安全操作规程	1.2 m×0.9 m	长方形	高压室	
3	危险源风险告知	2.4 m×1.2 m	长方形	备用电源室	
4	职业危害告知（噪音）	1.6 m×1.2 m	长方形	备用电源室外墙	
5	值班长安全生产责任 值班员安全生产责任 控制室安全管理制度	2.0 m×1.2 m	长方形	中控室	
6	危险源风险告知	1.6 m×1.2 m	长方形	低压室外墙	
7	水电站危险源风险告知	2.0 m×1.2 m	长方形	检修间	
8	消防布置及逃生线路图	2.4 m×1.2 m	长方形	检修间	
9	桥式起重机危险源告知	2.4 m×1.2 m	长方形	检修间	
10	职业危害告知（噪声）	2.4 m×1.2 m	长方形	电机层	
11	职业危害告知（工频磁场）	2.4 m×1.2 m	长方形	电机层	
12	工作票中人员安全职责	2.4 m×1.2 m	长方形	值班室	
13	当心孔洞	0.3 m×0.4 m	当心孔洞	联轴层	
14	当心孔洞				
15	当心孔洞				
16	当心孔洞				
17	禁止翻越	0.3 m×0.4 m	禁止翻越	检修间	
18	禁止倚靠	0.3 m×0.4 m	禁止倚靠	检修间	
19	禁止抛物	0.3 m×0.4 m	禁止抛物	检修间	
20	当心触电	0.2 m×0.3 m	当心触电	检修间入口	

续表

序号	标识名称	标识尺寸	标识图样	地点	是否合格
21	噪声有害	0.2 m×0.3 m	噪音有害	检修间入口	
22	禁止烟火	0.2 m×0.3 m	禁止烟火	检修间入口	
23	必须戴安全帽	0.2 m×0.3 m	必须戴安全帽	检修间入口	
24	必须戴耳塞	0.2 m×0.3 m	必须戴耳塞	检修间入口	
25	执行操作规程,禁止违章操作	0.2 m×0.3 m	执行操作规程 禁止违章操作	检修间入口	
26	闸门启闭操作规程	1.6 m×1.2 m	长方形	启闭机房	
27	人人讲安全,安全为人人	0.4 m×1.0 m	长方形	启闭机房	
28	安全生产责任重于泰山	0.4 m×1.0 m	长方形	启闭机房	
29	小心无大错,粗心铸大过	0.4 m×1.0 m	长方形	启闭机房	
30	生产必须安全,安全促进生产	0.4 m×1.0 m	长方形	启闭机房	
31	安全不离口,规章不离手	0.4 m×1.0 m	长方形	启闭机房	
32	安不可忘危,治不可忘乱	0.4 m×1.0 m	长方形	启闭机房	
33	安全来于警惕,事故出于麻痹	0.4 m×1.0 m	长方形	启闭机房	
34	生产再忙,安全不忘	0.4 m×1.0 m	长方形	启闭机房	
35	时时注意安全,处处预防事故	0.4 m×1.0 m	长方形	启闭机房	
36	安全人人抓,幸福千万家	0.4 m×1.0 m	长方形	启闭机房	

4.4.3.8 按规定及时辨识本单位存在的职业危害因素,制定针对性的预防和应急救治措施,并及时更新信息;对工作场所职业病危害因素进行日常监测,并保存监测记录。存在工作人员密切接触职业危害因素的单位,应按有关规定,及时、如实向所在地有关部门申报存在职业病危害因素的项目,并及时更新信息;应当委托具有相应资质的职业卫生技术服务机构每年进行一次全面的职业危害因素检测。

【考核内容】

按规定及时辨识本单位存在的职业危害因素,制定针对性的预防和应急救治措施,并及时更新信息;对工作场所职业病危害因素进行日常监测,并保存监测记录。存在工作人员密切接触职业危害因素的单位,应按有关规定,及时、如实向所在地有关部门申报存在职业病危害因素的项目,并及时更新信息;应当委托具有相应资质的职业卫生技术服务机构每年进行一次全面的职业危害因素检测。(15 分)

【赋分原则】

查相关记录和档案;未辨识职业危害因素,扣 15 分;未对职业危害因素制定针对性的预防和应急救治措施,扣 2 分;未及时更新信息,扣 3 分;未按规定进行日常监测,每次扣 2 分;未申报职业病危害因素,扣 5 分;未进行职业危害因素检测,扣 5 分。

【条文解读】

1. 水管单位应当按照规定对本单位作业场所职业危害因素进行检测、评价,并按照职责分工向其所在地县级以上安全生产监督管理部门申报。中央及其所属单位的职业危害申报,按照职责分工向其所在地设区的市级以上安全生产监督管理部门申报。

2. 申报职业危害时,应提交《作业场所职业危害申报表》和下列有关资料:水管单位的基本情况;产生职业危害因素的生产技术、工艺和材料的情况;作业场所职业危害因素的种类、浓度和强度的情况;作业场所接触职业危害因素的人数及分布情况;职业危害防护设施及个人防护用品的配备情况;对接触职业危害因素从业人员的管理情况;法律、法规和规章规定的其他资料。

3. 作业场所职业危害每年申报一次。水管单位下列事项发生重大变化的,应当按照本条规定向原申报机关申报变更:进行新建、改建、扩建、技术改造或者技术引进的,在建设项目竣工验收之日起 30 日内进行申报;因技术、工艺或者材料发生变化导致原申报的职业危害因素及其相关内容发生重大变化的,在技术、工艺或者材料变化之日起 15 日内进行申报;水管单位名称、法定代表人或者主要负责人发生变化的,在发生变化之日起 15 日内进行申报。

【规程规范技术标准及相关要求】

1.《中华人民共和国安全生产法》(2021 年修正)。

2.《中华人民共和国职业病防治法》(2018 年修正)。

3.《使用有毒物品作业场所劳动保护条例》(国务院令第 352 号)。

4.《国家卫生计生委等 4 部门关于印发〈职业病分类和目录〉的通知》(国卫疾控发〔2013〕48 号)。

5.《关于印发〈职业病危害因素分类目录〉的通知》(国卫疾控发〔2015〕92 号)。

6.《职业病危害项目申报办法》(安监总局令第 48 号)。

7.《用人单位职业健康监护监督管理办法》(安监总局令第 49 号)。

8.《工作场所职业病危害警示标识》(GBZ 158—2003)。

9.《职业健康监护技术规范》(GBZ 188—2014)。

10.《工作场所有害因素职业接触限值 第 1 部分:化学有害因素》(GBZ 2.1—2019)。

11.《工作场所有害因素职业接触限值 第 2 部分:物理因素》(GBZ 2.2—2007)。

12.《企业安全生产标准化基本规范》(GB/T 33000—2016)。

13.《水利安全生产标准化通用规范》(SL/T 789—2019)。

【备查资料】
1. 职业危害因素辨识。
2. 职业危害因素预防和应急救治措施(预案)。
3. 职业危害因素申报。
4. 职业危害日常监测。
5. 每年开展职业危害因素检测。

【实施要点】
1. 开展职业危害因素辨识。
2. 登录作业场所职业危害申报与备案管理系统,注册用户,通过"打开填报表"依次填写每一张报表,核对报表无误后,点击"打印申报表",按提示进行打印。点击"信息上报"。将打印好的报表盖章,送至当地安全监督主管部门审查和备案。
3. 登录进入备案结果查询,查看审查记录。
4. 每年开展职业危害因素检测。
5. 日常开展职业危害日常监测。

4.4.4 警告标志

按照规定和现场的安全风险特点,在有重大危险源、较大危险因素和职业危害因素的工作场所,设置明显的安全警示标志和职业病危害警示标识,告知危险的种类、后果及应急措施等;在危险作业场所设置警戒区、安全隔离设施。定期对警示标志进行检查维护,确保其完好有效并做好记录。

【考核内容】

按照规定和现场的安全风险特点,在有重大危险源、较大危险因素和职业危害因素的工作场所,设置明显的安全警示标志和职业病危害警示标识,告知危险的种类、后果及应急措施等;在危险作业场所设置警戒区、安全隔离设施。定期对警示标志进行检查维护,确保其完好有效并做好记录。(10分)

【赋分原则】

查相关记录并查看现场;未按规定设置警示标志,每处扣2分;危险作业场所未设置警戒区、安全隔离设施,每处扣2分;未定期检查维护,每次扣2分;记录不规范,每项扣1分。

【条文解读】

1. 警示标志是安全设施的重要组成部分,用以表达特定安全信息,由图形符号、安全色、几何形状(边框)或文字构成,具体参考《安全标志及其使用导则》(GB 2894—2008)。

(1) 警示标志分为禁止标志、警告标志、指令标志和提示标志四大类型。
(2) 禁止标志是禁止人们不安全行为的图形标志。
(3) 警告标志是提醒人们对周围环境引起注意,以避免可能发生危险的图形标志。
(4) 指令标志是强制人们必须做出某种动作或采用防范措施的图形标志。
(5) 提示标志是向人们提供某种信息(如标明安全设施或场所等)的图形标志。
(6) 安全色是传递安全信息含义的颜色,包括红、蓝、黄、绿四种颜色;对比色是使安全色更加醒目的反衬色,包括黑、白两种颜色,具体参考《安全色》(GB 2893—2008)。

2.水管单位作业场所、危险部位主要包括工程设备设施和管理区域、建筑施工现场、设备检修及清理现场、管理区交通道路等。

3.水管单位应至少在以下场所、部位设置警示标志。

(1)设备检修、清理等现场应设置警戒区域,设有明显的警示牌、标识或围栏,夜间照明要良好。吊装孔上的防护盖板或栏杆上设置警示标志。作业现场应设置安全通道标志。跨越道路管线应设置限高标志。

(2)在有较大危险因素的场所和有关设施、设备上设置警示标志。

(3)道路设置限速、限高、禁行等标志。

(4)在重大危险源现场设置明显的安全警示标志。

4.水管单位在可能产生职业病危害的工作场所、设备上设置职业病危害告知卡,具体参考《工作场所职业病危害警示标识》(GBZ 158—2003)。

5.警示标志应定期进行检查和维护,确保标志清晰、完好。

【规程规范技术标准及相关要求】

1.《安全色》(GB 2893—2008)。

2.《安全标志及其使用导则》(GB 2894—2008)。

3.《企业安全生产标准化基本规范》(GB/T 33000—2016)。

4.《水利安全生产标准化通用规范》(SL/T 789—2019)。

【实施要点】

1.按规定设置齐全、规范、清晰的警示标志。

2.安全标志牌至少每半年检查一次,如有破损、变形、褪色等不符合要求的情形应及时修整或更换。

【现场管理】

1.室内警示牌(如图 4.85 至图 4.87 所示)。

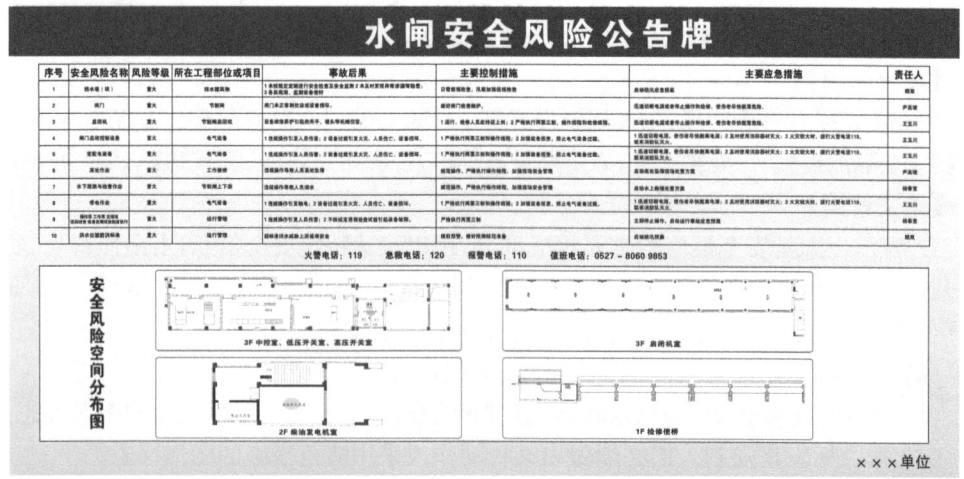

图 4.85　安全风险公告牌

第4章　安全生产标准化模块设置与实务

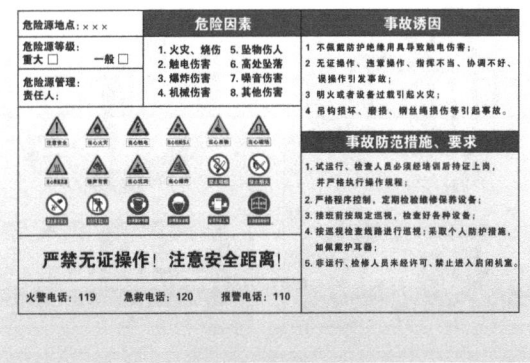

图 4.86　危险源告知牌(室内)

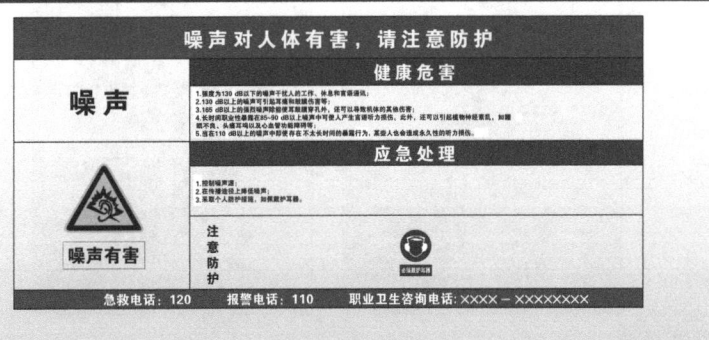

图 4.87　职业危害告知牌

2. 室外警示牌(如图 4.88 至图 4.90 所示)。

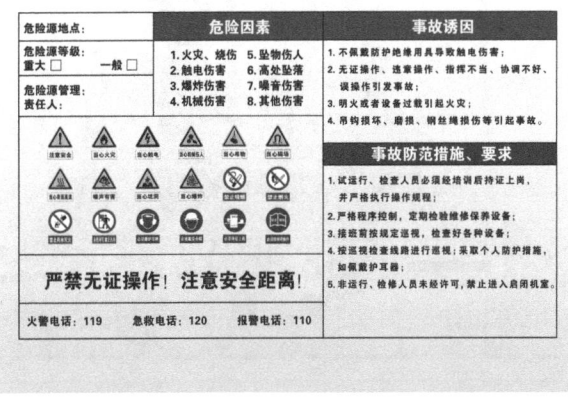

图 4.88　危险源告知牌(室外)

239

图 4.89　安全标识牌

图 4.90　限速、限重标志

3. 水政警示牌(如图 4.91 所示)。

图 4.91　水政警示牌

4. 其他(如图 4.92 至图 4.94 所示)。

图 4.92 在检修孔防护盖板或围栏上设置警告标识

 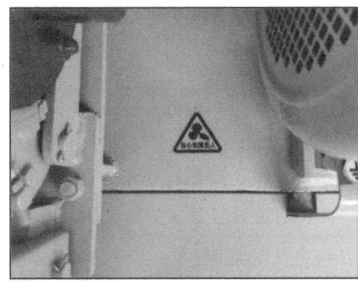

图 4.93 在工作区域设置安全警戒线、安全标识

图 4.94 安全通道标志及警告标识

【管理台账】

×××管理所标识检查维护记录表如表4.72所示。

表4.72　×××管理所标识检查维护记录表

检查日期：　　年　　月　　日　　　　　　　　　　　　　检查人：

序号	标识名称	标识尺寸	标识图样	地点	检查情况
1	危险源风险告知	1.6 m×1.2 m	长方形	高压室外墙	
2	干式变压器巡视内容 直流开关室巡视检查内容 10 kV开关柜巡查内容	1.6 m×1.2 m	长方形	高压室外墙	
3	高压安全操作规程	1.2 m×0.9 m	长方形	高压室	
4	柴油发电机操作规程	1.6 m×1.2 m	长方形	备用电源室	
5	危险源风险告知	2.4 m×1.2 m	长方形	备用电源室	
6	职业危害告知(噪声)	1.6 m×1.2 m	长方形	备用电源室外墙	
7	值班长安全生产责任 值班员安全生产责任 控制室安全管理制度	2.0 m×1.2 m	长方形	中控室	
8	交接班制度 巡回检查制度 运行值班制度	2.0 m×1.2 m	长方形	中控室	
9	值班长岗位责任制 值班员岗位责任制 计算机监控系统管理制度	2.4 m×1.2 m	长方形	中控室	
10	(×××管理所)情况表	1.2 m×0.9 m	长方形	中控室	
11	×××管理所闸门开启度控制曲线	2.4 m×1.2 m	长方形	中控室外墙	
12	×××管理所工程安全运行规程	2.4 m×1.2 m	长方形	中控室外墙	
13	×××管理所平、立、剖面图	2.4 m×1.2 m	长方形	厂房门厅	
14	×××管理所工程概况	2.4 m×1.2 m	长方形	厂房门厅	
15	进入须知	0.9 m×0.5 m	长方形	低压室外墙	
16	巡视路线图	2.4 m×1.2 m	长方形	低压室	
17	低压形状柜巡视检查	1.2 m×0.9 m	长方形	低压室	
18	LCU柜巡视检查	1.2 m×0.9 m	长方形	低压室	
19	危险源风险告知	1.6 m×1.2 m	长方形	低压室外墙	
20	一次接线图	2.0 m×1.2 m	长方形	低压室外墙	
21	设备揭示图1	1.6 m×1.2 m	长方形	低压室外墙	
22	水电站危险源风险告知	2.0 m×1.2 m	长方形	检修间	
23	消防布置及逃生线路图	2.4 m×1.2 m	长方形	检修间	
24	单梁桥式起重机操作规程	1.6 m×1.2 m	长方形	检修间	

续表

序号	标识名称	标识尺寸	标识图样	地点	检查情况
25	桥式起重机危险源告知	2.4 m×1.2 m	长方形	检修间	
26	检修间仓库管理规定	1.6 m×1.2 m	长方形	检修仓库外墙	
27	职业危害告知（噪声）	2.4 m×1.2 m	长方形	电机层	
28	职业危害告知（工频磁场）	2.4 m×1.2 m	长方形	电机层	
29	水轮发电机组巡查内容 水轮发电机组定期试运行及维护	1.6 m×1.2 m	长方形	电机层	
30	发电机组手动开机流程	1.6 m×1.2 m	长方形	电机层	
31	发电机组自动开机流程	1.6 m×1.2 m	长方形	电机层	
32	发电机组手动停机流程	1.6 m×1.2 m	长方形	电机层	
33	发电机组自动停机流程	1.6 m×1.2 m	长方形	电机层	
34	工作票中人员安全职责 印章要求 工作票管理	2.4 m×1.2 m	长方形	值班室	
35	工作票适用范围 工作票中人员要求 工作票内容填写要求	2.4 m×1.2 m	长方形	值班室	
36	机组平时运转及维护要求 机组的维修和检修 机组检修安装技术要求	2.4 m×1.2 m	长方形	联轴层	
37	设备揭示图2	1.6 m×1.2 m	长方形	联轴层	
38	当心孔洞	0.3 m×0.4 m	当心孔洞	联轴层	
39	当心孔洞				
40	当心孔洞				
41	当心孔洞				
42	禁止翻越	0.3 m×0.4 m	禁止翻越	检修间	
43	禁止倚靠	0.3 m×0.4 m	禁止倚靠	检修间	
44	禁止抛物	0.3 m×0.4 m	禁止抛物	检修间	
45	当心触电	0.2 m×0.3 m	当心触电	检修间入口	
46	噪声有害	0.2 m×0.3 m	噪音有害	检修间入口	
47	禁止烟火	0.2 m×0.3 m	禁止烟火	检修间入口	

续表

序号	标识名称	标识尺寸	标识图样	地点	检查情况
48	必须戴安全帽	0.2 m×0.3 m		检修间入口	
49	必须戴耳塞	0.2 m×0.3 m		检修间入口	
50	执行操作规程,禁止违章操作	0.2 m×0.3 m		检修间入口	
51	×××管理所闸门启闭操作规程	1.6 m×1.2 m	长方形	启闭机房	
52	人人讲安全,安全为人人	0.4 m×1.0 m	长方形	启闭机房	
53	安全生产责任重于泰山	0.4 m×1.0 m	长方形	启闭机房	
54	小心无大错,粗心铸大过	0.4 m×1.0 m	长方形	启闭机房	
55	生产必须安全,安全促进生产	0.4 m×1.0 m	长方形	启闭机房	
56	安全不离口,规章不离手	0.4 m×1.0 m	长方形	启闭机房	
57	安不可忘危,治不可忘乱	0.4 m×1.0 m	长方形	启闭机房	
58	安全来于警惕,事故出于麻痹	0.4 m×1.0 m	长方形	启闭机房	
59	生产再忙,安全不忘	0.4 m×1.0 m	长方形	启闭机房	
60	时时注意安全,处处预防事故	0.4 m×1.0 m	长方形	启闭机房	
61	安全人人抓,幸福千万家	0.4 m×1.0 m	长方形	启闭机房	
维修更新记录					

4.5 模块五:安全风险管控及隐患排查治理

4.5.1 安全风险管理

4.5.1.1 安全风险管理制度应明确风险辨识与评估的职责、范围、方法、准则和工作程序等内容。

【考核内容】

安全风险管理制度应明确风险辨识与评估的职责、范围、方法、准则和工作程序等内容。(3分)

【赋分原则】

查制度文本;未以正式文件发布,扣3分;制度内容不全,每缺一项扣1分;制度内容不符合有关规定,每项扣1分。

【条文解读】

安全风险管理制度应明确风险辨识与评估的职责、范围、方法、准则和工作程序等内容。

【规程规范技术标准及相关要求】

1.《水利水电工程(水库、水闸)运行危险源辨识与风险评价导则(试行)》(办监督函〔2019〕1486号)。

2.《国务院安委会办公室关于实施遏制重特大事故工作指南构建双重预防机制的意见》(安委办〔2016〕11号)。

3.《风险管理 术语》(GB/T 23694—2013)。

4.《风险管理 风险评估技术》(GB/T 27921—2011)。

5.《水利安全生产标准化通用规范》(SL/T 789—2019)。

【备查资料】

以正式文件发布的安全风险管理制度。

【实施要点】

1. 制定符合本单位安全生产工作实际的安全风险管理制度,并以正式文件下发。

2. 制度内容包括:风险辨识与评估的职责、范围、方法、准则和工作程序等内容。

【参考示例】

安全风险管理制度

第一章　目的

第一条　水闸实行风险管理的目的就是要以最经济、最科学合理的方式消除生产过程中可能导致各种灾害及事故后果的风险。通过对生产过程中的危险因素进行辨识、风险评价、风险控制,从而针对存在的风险作出客观而科学的应对决策,预防事故的发生,实现本质安全。

第二章　适用范围

第二条　本制度适用于水闸生产机械设备、工程设施、作业活动、管理等方面的风险评价与控制,还包括本工程范围内的风险管理、风险评价、风险控制以及风险信息的更新。

第三章　职责

第三条　单位主要负责人对风险管理和评价工作负有领导责任,须定期对该项工作进行督促检查,对危险源辨识与风险评价报告进行签字确认。

第四条　分管运管和安全管理部门的负责人组织开展风险管理和评价工作,并对危险源辨识与风险评价报告进行签字确认。

第五条　运管和安全管理部门负责人负责具体实施风险管理和评价工作,带领在工程运行管理和(或)安全管理方面经验丰富的专业人员及技术骨干在管理范围内开展全覆盖危险源辨识与风险评价,并对危险源辨识与风险评价报告进行签字确认。

第六条　安全管理部门是风险管理的归口管理部门,负责危险源辨识与风险评价报告的汇总成稿、上报,以及水利安全生产信息系统危险源信息的填报等工作。

第七条　其他各部门应积极参与配合风险管理和风险评价工作,并积极主动提供相关资料。

第四章　风险分级及准则

第八条　风险分级制。根据后果的严重程度和发生事故的可能性来进行风险评价,其结果从高到低分为：重大风险、较大风险、一般风险和低风险。

（一）重大风险：由管理单位组织管控，上级主管部门重点监督检查。必要时，管理单位报请上级主管部门并与当地应急管理部门沟通，协调相关单位共同管控。

（二）较大风险：由运管和后勤部门组织管控，管理单位负责监督。

（三）一般风险：由相关班组组织管控，其所属部门负责监督。

（四）低风险：由相关责任人进行管控，其所属班组负责监督。

第九条　风险辨识与评估准则。水闸风险的辨识与评价主要依据《水利水电工程（水库、水闸）运行危险源辨识与风险评价导则（试行）》（办监督函〔2019〕1486号）。

第五章　风险辨识与评估工作程序及方法

第十条　风险辨识与评估程序

（一）要详细划分作业活动；编制作业活动表，其内容包括作业区域、设备、人员和流程，并收集有关信息。

（二）辨识与各项作业活动有关的主要危害。

（三）在假定现有的或计划的控制措施有效的情况下，对与各项危害有关的风险的程度做出主观评价，并给出风险的分级。

（四）制定并保存辨识工作场所存在的各种物理、化学危害因素和生产过程的危险、生产使用的设备及技术的安全信息资料。

（五）进行工作场所危险评价，包括事故隐患的辨识、灾难性事故引发因素的辨识，估计事故影响范围、对职工安全和健康的影响。

（六）根据评价结果确定风险等级，建立一套管理体制或控制措施，落实工作场所危险评价结果，包括事故预防、减缓以及应急措施和救援预案。

（七）针对已修正的控制措施，重新评价风险，并检查风险。

（八）修订完善并向职工下发、培训、实施安全技术操作规程（程序），包括每个操作阶段的程序、操作极限值、安全措施。

（九）利用安全检查分析会、安全培训会认真分析导致或已导致生产现场事故和未遂事故的每一个事件，并对发现的问题制定改进措施，确保事件的危险程度和控制措施被每个职工充分理解。

第十一条　风险辨识与评估方法

（一）辨识方法主要有直接判定法、安全检查表法、预先危险性分析法、因果分析法等。辨识应优先采用直接判定法，符合《水利水电工程（水库、水闸）运行危险源辨识与风险评价导则（试行）》（办监督函〔2019〕1486号）附件3中的任何一条要素的，可直接判定为重大危险源。不能用直接判定法辨识的，应采用其他方法进行判定。

（二）评估方法

1.风险评价方法主要有直接评定法、作业条件危险性评价法（LEC法）、风险矩阵法（LS法）等。

2.对于重大危险源，其风险等级应直接评定为重大风险；对于一般危险源，其风险等级应结合实际选取适当的评价方法确定。

3.对于工程维修养护等作业活动或工程管理范围内可能影响人身安全的一般危险

源,评价方法推荐采用作业条件危险性评价法(LEC法),见《水利水电工程施工危险源辨识与风险评价导则(试行)》(办监督函〔2018〕1693号)。

4. 对于可能影响工程正常运行或导致工程破坏的一般危险源,评价方法推荐采用风险矩阵法(LS法),见《水利水电工程(水库、水闸)运行危险源辨识与风险评价导则(试行)》(办监督函〔2019〕1486号)附件4。

5. 一般危险源的 $L、E、C$ 值(作业条件危险性评价法)或 $L、S$ 值(风险矩阵法)参考取值范围及风险等级范围见《水利水电工程(水库、水闸)运行危险源辨识与风险评价导则(试行)》(办监督函〔2019〕1486号)附件6。

第六章 风险管控

第十二条 风险控制措施原则。应优先选择消除风险的措施,其次是降低风险(如采用技术和管理措施或增设安全监控、报警、连锁、防护或隔离措施),再次是控制风险(如个体防护、标准化作业和安全教育,以及应急预案、监测检查等措施)。

第十三条 通过风险评价工作确定的危险源应造册登记,任何部门和个人无权擅自撤销已确定的危险源或者放弃管理。

第十四条 对所有危险源必须悬挂警示牌并保持警示牌完整无损,因工作需要调整危险源(点)负责人的,应在警示牌上及时更正。

第十五条 各级管理者要按危险源的管理要求实施管理监督工作。在危险源处工作人员应严格执行安全风险控制措施。

第十六条 各类危险源应被列为各级安全检查的重点,发现问题及时解决,暂时不能解决的应及时采取临时措施,并向上级管理部门反映情况。

第十七条 凡属高压、高空处、有毒等危险作业,必须有安全措施和专人负责。

第十八条 凡在各类危险源处发生事故时,必须按照"四不放过"的原则,对危险源的管理情况进行调查,如果确属危险源管理失控造成事故,将追究有关人员的责任,加倍处罚。

第十九条 建立健全风险教育培训和交底制度。必须每年组织对全员进行风险源的学习培训和教育,并对风险管理人员进行风险管理技术交底。

第二十条 建立风险巡查机制。风险管理人员必须每日对危险源进行检查,并认真做好巡查记录。对于新发现的危险源必须及时上报风险管理机构,以确定危险源的级别,迅速制定相应控制措施。

4.5.1.2 组织全员对安全风险进行全面、系统的辨识,对辨识资料进行统计、分析、整理和归档。辨识范围应覆盖本单位的所有活动及设备设施,安全风险辨识应采用适宜的方法和程序,且与现场实际相符。

【考核内容】

组织全员对安全风险进行全面、系统的辨识,对辨识资料进行统计、分析、整理和归档。辨识范围应覆盖本单位的所有活动及设备设施,安全风险辨识应采用适宜的方法和程序,且与现场实际相符。(6分)

【赋分原则】

查相关记录并查看现场;未实施安全风险辨识,扣6分;辨识范围不全或与实际不符,每项扣1分;统计、分析、整理和归档资料不全,每缺一项扣1分。

【条文解读】

针对本单位生产经营内容和特点,制定科学的安全风险辨识程序和方法,全面开展安全风险识别。生产经营单位要组织专家和全体员工,全方位、全过程辨识生产工艺、设备设施、作业环境、人员行为和管理体系等方面存在的安全风险,做到系统、全面、无遗漏,并持续更新完善。

【规程规范技术标准及相关要求】

1.《水利水电工程(水库、水闸)运行危险源辨识与风险评价导则(试行)》(办监督函〔2019〕1486号)。

2.《国务院安委会办公室关于实施遏制重特大事故工作指南构建双重预防机制的意见》(安委办〔2016〕11号)。

3.《风险管理 术语》(GB/T 23694—2013)。

4.《风险管理 风险评估技术》(GB/T 27921—2011)。

【备查资料】

危险源辨识台账。

【实施要点】

风险识别是发现、列举和描述风险要素的过程。风险识别过程包括对危险源、风险事件及其原因和潜在后果的识别。

4.5.1.3 选择合适的方法,定期对所辨识出的存在安全风险的作业活动、设备设施、物料等进行评估。风险评估时,至少从影响人、财产和环境三个方面的可能性和严重程度进行分析。

【考核内容】

选择合适的方法,定期对所辨识出的存在安全风险的作业活动、设备设施、物料等进行评估。风险评估时,至少从影响人、财产和环境三个方面的可能性和严重程度进行分析。(6分)

【赋分原则】

查相关记录;未实施风险评估,扣6分;评估不全,每缺一项扣1分;评估分析不符合要求,每项扣1分。

【条文解读】

风险评估包括风险识别、风险分析、风险评价的全过程。

【规程规范技术标准及相关要求】

1.《水利水电工程(水库、水闸)运行危险源辨识与风险评价导则(试行)》(办监督函〔2019〕1486号)。

2.《国务院安委会办公室关于实施遏制重特大事故工作指南构建双重预防机制的意见》(安委办〔2016〕11号)。

3.《风险管理 术语》(GB/T 23694—2013)。

4.《风险管理 风险评估技术》(GB/T 27921—2011)。

【备查资料】

风险评价台账。

【实施要点】

对辨识出的危险源进行风险评价,并形成《危险源辨识与风险评价报告》,报告须按《水利水电工程(水库、水闸)运行危险源辨识与风险评价导则(试行)》(办监督函〔2019〕1486号)要求,由相关人员确认签字。

【参考示例】

危险源辨识与风险评价报告

一、工程简介

(一)工程概况

包括工程组成、工程等别、设计标准、抗震等级、主要特征值、工程地质条件及周边自然环境等。

(二)工程运行管理概况

工程建设年份及运行时间、安全鉴定情况、除险加固情况,危险物质仓储区、生活区及办公区的危险特性描述等。

(三)安全生产管理基本情况

二、危险源辨识与风险评价情况

本次危险源辨识与风险评价的总体情况(危险源总数、重大危险源数量、风险为重大的一般危险源数量、较大风险危险源数量、一般风险危险源数量、低风险危险源数量)。较上一次辨识评价的变化情况(根据每个季度工作侧重点、工程使用情况、维修养护项目进度等的变化,及时更新危险源及其风险等级。变化包括危险源新增或删减、风险等级变化等情况)。

(一)危险源辨识和风险评价方法

工作的组织、开展及选用的方法等情况。

(二)危险源辨识与风险评价主要依据

(三)危险源辨识与风险评价结果

危险源辨识与风险评价表如表4.73所示。

表4.73 危险源辨识与风险评价表

单位:　　　　　　　　　　　　　　　　　　　　　　时间:　　年　月　日

序号	工程名称	类别	危险源名称	级别	所在部位或项目	事故诱因	可能导致的后果	L值	E值	S值或C值	R值或D值	风险等级
1												
2												
3												
4												
5												
6												
……												

三、危险源管理

概述危险源管理情况。

(一) 重大危险源及风险为重大的一般危险源

重大危险源及风险为重大的一般危险源登记表如表 4.74 所示。

表 4.74 重大危险源及风险为重大的一般危险源登记表

单位：　　　　　　　　　　　　　　　　　　　　　　　时间：　　年　　月　　日

编号	工程名称	类别	危险源名称	级别	控制措施 (条目式列出)	应急措施 (条目式列出)	责任部门	责任人
S001								
S002								
S003								
S004								
S005								
S006								
……								

(二) 非重大风险一般危险源

非重大风险一般危险源登记表如表 4.75 所示。

表 4.75 非重大风险一般危险源登记表

单位：　　　　　　　　　　　　　　　　　　　　　　　时间：　　年　　月　　日

编号	工程名称	类别	危险源名称	级别	控制措施 (条目式列出)	应急措施 (条目式列出)	责任部门	责任人
N001								
N002								
N003								
N004								
N005								
N006								
……								

四、审查组确认签名表

审查组确认签名表如表 4.76 所示。

表 4.76 审查组确认签名表

姓名	职务	签名
	所长	
	副所长(分管运管)	
	副所长(分管安全)	
	运行管理部门负责人	
	安全管理部门负责人	

4.5.1.4 根据评估结果,确定安全风险等级,实施分级分类差异化动态管理,制定并落实相应的安全风险控制措施(包括工程技术措施、管理控制措施、个体防护措施等),对安全风险进行控制。

【考核内容】

根据评估结果,确定安全风险等级,实施分级分类差异化动态管理,制定并落实相应的安全风险控制措施(包括工程技术措施、管理控制措施、个体防护措施等),对安全风险进行控制。(3分)

【赋分原则】

查相关记录并查看现场;未确定安全风险等级,未实施分级分类差异化动态管理,扣3分;控制措施制定或落实不到位,每项扣1分。

【条文解读】

风险控制针对不可容许的危险、高度危险、中度危险和轻度危险,制定控制措施,评审控制措施的合理性、充分性、适宜性,确认是否足以把风险控制在可容许的范围内,确认采取的控制措施是否产生新的风险。

【规程规范技术标准及相关要求】

1.《国务院安委会办公室关于实施遏制重特大事故工作指南构建双重预防机制的意见》(安委办〔2016〕11号)。

2.《中华人民共和国安全生产法》(2021年修正):

第四十一条 生产经营单位应当建立安全风险分级管控制度,按照安全风险分级采取相应的管控措施。

3.《风险管理 风险评估技术》(GB/T 27921—2011)。

【备查资料】

1. 危险源辨识与风险评价台账。

2. 各类检查记录。

【实施要点】

1. 为辨识出的危险源制定工程技术措施、管理控制措施、个体防护措施等风险控制措施。

2. 每季度末开展一次危险源辨识与风险评价。

3. 每季度中期,危险源责任人或部门对危险源进行日常、定期等多种形式的检查。

4.5.1.5 在重点区域设置醒目的安全风险公告栏,针对存在安全风险的岗位,制作岗位安全风险告知卡,明确主要安全风险、隐患类别、事故后果、管控措施、应急措施及报告方式等内容。

【考核内容】

在重点区域设置醒目的安全风险公告栏,针对存在安全风险的岗位,制作岗位安全风险告知卡,明确主要安全风险、隐患类别、事故后果、管控措施、应急措施及报告方式等内容。(5分)

【赋分原则】

查相关记录并查看现场;未设置安全风险公告栏,每处扣1分;未设置岗位安全风险公告卡,每处扣1分;公告栏或告知卡内容不全,每少一项扣1分。

【条文解读】

在重点区域设置醒目的安全风险公告栏,针对存在安全风险的岗位,制作岗位安全风险告知卡,明确主要安全风险、隐患类别、事故后果、管控措施、应急措施及报告方式等内容。

【规程规范技术标准及相关要求】

1.《国务院安委会办公室关于实施遏制重特大事故工作指南构建双重预防机制的意见》(安委办〔2016〕11号)。

2.《中华人民共和国安全生产法》(2021年修正):

第四十一条 生产经营单位应当建立健全并落实生产安全事故隐患排查治理制度,采取技术、管理措施,及时发现并消除事故隐患。事故隐患排查治理情况应当如实记录,并通过职工大会或者职工代表大会、信息公示栏等方式向从业人员通报。其中,重大事故隐患排查治理情况应当及时向负有安全生产监督管理职责的部门和职工大会或者职工代表大会报告。

3.《风险管理 风险评估技术》(GB/T 27921—2011)。

【备查资料】

1. 安全风险公告栏。
2. 岗位安全风险告知卡。

【实施要点】

安全风险公告栏和安全风险告知卡应明确主要安全风险、隐患类别、事故后果、管控措施、应急措施及报告方式等内容。

【参考示例1】

安全风险公告牌如图4.95所示。

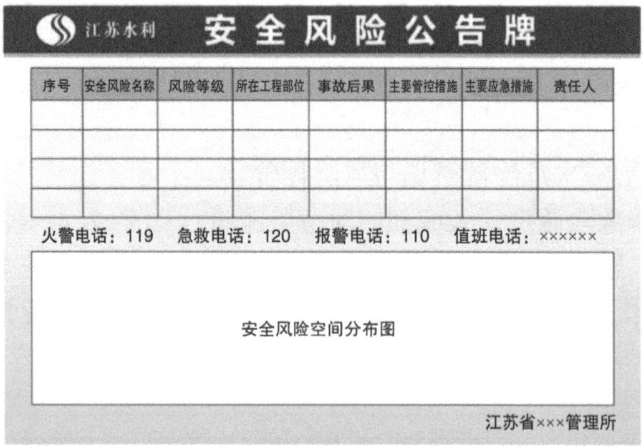

图4.95 安全风险公告牌

【参考示例2】

闸门运行岗位安全风险告知卡如表4.77所示。

表 4.77 闸门运行岗位安全风险告知卡

岗位:闸门运行			
本岗位存在的主要安全风险和管控措施			
安全风险	隐患类别	事故后果	管控措施
触电	用电安全类	电气设备损坏、人员伤亡	1. 作业前必须办理停电手续,做好安全措施并进行确认; 2. 作业时需要两人进行,一人操作一人监护; 3. 劳动防护用品穿戴齐全
机械伤害	场所环境类	人员伤亡	1. 设备维修养护时须切断设备电源; 2. 不得靠近运转设备; 3. 设备安装防护罩壳
溺水	场所环境类	窒息死亡	1. 现场配置救生绳和救生圈; 2. 上下游张贴"禁止游泳""禁止捕鱼",周边栏杆上张贴"禁止跨越"安全标志; 3. 作业时穿戴救生衣
应急处置措施			
1. 当事故发生时,危险区域人员应紧急疏散,立即向单位负责人报告事故情况,并且履行紧急救助; 2. 根据伤情严重情况及时拨打 120 急救电话,或直接用车送至就近医院抢救、治疗; 3. 对受伤昏迷者可采取现场救护措施; 4. 应急救援电话 所长:　　　　　　值班电话:　　　　　　医疗急救电话:120			
安全警示标志			

| 当心触电 | 当心机械伤人 | 当心落水 | 注意安全 |

4.5.1.6　将评估结果及所采取的控制措施告知从业人员,使其熟悉工作岗位和作业环境中存在的安全风险。

【考核内容】

将评估结果及所采取的控制措施告知从业人员,使其熟悉工作岗位和作业环境中存在的安全风险。(5 分)

【赋分原则】

查相关记录并现场问询;未告知,每少一人扣 1 分;不熟悉安全风险有关内容,每人扣 1 分。

【条文解读】

建立完善安全风险公告制度,加强风险教育和技能培训,确保管理层和每名员工都掌握安全风险的基本情况及防范、应急措施。

【规程规范技术标准及相关要求】

1.《国务院安委会办公室关于实施遏制重特大事故工作指南构建双重预防机制的意见》(安委办〔2016〕11 号)。

2.《中华人民共和国安全生产法》(2021年修正):

第四十条 生产经营单位对重大危险源应当登记建档,进行定期检测、评估、监控,并制定应急预案,告知从业人员和相关人员在紧急情况下应当采取的应急措施。

3.《风险管理 风险评估技术》(GB/T 27921—2011)。

【备查资料】

1. 安全风险管控培训记录。

2. 安全风险管控告知相关会议记录。

3. 其他相关记录。

【实施要点】

1. 对职工进行安全风险管控培训。

2. 危险源及风险有变化时,要及时对职工进行告知和提醒。

4.5.1.7 变更前,应对变更过程及变更后可能产生的风险进行分析,制定控制措施,履行审批及验收程序,并告知和培训相关从业人员。

【考核内容】

变更前,应对变更过程及变更后可能产生的风险进行分析,制定控制措施,履行审批及验收程序,并告知和培训相关从业人员。(2分)

【赋分原则】

查相关记录;变更未进行风险分析,每项扣1分;未制定控制措施,每项扣2分;未履行审批或验收程序,每项扣1分;未告知或培训,每项扣1分。

【条文解读】

1. 此评审要素中所涉及的变更内容包括施工单位、水管单位的管理组织机构、施工人员、设备设施、作业过程及环境,经过审批的施工方案发生变化等情况。变更实施前应根据工程承包合同约定,履行变更手续,未经允许不得擅自变更。

2. 由于施工方案、设备设施、作业过程及环境、设计等原因引起的变更,应重新制定相应的施工方案及措施,针对变更可能产生的风险要进行辨识、评价工作。作业前,应向作业人员进行专门交底;变更完工后,应按合同约定或标准规范要求履行验收手续。

【规程规范技术标准及相关要求】

《企业安全生产标准化基本规范》(GB/T 33000—2016)。

【备查资料】

1. 变更项目风险辨识资料。

2. 变更项目实施方案及审批资料。

3. 变更项目实施方案交底记录。

4. 变更项目验收记录。

【实施要点】

1. 建立变更管理制度,履行变更前申请、审批,变更后验收的程序。

2. 对变更后的危险源进行辨识和风险分析,确定风险等级及应对措施。

3. 及时组织培训和交底,保证相关作业人员掌握必要的安全知识和操作技能。

4.5.2 重大危险源辨识和管理

4.5.2.1 重大危险源管理制度应明确重大危险源辨识、评价和控制的职责、方法、范围、流程等要求。

【考核内容】

重大危险源管理制度应明确重大危险源辨识、评价和控制的职责、方法、范围、流程等要求。(3分)

【赋分原则】

查制度文本;未以正式文件发布,扣3分;制度内容不全,每缺一项扣1分;制度内容不符合有关规定,每项扣1分。

【条文解读】

重大危险源管理制度应明确重大危险源辨识、评价和控制的职责、方法、范围、流程等要求。

【规程规范技术标准及相关要求】

《水利水电工程(水库、水闸)运行危险源辨识与风险评价导则(试行)》(办监督函〔2019〕1486号)。

【备查资料】

以正式文件发布的重大危险源管理制度。

【实施要点】

1. 以正式文件发布。
2. 制度应明确重大危险源辨识、评价和控制的职责、方法、范围、流程等要求。

【参考示例】

<h3 style="text-align:center">重大危险源管理制度</h3>

<h4 style="text-align:center">第一章 目的及适用范围</h4>

第一条 为了加强对本单位重大危险源的监督管理,预防事故发生,特制定本制度。

第二条 本制度适用于单位所有管理场所、设施设备、危化品等重大危险源的辨识和管理。

<h4 style="text-align:center">第二章 相关术语定义</h4>

第三条 水闸工程运行重大危险源(以下简称"重大危险源")是指在水闸工程运行管理过程中存在的,可能导致人员重大伤亡、健康严重损害、财产重大损失或环境严重破坏,在一定的触发因素作用下可转化为事故的根源或状态。

重大危险源包含《中华人民共和国安全生产法》定义的危险物品重大危险源。在工程管理范围内危险物品的生产、搬运、使用或者储存,其危险源辨识与风险评价参照国家和行业有关法律法规和技术标准。

<h4 style="text-align:center">第三章 职责</h4>

第四条 单位主要负责人全面领导单位重大危险源的安全管理与监控工作,保证重大危险源安全管理与监控所需的资金投入。

第五条　分管运管和分管安全领导牵头领导重大危险源的管理工作。

第六条　运管和安全部门每季度按照风险管理制度组织对危险源进行辨识和评价。

第七条　安全部门负责对辨识情况进行汇总登记、上报备案，并明确重大危险源责任部门和责任人。

第八条　各部门（责任人）根据管理所分配的管控或监督任务对重大危险源进行管理。

第四章　重大危险源的管理

第九条　依据《危险化学品重大危险源辨识》（GB 18218—2018）和《危险化学品重大危险源监督管理暂行规定》（安监总局令第79号）对管理区域内的危险化学品进行辨识；依据《水利水电工程（水电站、泵站）运行危险源辨识与风险评价导则（试行）》对生产区内危险源进行辨识、评价。

第十条　重大危险源应按规定向管理所分管领导上报，并列入单位重点监控对象。

第十一条　根据危险源辨识及其风险评价的结果，对重大危险源建立台账。台账中应注明重大危险源的名称、所属部门、所在地点、潜在的危险危害因素、发生严重危害事故可能性、发生事故后果的严重程度、危险源级别、应采取的主要监控措施、单位责任人、管理人员等。重大危险源台账由部门负责人签字保存。

第十二条　凡进入台账的重大危险源，未经过危险源辨识、风险评价与风险控制的评审不得撤账或降级。任何部门和个人无权擅自撤销已确定的危险源或者放弃管理。

第十三条　在对危险源辨识、风险评价与风险控制进行评审时，应同时评审重大危险源。

第十四条　重大危险源出现下列情形时，应当由管理所领导组织相关部门对风险控制进行评审，并对重大危险源报告进行修订：设备、防护措施和环境等因素发生重大变化；国家有关法律、法规、标准发生变化时。

第十五条　重大危险源实行挂牌管理。所有危险源必须悬挂警示牌，并保持警示牌完好无损。

因工作需要调整危险源负责人的，应在警示牌上及时更正。

第十六条　重大危险源应列为各级安全检查的重点。各级负责人应当定期开展检查，发现问题及时解决，暂时不能解决的应及时采取临时措施，并向上级管理部门反映情况。

重大危险源的事故隐患整改管理，要坚持实行闭环监控，做到有书面通知、有整改期限、有跟踪反馈、有验收手续。

重大危险源的监控及设备运行、维修等环节的工作，要做好书面记录，做到记录准确、完整、清晰、可追溯。定期（根据国家对设备规定的检测周期）对重大危险源的主要设备、安全设施和强检仪表进行检测，并将检测报告复印件及时归档。

4.5.2.2　对本单位的装置、设施或场所进行重大危险源辨识，对确认的重大危险源应进行安全评估，确定等级，制定管理措施和应急预案。

【考核内容】

对本单位的装置、设施或场所进行重大危险源辨识，对确认的重大危险源应进行安

全评估,确定等级,制定管理措施和应急预案。(15 分)

【赋分原则】

查相关文件和记录;未进行辨识和评估,扣 15 分;辨识或评估不全,每缺一项扣 3 分;未确定危险等级,每项扣 3 分;未制定管理措施或应急预案,每项扣 3 分。

【条文解读】

1. 依据《危险化学品重大危险源辨识》(GB 18218—2018)和《水利水电工程施工安全管理导则》(SL 721—2015),确定重大危险源的辨识范围和规模。

2. 按照《水利水电工程(水库、水闸)运行危险源辨识与风险评价导则(试行)》直接判定的重大危险源范围。

3. 对辨识出的重大危险源进行安全评估,并形成评估报告。

【规程规范技术标准及相关要求】

1.《中华人民共和国安全生产法》(2021 年修正)。

2.《危险化学品重大危险源监督管理暂行规定》(安监总局令第 79 号)。

3.《危险化学品重大危险源辨识》(GB 18218—2018)。

4.《水利水电工程(水库、水闸)运行危险源辨识与风险评价导则(试行)》。

【备查资料】

1. 危险源辨识与风险评价表。

2. 重大危险源应急预案。

【实施要点】

1. 按规定每季度组织重大危险源辨识、评估。

2. 对重大危险源制定专项应急预案。

4.5.2.3 对重大危险源进行登记建档,并按规定进行备案。

【考核内容】

对重大危险源进行登记建档,并按规定进行备案。(5 分)

【赋分原则】

查相关文件和记录;未登记建档,每项扣 1 分;未按规定进行备案,每项扣 1 分。

【条文解读】

1. 对已辨识的危险源进行登记,并收集相关资料,建立完整的档案,为有关信息的查询、验收及危险控制决策创造条件。

2. 重大危险源档案应当包括下列文件、资料:(1)辨识、分级记录;(2)重大危险源基本特征表;(3)区域位置图、平面布置图、工艺流程图和主要设备一览表;(4)重大危险源安全管理规章制度及安全操作规程;(5)安全监测监控系统、措施说明,检测、检验结果;(6)重大危险源事故应急预案、评审意见、演练计划和评估报告;(7)安全评估报告或者安全评价报告;(8)重大危险源关键装置、重点部位的责任人、责任机构名称;(9)重大危险源场所安全警示标志的设置情况;(10)其他文件、资料。

3. 备案是指对已辨识并已进行了安全评估的重大危险源,按规定将有关档案材料报当地安监部门和上级主管部门,为这些部门对重大危险源监控以及开展应急救援及事故调查处理提供资料和依据。

4. 备案内容除重大危险源档案的内容外,还需要提供安全措施、应急预案等材料。

【规程规范技术标准及相关要求】

《中华人民共和国安全生产法》(2021年修正):

第四十条　生产经营单位对重大危险源应当登记建档,进行定期检测、评估、监控,并制定应急预案,告知从业人员和相关人员在紧急情况下应当采取的应急措施。

生产经营单位应当按照国家有关规定将本单位重大危险源及有关安全措施、应急措施报有关地方人民政府应急管理部门和有关部门备案。有关地方人民政府应急管理部门和有关部门应当通过相关信息系统实现信息共享。

【备查资料】

1. 重大危险源登记表。

2. 重大危险源档案。

【实施要点】

1. 危险源辨识完成后,及时对重大危险源进行登记。

2. 向上级安全主管部门备案,并在水利部安全生产信息系统中填报。

4.5.2.4　对重大危险源采取措施进行监控,包括技术措施(设计、建设、运行、维护、检查、检验等)和组织措施(职责明确、人员培训、防护器具配置、作业要求等)进行监控。

【考核内容】

对重大危险源采取措施进行监控,包括技术措施(设计、建设、运行、维护、检查、检验等)和组织措施(职责明确、人员培训、防护器具配置、作业要求等)进行监控。(12分)

【赋分原则】

查相关文件和记录;未进行监控,每项扣2分;监控措施不全,每缺一项扣2分。

【条文解读】

重大危险源监控是采用检测、检验、监测、控制等工程技术措施对重大危险源及单位内部确定的较为重要的危险源的安全状况进行实时监控,严密监视可能导致这些危险源的安全状态向事故临界状态转化的各种参数(含危险物质的量或浓度)的变化趋势,及时给出预警信息或应急控制指令,把事故消灭在萌芽状态。

【规程规范技术标准及相关要求】

《中华人民共和国安全生产法》(2021年修正):

第四十条　生产经营单位对重大危险源应当登记建档,进行定期检测、评估、监控,并制定应急预案,告知从业人员和相关人员在紧急情况下应当采取的应急措施。

【备查资料】

重大危险源监控措施及落实记录,主要包括运行记录、维修养护记录、检查记录、重大危险源管理制度、培训记录、安全交底记录等记录文件。

【实施要点】

1. 对重大危险源的岗位操作人员进行安全教育和技术培训,有培训记录,岗位操作人员能够熟练掌握本岗位的安全操作技能和在紧急情况下应当采取的应急措施。

2. 水管单位对较为重要的危险源安全状况进行实时监控,并定期进行检查维护。

3. 在重大危险源现场设置明显的安全警示标志。

4. 现场配备必要的防护器具和装备,保证其完好。

5. 重大危险源相关作业要进行安全交底,确保操作人员按操作规程作业。

4.5.3 隐患排查治理

4.5.3.1 隐患排查治理制度应明确排查的责任部门和人员、范围、方法和要求等,逐级建立并落实从主要负责人到相关从业人员的事故隐患排查治理和防控责任制。

【考核内容】

隐患排查治理制度应明确排查的责任部门和人员、范围、方法和要求等,逐级建立并落实从主要负责人到相关从业人员的事故隐患排查治理和防控责任制。(3分)

【赋分原则】

查制度文本;未以正式文件发布,扣3分;制度内容不全,每缺一项扣1分;制度内容不符合有关规定,每项扣1分。

【条文解读】

1. 安全生产事故隐患是指生产经营单位违反安全生产法律、法规、规章、标准、规程和安全生产管理制度的规定,或者因其他因素在生产经营活动中存在可能导致事故发生的人的不安全行为、物的危险状态、场所的不安全因素和管理上的缺陷。

2. 隐患排查范围涉及水管单位所有部门、所有人员、所有设施、所有场所和活动,任何单位和个人发现事故隐患均有权向安监部门和有关部门报告。

3. 有外单位在管理范围内作业施工的,应与其签订安全生产管理协议,并在协议中明确各方对事故隐患排查、治理和防控的职责。水管单位对施工单位的事故隐患排查治理负有统一协调和监督管理的责任。

4. 隐患排查主要从违法、违规、违章,以及违反相关标准、规程和制度的规定出发,全范围、全方位、全过程地排查在生产经营活动中存在可能导致事故发生的物的危险状态、人的不安全行为和管理上的缺陷。

5. 管理范围、环境、设备设施、规程规范、操作规程发生改变时,应重新进行隐患排查。

【规程规范技术标准及相关要求】

1.《中华人民共和国安全生产法》(2021年修正):

第四十一条 生产经营单位应当建立安全风险分级管控制度,按照安全风险分级采取相应的管控措施。

生产经营单位应当建立健全并落实生产安全事故隐患排查治理制度,采取技术、管理措施,及时发现并消除事故隐患。事故隐患排查治理情况应当如实记录,并通过职工大会或者职工代表大会、信息公示栏等方式向从业人员通报。其中,重大事故隐患排查治理情况应当及时向负有安全生产监督管理职责的部门和职工大会或者职工代表大会报告。

2.《安全生产事故隐患排查治理暂行规定》(安监总局令第16号)。

【备查资料】
以正式文件发布的隐患排查治理制度。
【实施要点】
1. 建立隐患排查治理管理制度,并以正式文件颁发,文件必须发放到基层员工。
2. 明确责任单位、部门、人员具体的事故隐患排查、治理和防控的管理职责,明确隐患排查的范围、方法和要求。
3. 隐患排查治理的管理制度中要明确责任部门、人员和方法。
【参考示例】

×××单位文件
×安〔20××〕×号

关于修订《×××单位隐患排查治理制度》的通知

各部门:
  为全面落实安全生产责任制,强化安全管理,有效防范和遏制事故发生,维护正常的生产、工作和生活秩序,根据国家安全生产法律法规、规范规程,×××单位对20××年隐患排查治理制度进行了修订。
  现印发给你们,希望认真贯彻执行。执行过程中如遇到问题,及时向安全生产领导小组反馈。
  特此通知。
  附件:×××单位隐患排查治理制度

×××单位
20××年××月××日

×××单位隐患排查治理制度

第一章　总则

  第一条　为强化安全生产事故隐患排查治理工作,有效防止和减少事故发生,建立管理单位安全生产事故隐患排查长效机制,依据国家《安全生产事故隐患排查治理暂行规定》《江苏省生产经营单位安全生产事故隐患排查治理工作规范》等文件规定,结合管理单位实际,制定本管理制度。
  第二条　本制度所称生产安全事故隐患(以下简称"事故隐患"),是指违反安全生产法律、法规、规章以及标准、规程和安全生产管理制度的规定,或者因其他因素在生产经营活动中,存在可能导致事故发生的物的危险状态、人的不安全行为和管理上的缺陷。
  第三条　事故隐患分为一般事故隐患和重大事故隐患。
  一般事故隐患,是指危害和整改难度较小,发现后能够立即整改排除的隐患。
  重大事故隐患是指危害和整改难度较大,可能致使全部或者局部停产作业,并经过一定时间整改治理方能排除的隐患,或者因外部因素影响致使单位自身难以排除的隐患。具体指可能造成3人以上死亡,或者10人以上重伤,或者1000万元以上直接经济损失的事故隐患。

第四条　本制度适用于管理单位所属范围内所有与工程管理相关的场所、环境、人员、设施设备和活动的隐患排查与治理。

第二章　职责

第五条　单位主要负责人负责组织全所安全生产检查,对重大安全隐患组织落实整改,保证检查、整改项目的安全投入。分管负责人协助主要负责人履行安全生产管理职责,其他负责人对各自分管业务范围内的安全生产负领导责任。

第六条　管理单位组织定期或不定期的安全检查,及时落实、整改安全隐患,使设备、设施和生产秩序处于可控状态。

第七条　班组长搞好本班组管辖的生产设施、设备检查维护等工作,使其经常保持完好和正常运行,发现事故隐患要及时上报。

第八条　专(兼)职安全人员对检查发现的事故隐患提出整改意见并及时报告安全生产负责人,督促落实整改。做好日常的检查工作。

第三章　隐患排查的组织方式

第九条　事故隐患排查应与安全生产检查相结合,与环境因素识别、危险源识别相结合。

第十条　安全检查分经常性(日常)检查、定期检查、节假日检查、专项检查。

第十一条　安全生产领导小组负责全所的安全生产及隐患排查治理工作,对排查出的隐患提出整改意见并监督整改实施及效果验证。

第四章　经常性(日常)检查

第十二条　检查目的:

发现生产现场各种隐患,包括运行管理、施工作业、机械电气、消防设备等,以及现场人员有无违章指挥、违章作业和违反劳动纪律,对于重大隐患现象责令立即停止作业,并采取相应的安全保护措施。

第十三条　检查内容:

(一)生产或施工前安全措施落实情况;

(二)生产或施工中的安全情况,特别是检查用火管理情况;

(三)各种安全制度和安全注意事项执行情况,如安全操作规程、岗位责任制、用火和消防制度以及劳动纪律等;

(四)设备装置开启、停工安全措施落实情况和工程项目施工执行情况;

(五)安全设备、消防器材及防护用具的配备和使用情况;

(六)检查安全教育和安全活动的工作情况;

(七)生产装置、施工现场、作业场所的卫生和生产设备、仪器用具的管理维护及保养情况;

(八)职工思想情绪和劳逸结合的情况;

(九)根据季节特点制定的防雷、防火、防台、防洪、防暑降温等安全防护措施的落实情况;

(十)检查施工中防高空坠落及施工人员的安全护具穿戴情况。

第十四条　检查要求：

（一）发现"三违"现象，立即下达整改通知；对于重大隐患，首先责令停运、停工，立即告知部门负责人，整改后方可恢复正常生产；

（二）现场检查发现的问题要有记录；

（三）对于重大隐患，下达隐患整改指令书。

第十五条　检查周期：结合工程巡视检查，每月检查一次。

第五章　定期检查

第十六条　检查目的：

及时发现运行现场、施工作业、机械电气、消防设备事故隐患，防止重大事故发生。

第十七条　检查内容：

（一）电气设备安全检查内容：绝缘板、应急灯、防小动物网板、绝缘手套、绝缘胶鞋、绝缘棒、生产现场电气设备接地线、电气开关等；

（二）机械设备专业检查内容：转动部位润滑及安全防护罩情况，操作平台安全防护栏、设备地脚螺栓、设备刹车、设备腐蚀、设备密封部件等。

第十八条　检查要求：

电气、机械设备、消防安全检查由相关负责人和设备操作人员配合。

第十九条　检查周期：

汛前、汛后各一次。

第六章　节假日检查

第二十条　检查目的：

通过对生产现场事故隐患、安全生产基础工作的全面大检查，发现问题进行整改，落实岗位安全责任制，全面提升管理单位安全管理水平。

第二十一条　检查内容：

检查内容分五项：查思想、查纪律、查制度、查领导、查隐患。

第二十二条　检查要求：

管理单位主要负责人带头，各部门负责人参加，包括电气、机械、消防、安全、生产等代表对单位安全生产管理工作的各个方面以及全过程进行综合性安全大检查。要求进行较为详细的安全检查记录，包括文字资料、图片资料的整理以及安全档案存档。对检查中发现的每一项事故隐患，责成各个部门进行整改落实，由安全员跟进，直至完成整改任务。对于重大隐患经建立台账，报上级安全管理部门备案。

第二十三条　检查周期：

每年元旦、春节、五一、十一重大节假日前。

第七章　专项安全检查

第二十四条　检查目的：

及时发现由于夏季台风、暴雨、雷电、高温，冬季低温、寒风、雨水等季节性天气因素对厂房、生产设备、人员造成的危害，以便制定防范措施，以避免、减少事故损失。

第二十五条　检查内容：

（一）夏季检查内容

1. 每年夏季来临前,即五一左右,检查厂房结构的牢固程度、抗台风及暴雨能力;
2. 电气设备情况;
3. 机械设备的润滑情况;
4. 消防设施(防汛设施);
5. 夏季劳动防护用品的准备工作。

(二)冬季检查内容
1. 每年冬季来临前,检查建筑物的牢固程度、抗击冬季寒风及雨水的能力;
2. 电气设备及电气线路;
3. 机械设备润滑情况;
4. 冬季劳动防护用品及防寒保暖的准备工作;
5. 雷雨季节前检查防雷设施的安全可靠程度,包括防雷设施导线牢固程度及腐蚀情况,电阻值、防雷系统可保护范围。

第二十六条　检查要求:

由安全领导小组组长或副组长主持,各部门负责人、安全员及设备技术人员参加。详细地做好安全检查记录,包括文字资料、图片资料。对于检查发现的事故隐患,编制检查报告书,报单位主要负责人,制定整改方案,落实整改措施。

第二十七条　检查周期:

夏季台风、暴雨、雷电、高温,冬季低温、寒风、雨水等恶劣天气和自然灾害后。

第八章　事故隐患的管理

第二十八条　对排查出的各类事故隐患要及时上报并登记。

第二十九条　对一般事故隐患,由隐患所在部门立即组织整改。对重大事故隐患、整改难度较大需要一定数量的资金投入的,应编制隐患整改方案,经安全领导小组审核批准后组织实施。

第三十条　在事故隐患未整改前,应当采取相应的安全防范措施,防止事故发生。事故隐患排除前或者排除过程中无法保证安全的,应当从危险区域内撤出作业人员,并疏散可能危及的其他人员,设置警戒标志。

第三十一条　对排查出的重大事故隐患,要立即向上级管理单位安全生产委员会报告,组织技术人员和专家或委托具有相应资质的安全评价机构进行评估,确定事故隐患的类别和具体等级,并提出整改建议措施。

第三十二条　对评估确定为重大事故隐患的,应及时上报省厅安监处。

第三十三条　重大事故隐患所在部门应及时组织编制重大事故隐患治理方案,并上报上级管理单位安全生产委员会。方案应包括以下内容:

(一)隐患概况;
(二)治理的目标和任务;
(三)采取的方法和措施;
(四)经费和物资的落实;
(五)负责治理的机构和人员;
(六)治理的时限和要求;

（七）安全措施和应急预案。

第三十四条　严格按照重大事故隐患治理方案，认真组织实施，并在治理期限内完成。

第三十五条　治理结束后，组织技术人员和专家或委托具备相应资质的安全生产评价机构，对重大事故隐患治理情况进行评估并出具评估报告。

第三十六条　每月月底，各部门将安全隐患排查治理情况通过安全生产管理信息系统进行上报。

第三十七条　各部门定期将本部门事故隐患排查治理的报表、台账、会议记录等资料分门别类进行整理归档。

第九章　附则

第三十八条　本制度由安全生产委员会负责解释。

第三十九条　本制度自发文之日起执行。

4.5.3.2　组织制定各类活动、场所、设备设施的隐患排查治理标准或排查清单，明确排查的时限、范围、内容、频次和要求，并组织开展相应的培训。隐患排查的范围应包括所有与生产经营相关的各类活动、场所、设备设施，以及相关方服务范围。

【考核内容】

组织制定各类活动、场所、设备设施的隐患排查治理标准或排查清单，明确排查的时限、范围、内容、频次和要求，并组织开展相应的培训。隐患排查的范围应包括所有与生产经营相关的各类活动、场所、设备设施，以及相关方服务范围。（12分）

【赋分原则】

查相关记录并查看现场；未制定排查标准或清单，扣12分；排查标准或清单内容不全，每缺一项扣2分；未组织开展培训，扣2分；未将相关方纳入隐患排查范围，扣6分。

【条文解读】

根据隐患排查制度制定切实可行、有针对性的隐患排查工作方案，明确排查目的、范围、排查方法和组织方式、排查的时间、排查的具体要求等。

【规程规范技术标准及相关要求】

1.《中华人民共和国安全生产法》（2021年修正）。

2.《安全生产事故隐患排查治理暂行规定》（安监总局令第16号）。

【备查资料】

隐患排查方案。

【实施要点】

1. 确定隐患排查的部门，制定具体的排查工作方案。

2. 专门的或特定的隐患排查，还要有具体的要求和目的，如排查对象、主要要求等，贯彻落实上级通知精神的内容。

3. 排查方法的选择和确定需要充分考虑单位客观实际情况，保证排查方法可行并满足要求。

4. 隐患排查工作方案中应明确排查的要求，包括受检单位的态度、排查人员的责任心、排查程序等方面。

【参考示例】

隐患排查方案

一、专项治理目标和任务

对单位重点场所消防安全开展全覆盖排查检查,对存在的火灾隐患和消防违法违规行为进行全面整治,明确和落实重点场所的消防安全管理责任,健全完善消防管理长效机制,提高重点场所火灾防控能力,促进我单位安全生产形势持续稳定向好。

二、职责分工

按照"党政同责、一岗双责、齐抓共管"和"管行业必须管安全、管业务必须管安全、管生产经营必须管安全"的要求,明确职责任务,落实工作责任。单位安委会为专项治理活动领导小组,全面领导专项治理工作,单位安委办负责指导协调,安监科负责专项行动的监察,单位水政支队负责对违法违规行为进行执法。各重点场所负责单位(部门)是专项治理的直接责任主体,具体负责专项治理的组织实施。各单位(部门)应明确重点场所消防安全责任人,并报单位安委办备案。

三、专项治理范围和重点

专项治理范围主要包括办公楼、物资存储仓库、员工集体宿舍、食堂、值班场所、水利风景区游客接待场所、泵站和水闸厂房、船闸调度场所、水上作业船舶、综合经营场所、出租经营场所、生产加工车间、油料、油漆仓储等易燃易爆重点场所。

重点检查:施工区、生产生活区、办公区等布局是否符合消防规定;是否违规采用易燃可燃材料搭建宿舍、值班室、食堂、仓库等设施;疏散通道是否畅通,消防设施、器材、标志等是否完好有效;用火、用电、用气、用油等是否符合相关规定,线路、管路布设和维修保养是否符合有关技术要求;油料、油漆等易燃品的储存是否符合有关规定;是否存在厂房、车间等设备运行及生产区域违规设置值班室、违规住宿等问题。

四、专项治理时间和步骤

专项治理分为两个阶段。第一阶段从20××年××月至20××年××月,主要治理重点场所存在的突出问题,坚决遏制重特大火灾事故发生;第二阶段至20××年底,主要解决重点场所消防基础设施建设问题,明确和落实重点场所的消防安全管理责任,完善消防管理长效机制,提高火灾防控能力。

(一)动员部署、宣传教育(20××年××月××日前)。各单位(部门)广泛利用各种宣传媒介,向广大职工宣传消防安全知识,发动职工积极参与专项治理工作;加强重点场所消防安全责任人和消防管理人员的培训工作,剖析事故教训,讲解隐患自查自改、安全防范的有关要求;所有重点场所要组织职工开展一次消防培训、一次应急疏散逃生演练,提高自救能力。

(二)开展自查、及时整改(20××年××月××日前)。各单位(部门)按照治理重点开展自查,并将自查发现的事故隐患和治理情况及时、如实地向单位安委会汇报。对自查发现的事故隐患和违法行为应立即整改,同时采取应急防范措施,确保整改期的安全。

(三)集中治理、落实责任(20××年××月××日前)。各单位(部门)对存在的消防安全隐患彻底整改到位。单位安委会对专项治理情况进行督查,对存在火灾隐患未及时整改的行为要追究相关负责人责任。

五、治理措施

对排查发现随时可能发生火灾、爆炸事故以及久拖不改的,要坚决落实六个"一律"的要求。即:对排查发现存在重大火灾隐患的重点场所,一律依法责令停工停产;对疏散通道、安全出口及消防通道不畅、采用违规材料搭建宿舍、食堂、仓库等设施的,一律依法对危险部位或场所责令立即消除隐患;对违规设置影响逃生和灭火救援障碍物拒不拆除的,一律依法强制拆除;对违规在厂房、仓库、车间、食堂等设备运行及生产区域设置值班室、违规住宿的,一律依法立即清理;对违规用火、用电、用气、用油和违反消防安全规定的冒险作业人员,一律按规定严格处理,构成犯罪的,移送司法机关处理;对各类物资存储仓库、集体宿舍和食堂、酒店等重点场所,一律按照相关规定设置防火灭火装置,加强技防、物防措施。

六、工作要求

(一)提高思想认识。各单位(部门)要充分认识做好消防安全专项治理工作对水利事业健康发展的重要意义,把专项治理作为20××年安全生产工作的一项重点内容,加强领导,认真部署,全面落实,不搞形式主义,不走过场,保证扎扎实实完成任务。

(二)加强组织领导。各单位(部门)要认真排查本单位所辖区域存在的消防安全隐患和消防安全违法违规行为,明确细化重点治理内容,制定工作方案,明确责任分工,明确目标、范围、重点、步骤、要求和保障措施,精心组织、周密部署,确保专项治理取得实效,各单位(部门)主要负责人和分管负责人要切实履行职责,深入一线开展督促检查。

(三)统筹协调配合。各单位要积极动员各方面力量联合开展消防安全治理工作,配合当地公安、消防等部门,查找消防安全隐患,并及时整改到位。各单位各部门要加强配合,加强工作沟通协调,对非法违法、违规违章行为,单位水政支队要依法依规严肃处理。

(四)构建长效机制。各单位(部门)要针对排查中发现的问题和薄弱环节,认真总结,深入分析,提出日常监管的工作措施,并及时把专项治理中的成功做法及经验转化为规章制度,强化源头治理和事先防范,最大限度地杜绝消防工作中的违法违规行为,健全消防安全管理长效机制。

各单位(部门)按照专项治理时间和步骤要求,向单位安委会报送专项治理开展情况。

4.5.3.3 按照有关规定,结合安全生产的需要和特点,采用定期综合检查、专项检查、季节性检查、节假日检查和日常检查等方式进行隐患排查,对排查出的事故隐患,及时书面通知有关部门,定人、定时、定措施进行整改。

【考核内容】

按照有关规定,结合安全生产的需要和特点,采用定期综合检查、专项检查、季节性检查、节假日检查和日常检查等方式进行隐患排查,对排查出的事故隐患,及时书面通知有关部门,定人、定时、定措施进行整改。(15分)

【赋分原则】

查相关文件和记录；隐患排查方式不全，每缺一项扣3分；未书面通知有关部门，每次扣1分。

【条文解读】

1. 隐患排查的方法、步骤主要有：(1)对被检查单位(区域)的相关人员进行询问；(2)查阅安全管理的有关文件、记录和档案；(3)对现场的设施、设备、指标、标识、作业等进行观察和记录；(4)必要时采用仪器测量。

2. 有下列情形的须及时组织隐患排查：(1)法律法规、标准规范发生变更或有新的公布；(2)操作条件或工艺改变；(3)新建、改建、扩建项目建设；(4)相关方进入、撤出或改变；(5)对事故、事件或其他信息的新的认识；(6)组织机构发生大的调整。

【规程规范技术标准及相关要求】

1.《中华人民共和国安全生产法》(2021年修正)：

第四十六条　生产经营单位的安全生产管理人员应当根据本单位的生产经营特点，对安全生产状况进行经常性检查；对检查中发现的安全问题，应当立即处理；不能处理的，应当及时报告本单位有关负责人，有关负责人应当及时处理。检查及处理情况应当如实记录在案。

生产经营单位的安全生产管理人员在检查中发现重大事故隐患，依照前款规定向本单位有关负责人报告，有关负责人不及时处理的，安全生产管理人员可以向负有安全生产监督管理职责的主管部门报告，接到报告的部门应当依法及时处理。

2.《安全生产事故隐患排查治理暂行规定》(安监总局令第16号)。

【备查资料】

1. 事故隐患排查记录表。
2. 隐患整改通知单。

【实施要点】

按照预先制定的隐患排查工作方案，组织人员，采取预定的方式、方法，对确定的排查范围，实施现场排查，找出隐患。

【参考示例】

事故隐患排查记录表如表4.78所示。

表4.78　事故隐患排查记录表

单位名称：　　　　　　　　　　　　　　排查日期：　　年　　月　　日

工程名称		隐患部位	
检查部门		被检查部门	
检查内容			
隐患情况及其产生原因：(可以附页) 　　　　　　　　　　　　　　　　　　　　　　　　　　　记录人：			

续表

分析评估：
结论：其中×××隐患属于×级安全隐患
整改意见：   检查负责人：
复查意见：   复查负责人： 年　月　日
参加检查人员（签名）

说明：本表一式三份，由组织检查部门填写，用于归档和备查。检查单位、被检查单位、安监科各1份，复查意见由检查组负责人或安监科负责人在整改后填写。

安全隐患整改通知单如表4.79所示。

表4.79　安全隐患整改通知单

编号：

×××：		
20××年××月××日，管理所组织检查组对×××开展×××安全检查，发现存在安全隐患，现将隐患情况及整改意见反馈给你们。		
隐患情况		
整改意见		
整改责任人		整改完成期限	20××年××月××日
接此通知后，请及时制定整改措施，在整改期限前整改到位，并将隐患整改完成情况及时反馈。 　　　　　　　　　　　　　　　　　　　　　　　　　　签发人： 　　　　　　　　　　　　　　　　　　　　　　　　　　20××年××月××日		

4.5.3.4 对隐患进行分析评价,确定隐患等级,并登记建档,包括将相关方排查出的隐患纳入本单位隐患管理。

【考核内容】

对隐患进行分析评价,确定隐患等级,并登记建档,包括将相关方排查出的隐患纳入本单位隐患管理。(10分)

【赋分原则】

查相关文件和记录;未分级,每项扣2分;未建立隐患台账,扣10分;台账不全,每缺一项扣2分;未将相关方的隐患纳入本单位隐患管理,扣5分。

【条文解读】

1. 对排查出的隐患进行分析评估,确定事故隐患等级,为隐患治理和监控提供依据。

2. 事故隐患分为一般事故隐患和重大事故隐患。一般事故隐患,是指危害和整改难度较小,发现后能够立即整改排除的隐患。重大事故隐患,是指危害和整改难度较大,应当全部或者局部停产停业,并经过一定时间整改治理方能排除的隐患,或者因外部因素影响致使生产经营单位自身难以排除的隐患。

3. 对隐患进行分析评估的方法主要是依据排查获得的信息和数据,采用定性或定量的方式,分析隐患的危害程度,作出判断,找出人的不安全行为、物的危险状态、场所的不安全因素、管理上的缺陷等各方面存在的不安全因素。

4. 隐患分析评估应形成结论,确定事故隐患等级,明确重大隐患,对事故隐患建立登记台账。

5. 对排查的隐患要每月通过水利安全生产信息上报系统进行上报,对自身无法整改的一般事故隐患和重大事故隐患要编制隐患评估报告,并逐级上报,同时必须采取应急措施,有效预防事故的发生。

6.《水闸安全鉴定规定》等规范性文件,是对水利工程隐患分析评估的重要依据,水管单位应按相关规程要求,开展安全鉴定,根据鉴定结论,采取相应的措施。

【规程规范技术标准及相关要求】

1.《中华人民共和国安全生产法》(2021年修正)。

2.《安全生产事故隐患排查治理暂行规定》(安监总局令第16号)。

3.《水利工程生产安全重大事故隐患判定标准(试行)》(水安监〔2017〕344号)。

4.《关于进一步加强水利生产安全事故隐患排查治理工作的意见》(水安监〔2017〕409号)。

【备查资料】

生产安全事故隐患排查治理情况统计分析月报表。

【实施要点】

1. 采取定性或定量的分析评估方法对隐患进行分析评估,形成结论,确定事故隐患等级。

2. 对排查出的隐患,每月通过水利安全生产信息上报系统进行上报。每月各基层站所报送当月隐患排查治理情况至安监部门,经安监部门核查后上报省厅安监处,厅安监处核实后上报至水利部。

3. 按照水利工程安全鉴定规定,开展安全鉴定,提供安全鉴定报告书。

4. 将隐患汇总登记,建立台账,台账中须反映隐患发现的时间、内容、存在的部位、等级、临时管控措施、治理完成时间等相关内容。

【参考示例】

生产安全事故隐患排查治理情况统计分析月报表如表4.80所示。

表4.80 ×××管理所20××年××月生产安全事故隐患排查治理情况统计分析月报表

填报时间：

时段	部门名称	隐患名称	检查日期	发现隐患的人员	隐患评估	整改措施	计划完成日期	实际完成日期	整改负责人	复验人	未完成整改原因	采取的监控措施
本月查出隐患												
本月前发现的隐患												

部门领导(签字)：　　　　　　　　　　　　　　　填表人(签字)：

4.5.3.5 对于一般事故隐患应按照责任分工立即或限期组织整改。对于重大事故隐患,由主要负责人组织制定并实施事故隐患治理方案,治理方案应包括目标和任务、方法和措施、经费和物资、机构和人员、时限和要求,并制定应急预案。在事故隐患治理过程中,应当采取相应的监控防范措施。重大事故隐患排除前或排除过程中无法保证安全的,应从危险区域内撤出作业人员,疏散可能危及的人员,设置警戒标志,暂时停产停业或者停止使用相关装置、设备、设施。

【考核内容】

对于一般事故隐患应按照责任分工立即或限期组织整改。对于重大事故隐患,由主要负责人组织制定并实施事故隐患治理方案,治理方案应包括目标和任务、方法和措施、经费和物资、机构和人员、时限和要求,并制定应急预案。在事故隐患治理过程中,应当采取相应的监控防范措施。重大事故隐患排除前或排除过程中无法保证安全的,应从危险区域内撤出作业人员,疏散可能危及的人员,设置警戒标志,暂时停产停业或者停止使用相关装置、设备、设施。(15分)

【赋分原则】

查相关记录并查看现场;一般事故隐患未立即组织整改,每处扣2分;重大事故隐患未制定治理方案,扣15分;重大事故隐患治理方案内容不全,每缺一项扣3分;治理过程中未采取监控防范措施,每项扣5分。

【条文解读】

1. 隐患治理的目的是有效防范和遏制生产安全事故的发生,隐患整改的措施大体上分为工程技术措施、管理措施、教育培训措施、个体防护措施、重大事故隐患采取的临时性防护和应急措施等。工程技术措施：消除和减少危害，实现本质安全；管理措施：消除管理中的缺陷，提高管理水平；教育培训措施：规范作业行为，杜绝人的违章行为；个体防护措施：切实保护人员安全；临时性防护和应急措施：制定临时性防护和应急预案，最大限度地降低事故中的损失。

2. 能够立即整改的一般隐患由所在单位及时进行整改。对难以做到立即整改的一般隐患，应立即下达书面整改通知书，限期整改。限期整改应进行全过程监督管理，解决整改中出现的问题，对整改结果进行"闭环"确认。

3. 对排查出的重大事故隐患，应由隐患单位主要负责人组织制定并实施事故隐患治理方案。重大事故隐患治理方案内容包括：治理的目标、采取的方法和措施、经费和物资的落实、负责治理的机构和人员、治理的时限和要求、安全措施和应急预案，做到整改措施、责任、资金、时限和预案的"五落实"。

4. 应加强重大事故隐患治理全过程管理，重大事故隐患处理前应采取临时控制措施，制定应急预案。事故隐患排除过程中无法保证安全的，应当从危险区域内撤出作业人员，并疏散可能危及的其他人员，设置警戒标志，降低标准使用或者停止使用。隐患治理完成后及时对治理情况进行验证和效果评估。

【规程规范技术标准及相关要求】

1.《中华人民共和国安全生产法》(2021年修正)：

第二十五条　生产经营单位的安全生产管理机构以及安全生产管理人员应履行下列职责：

（一）组织或者参与拟订本单位安全生产规章制度、操作规程和生产安全事故应急救援预案；

（二）组织或者参与本单位安全生产教育和培训，如实记录安全生产教育和培训情况；

（三）组织开展危险源辨识和评估，督促落实本单位重大危险源的安全管理措施；

（四）组织或者参与本单位应急救援演练；

（五）检查本单位的安全生产状况，及时排查生产安全事故隐患，提出改进安全生产管理的建议。

第六十五条　应急管理部门和其他负有安全生产监督管理职责的部门依法开展安全生产行政执法工作，对生产经营单位执行有关安全生产的法律、法规和国家标准或者行业标准的情况进行监督检查，行使以下职权：

（一）进入生产经营单位进行检查，调阅有关资料，向有关单位和人员了解情况；

（二）对检查中发现的安全生产违法行为，当场予以纠正或者要求限期改正；对依法应当给予行政处罚的行为，依照本法和其他有关法律、行政法规的规定作出行政处罚决定；

（三）对检查中发现的事故隐患，应当责令立即排除；重大事故隐患排除前或者排除过程中无法保证安全的，应当责令从危险区域内撤出作业人员，责令暂时停产停业或者停止使用相关设施、设备；重大事故隐患排除后，经审查同意，方可恢复生产经营和使用。

2.《安全生产事故隐患排查治理暂行规定》(安监总局令第16号)。

【备查资料】

1. 事故隐患治理和建档监控制度。
2. 重大事故隐患治理方案。

【实施要点】

1. 能够立即整改的一般隐患，应及时进行整改。
2. 重大事故隐患应制定事故隐患治理方案和应急预案，治理方案内容应翔实、齐全并上报，隐患治理前采取控制措施，防止事故发生。

【参考示例】

事故隐患治理和建档监控制度

第一条 各单位应建立健全事故隐患治理和建档监控等制度，逐级建立并落实隐患治理和监控责任制。

第二条 各单位对于危害和整改难度较小，发现后能够立即整改排除的一般事故隐患，应立即组织整改。

重大事故隐患治理方案应由施工单位主要负责人组织制定，经监理单位审核，报项目法人同意后实施。项目法人应将重大事故隐患治理方案报项目主管部门和安全生产监督机构备案。

第三条 重大事故隐患治理方案应包括下列内容：

1. 重大事故隐患描述；
2. 治理的目标和任务；
3. 采取的方法和措施；
4. 经费和物资的落实；
5. 负责治理的机构和人员；
6. 治理的时限和要求；
7. 安全措施和应急预案等。

第四条 责任单位在事故隐患治理过程中，应采取相应的安全防范措施，防止事故发生。

第五条 事故隐患排除前或者排除过程中无法保证安全的，应从危险区域内撤出作业人员，并疏散可能危及的其他人员，设置警戒标志，暂时停止施工或者停止使用。

第六条 对暂时难以停止施工或者停止使用的储存装置、设施、设备，应加强维护，事故隐患治理完成后，项目法人应组织对重大事故隐患治理情况进行验证和效果评估，并签署意见，报项目主管部门和安全生产监督机构备案。

第七条 隐患排查组织单位应负责对一般安全隐患治理情况进行复查，并在隐患整改通知单上签署明确意见。

第八条 有关单位应按月、季、年对隐患排查治理情况进行统计分析，形成书面报告，经单位主要负责人签字后，报项目法人。项目法人应于每月5日前、每季度第一个月的15日前和次年1月31日前，将上月、季、年隐患排查治理统计分析情况报项目主管部门、安全生产监督机构。

第九条 各单位应加强对自然灾害的预防。对于因自然灾害可能导致的事故隐患，应按照有关法律、法规、规章、制度和标准的要求排查治理,采取可靠的预防措施,制定应急预案。各单位在接到有关自然灾害预报时,应及时发出预警通知;发生可能危及单位和人员安全的情况时,应采取撤离人员、停止作业、加强监测等安全措施,并及时向项目主管部门和安全生产监督机构报告。

第十条 对于地方人民政府或有关部门挂牌督办并责令全部或者局部停止施工的重大事故隐患,治理工作结束后,责任单位应组织本单位的技术人员和专家对治理情况进行评估。经治理后符合安全生产条件的,项目法人应向有关部门提出恢复施工的书面申请,经审查同意后,方可恢复施工。申请报告应包括治理方案的内容、效果和评估意见等。

4.5.3.6 隐患治理完成后,按规定对治理情况进行评估、验收。重大事故隐患治理工作结束后,应组织本单位的安全管理人员和有关技术人员进行验收或委托依法设立的为安全生产提供技术、管理服务的机构进行评估。

【考核内容】

隐患治理完成后,按规定对治理情况进行评估、验收。重大事故隐患治理工作结束后,应组织本单位的安全管理人员和有关技术人员进行验收或委托依法设立的为安全生产提供技术、管理服务的机构进行评估。(5分)

【赋分原则】

查相关文件和记录;未进行评估验收,每项扣2分。

【条文解读】

1. 隐患治理验证是指检查治理措施是否按照方案和计划的要求逐项落实。效果评估是指评估采取的治理措施所达到的效果。验证和评估的形式有实际检测(治理前后的指标的对比等),组织验收会、评审会等形式。

2. 水管单位安监部门负责组织对隐患治理情况进行验证和效果评估。一般隐患验证和评估人员由本单位专业安全管理人员和专业技术管理人员组成,重大隐患应委托专门的安全评估机构进行。

【规程规范技术标准及相关要求】

1.《中华人民共和国安全生产法》(2021年修正)。
2.《安全生产事故隐患排查治理暂行规定》(安监总局令第16号)。
3.《水利工程生产安全重大事故隐患判定标准(试行)》(水安监〔2017〕344号)。
4.《关于进一步加强水利生产安全事故隐患排查治理工作的意见》(水安监〔2017〕409号)。

【备查资料】

1. 隐患整改回复单。
2. 重大事故隐患验证、评估资料。

【实施要点】

1. 一般隐患的整改通知单要有回执,安监部门及时核查隐患治理情况。
2. 有事故隐患治理方案的,在隐患整改完成后由所在部门对照方案和计划逐项验证是否如实对隐患进行整改,并评估治理方案和措施是否已将隐患消除或减轻。

3. 重大隐患治理结束后,将治理结果报送上级主管部门。

【参考示例】

隐患整改回复单如表 4.81 所示。

表 4.81　隐患整改回复单

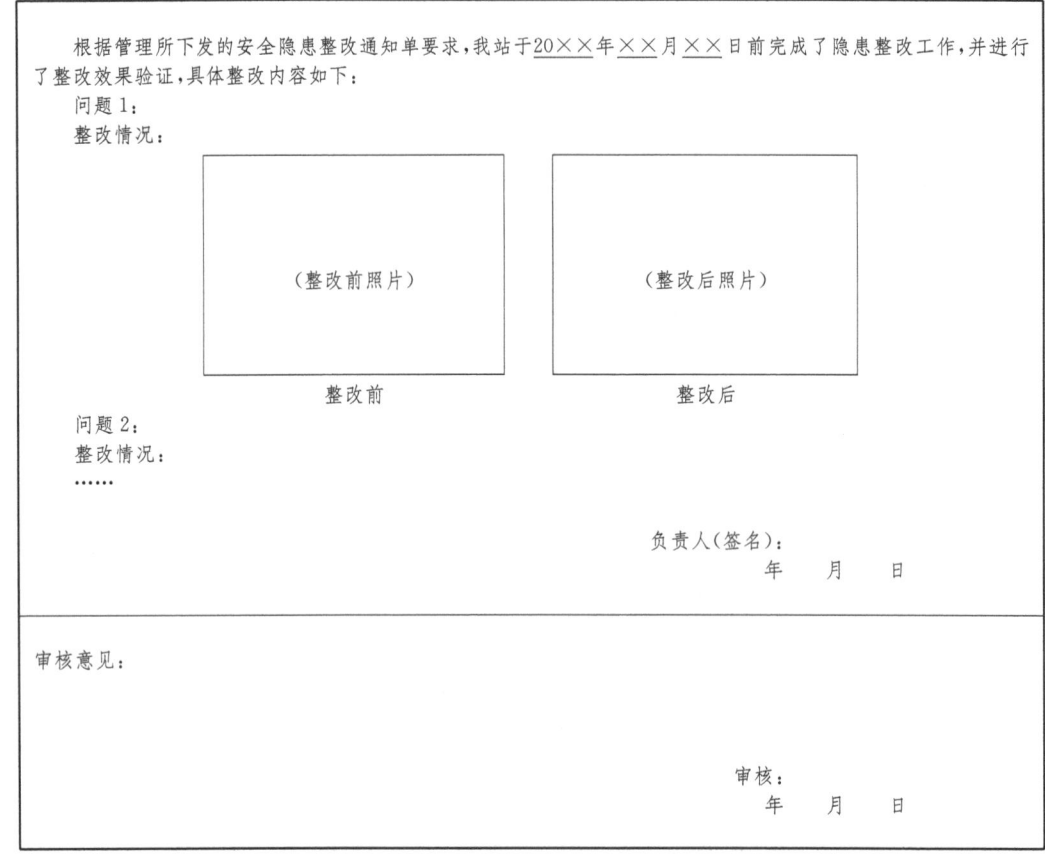

4.5.3.7　对事故隐患排查治理情况如实记录,至少每月进行统计分析,及时将隐患排查治理情况向从业人员通报。应通过水利安全生产信息系统对隐患排查、报告、治理、销账等过程进行电子化管理和统计分析,并按照水行政主管部门和当地安全监管部门的要求,定期或实时报送隐患排查治理情况。

【考核内容】

对事故隐患排查治理情况如实记录,至少每月进行统计分析,及时将隐患排查治理情况向从业人员通报。应通过水利安全生产信息系统对隐患排查、报告、治理、销账等过程进行电子化管理和统计分析,并按照水行政主管部门和当地安全监管部门的要求,定期或实时报送隐患排查治理情况。(5分)

【赋分原则】

查相关文件和记录;未定期统计分析,每次扣 2 分;未向从业人员通报,每次扣 1 分;

未运用信息系统,扣2分;未按规定报送隐患排查治理情况,每次扣1分。

【条文解读】

1. 生产经营单位对事故隐患排查治理情况应实行"双报告"的制度,即向主管部门报告、向从业人员进行通报。

2. 生产经营单位应当每季度、每年度对本单位事故隐患排查治理情况进行统计分析,并分别于下一季度15日前和下一年1月31日前向安全监管监察部门和有关部门报送书面统计分析表。统计分析表应当由生产经营单位主要负责人签字。对于重大事故隐患,生产经营单位除依照前款规定报送外,应当及时向安全监管监察部门和有关部门报告。

【规程规范技术标准及相关要求】

1.《中华人民共和国安全生产法》(2021年修正)。

2.《安全生产事故隐患排查治理暂行规定》(安监总局令第16号)。

3.《水利安全生产信息报告和处置规则》(水安监〔2016〕220号)。

【备查资料】

1. 事故隐患月、季、年统计分析报告。

2. 隐患管理信息系统运用。

【实施要点】

1. 按照水利部印发的《水利安全生产信息报告和处置规则》编制隐患信息报告的内容。

2. 按照月、季、年对本单位事故隐患排查治理情况进行统计分析、形成报告。

3. 运用信息管理系统对事故隐患排查、治理、统计、分析等工作进行管理。

4.5.4 预测预警

4.5.4.1 根据生产经营状况、隐患排查治理及风险管理、事故等情况,运用定量或定性的安全生产预测预警技术,建立体现水利工程管理单位安全生产状况及发展趋势的安全生产预测预警体系。

【考核内容】

根据生产经营状况、隐患排查治理及风险管理、事故等情况,运用定量或定性的安全生产预测预警技术,建立体现水利工程管理单位安全生产状况及发展趋势的预测预警体系。(5分)

【赋分原则】

查相关文件和记录;未建立安全生产预测预警体系,扣5分;体系内容不全,每缺一项扣2分。

【条文解读】

1. 预警是指对将来可能发生的危险进行事先预报,向相关部门发出紧急信号,报告危险情况,以避免危害在不知情或准备不足的情况下发生,从而最大限度地减轻危害所造成的损失的行为。

2. 水管单位自然灾害预测预警的途径主要是:及时收集、汇总、分析可能影响单位水利工程及人员安全的各类灾害信息,预测可能发生的情况对单位的潜在威胁。

3. 接到自然灾害预警后,水管单位防汛防旱办公室应及时向单位主要负责人汇报,同时向处属相关单位、基层站所发布信息,相关部门开展特别检查,根据预警级别启动相应的应急预案。

【规程规范技术标准及相关要求】

1.《中华人民共和国安全生产法》(2021年修正)。

2.《安全生产事故隐患排查治理暂行规定》(安监总局令第16号)。

【备查资料】

1. 安全生产预警预报和应急救援管理制度。

2. 水文、气象等信息获取记录台账。

【实施要点】

1. 制定安全生产预警预报和突发事件应急管理制度。水管单位上级部门防汛防旱办公室在接到暴雨、台风等自然灾害预报时,及时向各水管单位发出预警信息。

2. 水管单位与水文、气象部门建立多渠道联系,及时将获取的水文、气象等信息通知到相关人员。提前做好暴雨、台风等自然灾害的安全防范措施。

3. 自然灾害预警信息应记录翔实,检查资料应完善。

【参考示例1】

安全生产预警预报和应急救援管理制度

第一章 总则

第一条 为进一步建立健全我单位安全生产预警预报和应急救援管理,预防和控制潜在的事故,在安全突发事件发生时,能做出应急准备和响应,最大限度地减轻可能产生的事故后果,特制定本制度。

第二条 安全生产预警预报和突发事件应急管理工作,遵循"统一领导、分级负责、反应迅速、积极自救"和"以人为本、生命至上"的原则。

第三条 坚持预防与应急相结合、常态与非常态相结合,常抓不懈,在不断提高安全风险辨识、防范水平的同时,加强工程运行现场应急基础工作,做好常态下的风险评估、物资储备、队伍建设、完善装备、预案演练等工作。

第二章 指挥机构及职责

第四条 单位领导负责安全预警预报和突发事件应急处置时的指挥,安全生产领导小组负责本部门安全预警及突发事件应急管理。

第五条 单位主要负责人为指挥长,所分管安全领导为副指挥长,安全领导小组成员为指挥机构成员。

第六条 指挥长全面负责安全预警预报和突发事件应急处置工作,组织、领导全所重要安全预警预报工作;统一领导、指挥、处置全所重大突发事件。副指挥长在指挥长的领导下,负责安全预警预报和突发事件应急处置管理。指挥机构其他成员,具体负责管理部门的安全预警及突发事件应急处置日常管理。

第七条 重大应急事件发生后,在指挥长的统一指挥下,各相关职能负责人迅速到达事发现场,开展应急处置工作。

第三章　安全预警预报

第八条　完善预警预报机制,建立预警预报系统,强化一线人员的紧急处置和自我保护的能力,做到及时发现、及时报告、妥善处置。运行岗位人员能熟练使用两个以上预警电话或其他报警方式。

第九条　加强安全生产动态管理,做好安全风险分析及危险源管理,有针对性地收集安全生产预警预报信息,根据水利工程汛前、汛期、汛后工作重点,更新安全风险评估,调整危险源级别。

第十条　管理所职能部门密切关注安全预警预报信息收集,保持与上级相关部门的紧密联系,通过信息化多渠道获取安全生产信息,预警信息包括气象灾害、流行病、周边安全事故及突发事故的类别、地点、起始时间、可能影响范围、预警级别、警示事项、应采取的措施和发布级别等。

第十一条　危及工程运行安全生产的预警信息的发布、调整和解除须经管理所主要负责人批准,局部预警信息可通过电话、传真、警报器等方式,特殊情况下目击者可通过大声呼叫、敲击能发出较强声音的器物的方式进行。

第十二条　安全生产预警级别分为黄色预警、橙色预警、红色预警3种。黄色预警表示一般危险,需要整改;橙色预警表示显著危险,需要立即整改;红色危险表示非常危险,需要停产并立即整改。

第四章　安全生产突发事件的应急处置

第十三条　突发事件是指因自然、社会和管理等因素引发的意外事件。其发展快、危害大、影响广,需要动用全单位各方面力量甚至社会和政府的力量,采取紧急措施应对才能遏制发展势头或避免更大损失。突发事件包括突发的自然灾害、意外事故等。

第十四条　重大突发事故发生后,各事发源的第一目击者必须立即报告有关部门领导,最迟不得超过3分钟。部门负责人立即报告单位主要负责人,最迟不得超过10分钟。应急处置过程中,要及时续报有关情况。

第十五条　突发事故发生后,事发源的现场人员与增援的应急人员在报告重大突发事故信息的同时,要根据职责和规定的权限启动相关应急预案,及时、有效地进行先期处置,控制事态的蔓延。

第十六条　对于先期处置未能有效控制事态的重大突发事故,要及时启动相关应急预案,由单位安全生产委员会组成的现场应急指挥机构,统一指挥或指导有关部门开展应急处置工作。

第十七条　现场应急指挥机构负责现场的应急处置工作,并根据需要具体协调、调集相应的安全防护装备。现场应急救援人员应携带相应的专业防护装备,采取安全防护措施,严格执行应急救援人员进入和离开事故现场的相关规定。

第十八条　现场应急指挥机构根据事态的形势,有权调动多个相关部门共同参与处置突发事故,相关部门必须服从统一指挥,尽力协助救援。

第十九条　现场应急指挥机构根据事态形势的需要,可以请求社会相关组织机构协助救援,相关部门必须做好引导、协助工作,以便充分发挥社会组织机构的作用。

第二十条　重大突发事故应急处置工作结束,或者相关危险因素消除后,生产部门做好现场记录,包括拍摄现场照片,以便事故调查处理。现场应急指挥机构予以撤销,宣布恢复正常工作。

第二十一条 要积极稳妥、深入细致地做好善后处置工作。对突发事故中的伤亡人员、应急处置工作人员,以及紧急调集、有关单位及个人的物资,要按照规定给予补充。做好疫病防治和环境污染消除工作。

第二十二条 对重大突发事故的起因、影响、责任、经验教训和恢复重建等问题按照"四不放过"原则进行调查评估和处理。编制书面事故调查报告,根据事故等级的大小,报告给上级领导机构。

第二十三条 突发事故的信息发布应当及时、准确、客观、全面。重大事故发生后应及时向主管上级和当地政府报告,并根据事件处置情况做好后续报告工作。也应当向职工发布简要信息和应对防范措施等。

第二十四条 应急处置工作结束后,必须认真进行分析、总结,吸取教训,及时整改,尽快恢复生产、生活秩序。

第二十五条 根据突发事件处置发现的问题,及时修改、充实、完善、优化应急处置工作办法或预案。

第五章 责任追究及奖励

第二十六条 未及时实施安全预警和启动应急处置工作预案,或未按要求赴现场组织应急处置工作的,追究相关人员的责任。

第二十七条 对违反应急处置规定或工作失误、扩大事故损失的,追究当事人及相关领导的责任。

第二十八条 对不服从指挥,借故拖延或消极应付、扩大事故损失的,追究当事人的责任。

第二十九条 对迟报、谎报和瞒报突发事故重要情况或者应急管理工作中有其他失职、渎职行为而丧失应急的最佳机会造成人员伤亡或重大经济损失的,对有关责任人给予处罚或行政处分;构成犯罪的,移送司法机关处理。

第三十条 对突发事故应急管理工作中作出突出贡献的先进集体和个人,要给予表彰和奖励。

【参考示例2】

水文、气象等信息获取记录台账

一、防汛调度指令;

二、闸门启闭调度指令;

三、单位工作群通知;

四、预防台风工作预案;

五、专项检查记录表。

4.5.4.2 每季度至少组织一次安全生产风险分析,通报安全生产状况及发展趋势,及时采取预防措施;在接到自然灾害预报时,及时发出预警信息。

【考核内容】

每季度至少组织一次安全生产风险分析,通报安全生产状况及发展趋势,及时采取

预防措施；在接到自然灾害预报时，及时发出预警信息。（5分）

【赋分原则】

查相关文件和记录；未定期分析、通报，每次扣2分；未采取相应预防措施，每项扣2分；未及时发出预警信息，每次扣2分。

【条文解读】

1. 安全生产预测预警是指在全面辨识反映单位安全生产状态的指标的基础上，通过隐患排查、风险管理及仪器仪表监控等安全方法及工具，对本单位事故隐患排查治理情况进行统计分析，提前发现、分析和判断影响安全生产状态、可能导致事故发生的信息，定量化表示生产安全状态，及时发布安全生产预警信息，提醒安全负责人及全体员工注意，使单位及时、有针对性地采取预防措施控制事态发展，最大限度地降低事故发生概率及后果严重程度。

2. 水管单位每月对安全隐患信息进行上报，对本单位事故隐患治理情况进行汇总、分析。

【规程规范技术标准及相关要求】

1.《中华人民共和国安全生产法》（2021年修正）。

2.《安全生产事故隐患排查治理暂行规定》（安监总局令第16号）。

【备查资料】

1. 预警信息发出及报告记录。

2. 预测预警记录及相应防范措施。

【实施要点】

1. 安监部门每季度、每年度对单位事故隐患排查治理情况进行统计分析，召开安全生产风险分析会，通报本单位安全生产状况及发展趋势，对重大隐患制定整改措施。

2. 将预测预警结果通报给相关部门和人员，对达到警告以上等级的部门发放隐患整改通知书，并提出整改意见。

【参考示例1】

预警信息发出及报告记录
×××单位安全预测预警通报
20××年第×期

今年1—3月份，单位组织开展了节假日检查、节后复工检查，单位属各基层站所及有关部门按规定开展了日常检查、节假日检查、经常检查，全单位共查出设备设施安全隐患6项（电气元器件维修更新2项、消防器材配备不足1项、安全标志标识破损3项）、安全管理隐患2项（×××部门安全生产目标责任状未全覆盖、×××管理单位安全管理小组未及时调整）。目前已对设备设施隐患整改5项，安全管理隐患整改2项，其中×××管理单位仓库消防灭火器配备不足的隐患正在整改中。

为预防生产安全事故的发生，进一步加强隐患排查治理，现预警如下：

……

【参考示例2】

预测预警记录及相应防范措施

一、进一步加强安全生产管理

(1) 按照单位下达的安全教育培训计划,开展各类安全生产教育培训,注重培训效果评价和培训档案的归档。

(2) 按照安全目标责任状考核要求,对新签订的安全目标责任进行季度考核,主要考核安全管理人员和岗位操作人员履行岗位职责的情况,考核安全工作目标的执行情况。

(3) 健全安全生产管理制度,特别是要进一步完善水利安全运行管理操作规程,按照工程精细化管理和安全标准化管理要求,强化操作流程管理,严格工作票、操作票的管理。

二、开展汛前检查

(1) 认真落实汛前检查工作责任制。单位各有关部门要成立汛前检查工作小组,明确汛前检查行政负责人和技术负责人,详排计划,合理分工,精心组织好汛前检查,强化汛前检查工作责任和责任追究,检查责任人对检查结果全面负责。

(2) 全面清查工程状况,认真处理检查中发现的问题。按照×××标准,结合精细化管理的要求,对工程的每一个部位、每一台设备进行拉网式排查和常规保养,做好工程检查记录及缺陷登记。

(3) 强化工程措施的检查。加强对防汛物资、器材、设备等的储备和管理工作,对各类警示标牌、助航设施、安全标志等进行逐一检查,要做好自动化控制系统、视频监控系统、网络通信系统等信息系统的检测和维护,确保汛期水情信息畅通。

三、认真修订完善各类应急预案

根据各自的工程特点、运用情况及往年工程管理经验,认真修订完善20××年防汛、防台、运行事故应急预案,须明确与省防指办公室发布的应急响应等级相对应的分级响应处置方案,增强预案的可操作性。加强人员技能培训和反事故演练,提高处理突发故障和事故的水平。

4.6 模块六:应急管理

4.6.1 应急准备

4.6.1.1 按规定建立应急管理组织机构或指定专人负责应急管理工作。建立健全应急工作体系,明确应急工作职责。

【考核内容】

按规定建立应急管理组织机构或指定专人负责应急管理工作。建立健全应急工作体系,明确应急工作职责。(5分)

【赋分原则】

查相关文件和记录;未建立组织机构或指定专人负责,扣5分;未明确工作职责,扣2分。

【条文解读】

1.应急救援是防范事故灾难、减少事故损失的关键一环,在安全生产和应急管理工作的总体布局中地位重要。应急体系由四个部分组成:

(1)组织体制

包括管理机构、功能部门、应急指挥、救援队伍。从组织体制上保证有兵可用,听从指挥。

(2)运作机制

包括统一指挥、分级响应、属地为主、公众动员。应急救援的组织,也包括对事故所影响到的居民群众的组织、处置等。

(3)法治基础

包括与紧急状态有关的法律法规、应急管理条例、政府令、标准等。应做到"依法行使,依法行政",这也是我们国家法治建设的一个基本要求。

(4)保障系统

包括信息通信、物资装备、人力资源、经费财务。一个完善的保障系统包括信息的通信,在事故发生以后,要和各方进行及时的联络,必须要有通信及物资、人员和经费的保障,应急救援工作才会顺利地进行。

2.应急救援的基本任务包括四个方面:立即组织营救受害人员,组织撤离或者采取其他措施保护危害区域内的其他人员;迅速控制事态,对事故造成的危害进行检测、监测,测定事故的危害区域、危害性质及危害程度;消除危害后果,做好现场恢复工作;查清事故原因,评估危害程度。

3.水管单位要建立应急救援工作体系,合理分工,明确各部门、机构的工作职责。

【规程规范技术标准及相关要求】

1.《中华人民共和国安全生产法》(2021年修正):

第七十九条 国家加强生产安全事故应急能力建设,在重点行业、领域建立应急救援基地和应急救援队伍,并由国家安全生产应急救援机构统一协调指挥;鼓励生产经营单位和其他社会力量建立应急救援队伍,配备相应的应急救援装备和物资,提高应急救援的专业化水平。

2.《中华人民共和国突发事件应对法》:

第二十六条 单位应当建立由本单位职工组成的专职或者兼职应急救援队伍。

3.《生产安全事故应急预案管理办法》(应急管理部令第2号):

第三十八条 生产经营单位应当按照应急预案的规定,落实应急指挥体系、应急救援队伍、应急物资及装备,建立应急物资、装备配备及其使用档案,并对应急物资、装备进行定期检测和维护,使其处于适用状态。

【备查资料】

1.正式印发的安全生产事故应急救援制度文件。

2.成立安全生产应急管理机构和应急救援队伍(人员)文件。

3.明确应急管理机构和应急救援队伍职责文本。

【实施要点】

1.依据应急体系要求,结合单位实际建立事故应急救援制度,并以正式文件发布。

2. 建立行政领导负责制的事故应急救援体系,成立应急管理组织机构和工作机构。

3. 明确参加应急救援工作成员单位或部门应急救援的职责,确保发生安全生产事故后救援工作有序开展。

【参考示例1】

×××单位文件

安×〔20××〕×号

关于印发《安全生产预警预报和突发事件应急管理制度》的通知

各部门：

  为全面强化安全管理,有效防范和遏制事故发生,维护正常的生产、工作和生活秩序,确保人民生命和财产安全,根据国家安全生产法律法规、规范规程,并结合单位实际情况,单位编制了《安全生产预警预报和突发事件应急管理制度》,现印发给你们,希望认真贯彻执行。执行过程中如遇到问题,请及时向×××反馈。

  特此通知!

  附件:安全生产预警预报和突发事件应急管理制度

×××单位

20××年××月××日

安全生产预警预报和突发事件应急管理制度

第一章　总则

  第一条　为进一步建立健全×××单位安全生产预警预报和应急管理,预防和控制潜在的事故,安全突发事件发生时,能做出应急准备和响应,最大限度地减轻可能产生的事故后果,特制定本制度。

  第二条　安全生产预警预报和突发事件应急管理工作,遵循"统一领导、分级负责、反应迅速、积极自救"和"以人为本、生命至上"的原则。

第二章　指挥机构及职责

  第三条　应急救援领导小组负责安全预警预报和突发事件应急处置时的指挥及应急管理。

  第四条　单位主要负责人为组长,单位分管安全领导为副组长,单位安全生产委员会成员为指挥机构成员。

  第五条　组长全面负责安全预警预报和突发事件应急处置工作,组织、领导全局重要安全预警预报工作;统一领导、指挥、处置全局重大突发事件。副组长在组长的领导下,负责安全预警预报和突发事件应急处置管理。指挥机构其他成员,具体负责管理本部门的安全预警及突发事件应急处置日常工作。

  第六条　重大应急事件发生后,在组长的统一指挥下,各相关职能负责人迅速到达事发现场开展应急处置工作。

第三章　安全预警预报

第七条　完善预警预报机制,建立预警预报系统,强化一线人员的紧急处置和自我保护的能力,做到及时发现、及时报告、妥善处置。运行岗位人员能熟练使用两种以上预警电话或其他报警方式。

第八条　加强安全生产动态管理,做好安全风险分析及危险源管理,有针对性地收集安全生产预警预报信息,根据水利工程汛前、汛期、汛后工作重点,更新安全风险评估,调整危险源级别。

第九条　单位相关科室密切关注安全预警预报信息收集,保持与上级相关部门的紧密联系,通过信息化多渠道获取安全生产信息,预警信息包括气象灾害、流行病、周边安全事故及突发事故的类别、地点、起始时间、可能影响范围、预警级别、警示事项、应采取的措施和发布级别等。

第十条　危及工程运行安全生产的预警信息的发布、调整和解除须经管理处主要负责人批准,局部预警信息可通过电话、传真、警报器等方式,特殊情况下目击者可通过大声呼叫、敲击能发出较强声音的器物的方式进行。

第十一条　安全生产预警级别分为黄色预警、橙色预警、红色预警3种。黄色预警表示一般危险,需要整改;橙色预警表示显著危险,需要立即整改;红色危险表示非常危险,需要停产并立即整改。

第四章　安全生产突发事件的应急处置

第十二条　突发事件是指因自然、社会和管理等因素引发的意外事件。其发展快、危害大、影响广,需要动用单位各方面力量甚至社会和政府的力量,采取紧急措施应对才能遏制发展势头或避免更大损失。突发事件包括突发的自然灾害、意外事故等。

第十三条　重大突发事故发生后,各事故发生的第一目击者必须立即报告有关领导,最迟不得超过3分钟。部门负责人立即报告单位主要负责人,最迟不得超过10分钟。应急处置过程中,要及时续报有关情况。

第十四条　突发事故发生后,事故发生的现场人员与增援的应急人员在报告重大突发事故信息的同时,要根据职责和规定的权限启动相关应急预案,及时、有效地进行先期处置,控制事态的蔓延。

第十五条　对于先期处置未能有效控制事态的重大突发事故,要及时启动相关应急预案,由安全生产委员会组成的现场应急指挥机构,统一指挥或指导有关部门开展应急处置工作。

第十六条　现场应急指挥机构负责现场的应急处置工作,并根据需要具体协调、调集相应的安全防护装备。现场应急救援人员应携带相应的专业防护装备,采取安全防护措施,严格执行应急救援人员进入和离开事故现场的相关规定。

第十七条　现场应急指挥机构根据事态的形势,有权调动多个相关部门共同参与处置突发事故,相关部门必须服从统一指挥,尽力协助救援。

第十八条　现场应急指挥机构根据事态形势的需要,可以请求社会相关组织机构协助救援,相关部门必须做好引导、协助工作,以便充分发挥社会组织机构的作用。

第五章　善后工作

第十九条　重大突发事故应急处置工作结束,或者相关危险因素消除后,安全生产委员会办公室做好现场记录,包括拍摄现场照片,以便事故调查处理。现场应急指挥机构予以撤销,宣布恢复正常工作。

第二十条 要积极稳妥、深入细致地做好善后处置工作。对突发事故中的伤亡人员、应急处置工作人员,以及紧急调集的物资,要按照规定给予补充。做好疫病防治和环境污染消除工作。

第二十一条 对重大突发事故的起因、影响、责任、经验教训和恢复重建等问题,按照"四不放过"原则进行调查评估和处理。编制书面事故调查报告,根据事故等级的大小,报告给上级领导机构。

第二十二条 突发事故的信息发布应当及时、准确、客观、全面。重大事故发生后应及时向主管上级和当地政府报告,并根据事件处置情况做好后续报告工作。也应当向职工发布简要信息和应对防范措施等。

第二十三条 应急处置工作结束后,必须认真进行分析、总结,吸取教训,及时整改,尽快恢复生产、生活秩序。

第二十四条 根据突发事件处置发现的问题,及时修改、充实、完善、优化应急处置工作办法或预案。

第六章 责任追究及奖励

第二十五条 未及时实施安全预警和启动应急处置工作预案,或未按要求赴现场组织应急处置工作的,追究相关人员的责任。

第二十六条 对违反应急处置规定或工作失误、扩大事故损失的,追究当事人及相关领导的责任。

第二十七条 对不服从指挥,借故拖延或消极应付、扩大事故损失的,追究当事人的责任。

第二十八条 对迟报、谎报和瞒报突发事故重要情况或者应急管理工作中有其他失职、渎职行为而丧失应急的最佳机会造成人员伤亡或重大经济损失的,对有关责任人给予处罚或行政处分;构成犯罪的,移送司法机关处理。

第二十九条 对突发事故应急管理工作中作出突出贡献的先进集体和个人要给予表彰和奖励。

第七章 附则

第三十条 本制度由安全生产委员会办公室负责解释。

第三十一条 本制度自发文之日起执行。

【参考示例2】

×××单位文件

安×〔20××〕×号

关于调整×××单位应急领导小组和工作机构的通知

各部门、全体职工:

根据应急救援工作需要和人员变动情况,经研究决定,对应急领导小组和工作机构做如下调整：

一、应急领导小组

组长：

副组长：

成员：

二、应急工作机构设在×××，×××负责具体应急队伍建设、培训以及履行应急值守，负责人：×××。

应急领导小组及工作机构的职责，按照《生产安全事故应急救援制度》的规定执行。×××应建立应急救援队伍，落实应急物资，加强应急演练，提高应急处置能力。

×××单位（章）

20××年××月××日

4.6.1.2 在开展安全风险评估和应急资源调查的基础上，建立健全生产安全事故应急预案体系，制定生产安全事故应急预案，针对安全风险较大的重点场所（设施）编制重点岗位、人员应急处置卡；按有关规定报备，并通报有关应急协作单位。

【考核内容】

在开展安全风险评估和应急资源调查的基础上，建立健全生产安全事故应急预案体系，制定生产安全事故应急预案，针对安全风险较大的重点场所（设施）编制重点岗位、人员应急处置卡；按有关规定报备，并通报有关应急协作单位。（10分）

【赋分原则】

查预案文本和记录；应急预案未以正式文件发布，扣10分；应急预案不全，每缺一项扣1分；应急预案不完善、操作性差，每项扣1分；未设置应急处置卡，每项扣1分；未按规定报备，扣5分；未通报协作单位，扣1分。

【条文解读】

1. 应急预案指面对突发事件如自然灾害、重特大事故、环境公害及人为破坏的应急管理、指挥、救援计划等。水管单位要根据《生产经营单位生产安全事故应急预案编制导则》(GB/T 29639—2020)建立健全生产安全事故应急预案体系。

2. 应急预案应形成体系，针对各级各类可能发生的事故和所有危险源制定专项应急预案和现场应急处置方案，并明确事前、事发、事中、事后的各个过程中相关部门和有关人员的职责。生产规模小、危险因素少的生产经营单位，综合应急预案和专项应急预案可以合并编写。

(1) 综合应急预案，是指水管单位为应对各种生产安全事故而制定的综合性工作方案，是本单位应对生产安全事故的总体工作程序、措施和应急预案体系的总纲。

(2) 专项应急预案，是指水管单位为应对某一种或者多种类型的生产安全事故，或者针对重要生产设施、重大危险源、重大活动防止生产安全事故而制定的专项性工作方案。

(3) 现场处置方案，是指水管单位根据不同生产安全事故类型，针对具体场所、装置或者设施所制定的应急处置措施。

3. 应急预案的编制应当符合下列基本要求：

（1）有关法律、法规、规章和标准的规定。

（2）本单位、本部门的安全生产实际情况。

（3）本单位、本部门的危险性分析情况。

（4）应急组织和人员的职责分工明确，并有具体的落实措施。

（5）有明确、具体的应急程序和处置措施，并与其应急能力相适应。

（6）有明确的应急保障措施，满足本地区、本部门、本单位的应急工作需要。

（7）应急预案基本要素齐全、完整，应急预案附件提供的信息准确。

（8）应急预案内容与相关应急预案相互衔接。

4. 应急预案应通过形式审查，保证应急预案层次结构清晰、内容完整、格式规范、编制程序符合规定，所作的规定和要求合法，并能够与上级主管部门和地方相关部门的应急预案有效衔接。

【规程规范技术标准及相关要求】

1.《中华人民共和国安全生产法》（2021年修正）：

第四十条　生产经营单位对重大危险源应当登记建档，进行定期检测、评估、监控，并制定应急预案，告知从业人员和相关人员在紧急情况下应当采取的应急措施。

2.《生产安全事故应急预案管理办法》（应急管理部令第2号）：

第十条　编制应急预案前，编制单位应当进行事故风险辨识、评估和应急资源调查。

事故风险辨识、评估，是指针对不同事故种类及特点，识别存在的危险危害因素，分析事故可能产生的直接后果以及次生、衍生后果，评估各种后果的危害程度和影响范围，提出防范和控制事故风险措施的过程。

应急资源调查，是指全面调查本地区、本单位第一时间可以调用的应急资源状况和合作区域内可以请求援助的应急资源状况，并结合事故风险辨识评估结论制定应急措施的过程。

第十二条　生产经营单位应当根据有关法律、法规、规章和相关标准，结合本单位组织管理体系、生产规模和可能发生的事故特点，与相关预案保持衔接，确立本单位的应急预案体系，编制相应的应急预案，并体现自救互救和先期处置等特点。

第二十一条　矿山、金属冶炼、建筑施工企业和易燃易爆物品、危险化学品的生产、经营（带储存设施的，下同）、储存、运输企业，以及使用危险化学品达到国家规定数量的化工企业、烟花爆竹生产、批发经营企业和中型规模以上的其他生产经营单位，应当对本单位编制的应急预案进行评审，并形成书面评审纪要。

前款规定以外的其他生产经营单位可以根据自身需要，对本单位编制的应急预案进行论证。

第二十四条　生产经营单位的应急预案经评审或者论证后，由本单位主要负责人签署，向本单位从业人员公布，并及时发放到本单位有关部门、岗位和相关应急救援队伍。

3.《生产经营单位生产安全事故应急预案编制导则》（GB/T 29639—2020）。

【备查资料】

1. 应急预案形式审查报告。

2. 正式印发的综合预案、专项预案、现场处置方案。

3. 关键岗位应急处置卡。

4. 应急预案培训台账。

5. 通报协作单位相关资料。

【实施要点】

1. 管理单位要在危险因素分析及事故隐患排查、治理基础上，结合本单位的实际，编制应急预案，并正式颁发。

2. 应急预案内容要齐全，可操作性强，要有针对性，重要岗位要制定应急处置方案或者措施。

3. 管理单位要定期组织应急预案培训，确保相关人员熟悉应急处置方案，培训要有培训记录并及时归档。

4. 水管单位编制的预案应报上级单位和当地安全生产监管部门备案，通报有关协作单位。

【参考示例】

×××单位文件

安×〔20××〕×号

关于印发《×××单位生产安全事故应急预案》的通知

各部门：

为规范管理所生产安全事故应急管理，提高防范和应对生产安全事故的能力，单位组织修订了《×××单位生产安全事故应急预案》，现予以印发，请认真组织学习，贯彻执行。

附件：×××单位生产安全事故应急预案

×××单位（章）

20××年××月××日

4.6.1.3 建立与本单位安全生产特点相适应的专（兼）职应急救援队伍或指定专（兼）职应急救援人员。必要时可与邻近专业应急救援队伍签订应急救援服务协议。

【考核内容】

建立与本单位安全生产特点相适应的专（兼）职应急救援队伍或指定专（兼）职应急救援人员。必要时可与邻近专业应急救援队伍签订应急救援服务协议。（5分）

【赋分原则】

查相关文件和记录；未建立应急救援队伍或配备应急救援人员，扣5分；应急救援队伍不满足要求，扣2分。

【条文解读】

1. 水管单位应当建立由本单位职工组成的专职或者兼职应急救援队伍。

2. 水管单位应成立单位内部的专（兼）职应急救援队伍或指定专（兼）职应急救援人员，以便有效地指挥、协调应急救援工作，进一步提高水管单位应对事故风险和事故灾难应急管理处置能力,最大限度地减少事故灾难造成的人员伤亡和财产损失,做到有效预防和及时控制。规模小的水管单位可不建立应急救援队伍,但应当与当地驻军、医院、消防队伍等签订应急支援协议,以便事故发生时能及时得到救援。

3. 专(兼)职应急救援队伍和人员担负着单位安全生产事故应急救援的重任,都应具备水利行业和单位安全生产事故救援需要的专业特长。专职应急救援队伍是具有一定数量经过专业训练的人员、具有专业抢险救援装备、专门从事事故现场抢险救援的组织,应具有较强的战斗力和实战经验;兼职应急救援队伍和人员也应具备相关的专业技能,并能够熟练使用抢险救援装备。

4. 定期开展培训与训练,事故应急人员应当知道如何救人与如何保护自己,熟练掌握相关知识和技能,正确使用相应的防护器材和装备。

【规程规范技术标准及相关要求】

《中华人民共和国安全生产法》(2021年修正):

第八十二条　危险物品的生产、经营、储存单位以及矿山、金属冶炼、城市轨道交通运营、建筑施工单位应当建立应急救援组织;生产经营规模较小的,可以不建立应急救援组织,但应当指定兼职的应急救援人员。

危险物品的生产、经营、储存、运输单位以及矿山、金属冶炼、城市轨道交通运营、建筑施工单位应当配备必要的应急救援器材、设备和物资,并进行经常性维护、保养,保证正常运转。

【备查资料】

1. 成立(防汛)安全生产应急管理机构和应急救援队伍(人员)文件。
2. 应急救援队伍培训演练计划和培训记录。
3. 应急支援协议(必要时)。

【实施要点】

1. 水管单位结合本单位实际建立专(兼)职应急救援队伍或指定专(兼)职应急救援人员,没有建立的应与专业救援机构签订救援协议,以便发生事故后能得到及时救援。
2. 每年要制定专(兼)职应急救援队伍和人员训练计划,并按计划实施。

【参考示例】

×××单位文件

安×〔20××〕×号

关于建立×××单位防汛应急小组的通知

各部门:

　　为了规范×××闸站防汛应急程序,建立健全应急救援机制,有效地指挥、协调应急救援工作,进一步提高应对防汛应急管理处置能力,最大限度地减少事故灾难造成的人员伤亡和财产损失,做到有效预防和及时控制,经研究决定建立×××单位防汛应急小组。

一、防汛应急小组下设电气抢险突击队、机动抢险突击队、土建抢险突击队

　　组长:

　　副组长:

电气抢险突击队：

机动抢险突击队：

土建抢险突击队：

二、应急小组的职责

1. 组织、指挥和协调管理所防洪工作。

2. 及时收集雨情、水情信息，发出预警信息，认真传达、贯彻上级各部门在汛期的各项指令、指示。

3. 完善防洪的各项应急防护措施。

4. 安排人员值班，与有关部门保持联系，报告应急处理的情况。

5. 对管理所防洪应急措施落实情况进行监督检查，督促整改措施的落实。

三、防汛应急小组组长职责

负责执行紧急状况时防汛领导小组的各项指令工作，对防汛应急小组有调动安排的权力。

四、应急小组副组长职责

负责协助组长安排应急抢险工作。

五、电气抢险突击队职责

保证电力正常，不能影响汛期正常排涝。

六、机动抢险突击队职责

进行应急抢险时要服从指挥，对事故现场的人员、财产进行抢救，不让事故进一步扩大，保证现场设备正常运作，开展对伤员的救护，将伤员安全、迅速转运至就近医院，向医生如实反映伤员相关情况。

七、土建抢险突击队职责

负责汛期土工建筑物的养护，汛期要加强巡视，发现险情时及时整改。

×××单位
20××年××月××日

4.6.1.4 根据可能发生的事故种类特点，设置应急设施，配备应急装备，储备应急物资，建立管理台账，安排专人管理，并定期检查、维护、保养，确保其完好、可靠。

【考核内容】

根据可能发生的事故种类特点，设置应急设施，配备应急装备，储备应急物资，建立管理台账，安排专人管理，并定期检查、维护、保养，确保其完好、可靠。(5分)

【赋分原则】

查相关记录并查看现场；应急设施、装备、物资配备不满足规定，每项扣2分；未建立台账，扣2分；未安排专人管理，扣1分；未定期检查、维护、保养，扣2分；应急装备和物资存在缺陷，每项扣2分。

【条文解读】

1. 应急物资是突发事件应急救援和处置的重要物质支撑。应急物资储备以保障人民群众的生命安全和维护稳定为宗旨，确保突发事件发生后应急物资准备充足、及时到位，有效地保护和抢救人的生命，最大限度地减少生命和财产损失。水管单位应急物资有强光手电、梯子、麻袋、铁锹、雨衣、雨鞋、喊话喇叭、警戒绳、水泵、水桶等。

2. 事故应急救援的装备可分为两大类：基本装备和专用救援装备。基本装备主要包括通信装备、交通工具、照明装置、防护装备等。专业装备主要指各专业救援队伍所用的专用工具（物品），主要包括消防设备、危险物质泄漏控制设备、个人防护设备、通信联络设备、医疗支持设备、应急电力设备、资料等。事故现场必需的常用应急设备与工具有：

（1）消防设备：输水装置、软管、喷头、自用呼吸器、便携式灭火器等。

（2）危险物质泄漏控制设备：泄漏控制工具、探测设备、封堵设备、解除封堵设备等。

（3）个人防护设备：防护服、手套、靴子、呼吸保护装置等。

（4）通信联络设备：对讲机、移动电话、电话、传真机等。

（5）医疗支持设备：救护车、担架、夹板、氧气、急救箱等。

（6）应急电力设备：主要是备用的发电机。

（7）资料：计算机及有关数据库和软件包、参考书、工艺文件、行动计划、材料清单等。

3. 水管单位要及时配备所需的应急装备及应急物资，重点加强防护用品、救援装备、救援器材的物资储备，做到数量充足、品种齐全、质量可靠。建立物资台账。

4. 应根据应急预案和事故应急处置的要求，建立应急设施、配备应急装备、储备应急物资。具体依据主要包括：一是相关行业的建设工程设计规范；二是相关行业和水管单位的作业规程、操作规程；三是有关安全生产和应急的规程、规范、标准；四是水管单位应急预案；五是应急救援队伍装备配备的有关标准。水管单位应当对照上述依据建立应急设施、配备应急装备、储备应急物资。

5. 水管单位应对配备的应急设施、装备和物资进行妥善保管，建立健全管理制度，明确管理责任和措施。

6. 严格依照制度对应急设施、装备和物资进行经常性检查、维护、保养，确保其完好、可靠，满足有关应急预案实施的需要。

【规程规范技术标准及相关要求】

1.《中华人民共和国安全生产法》（2021年修正）。

第七十九条 国家加强生产安全事故应急能力建设，在重点行业、领域建立应急救援基地和应急救援队伍，并由国家安全生产应急救援机构统一协调指挥；鼓励生产经营单位和其他社会力量建立应急救援队伍，配备相应的应急救援装备和物资，提高应急救援的专业化水平。

2.《生产安全事故应急预案管理办法》（应急管理部令第2号）：

第三十八条 生产经营单位应当按照应急预案的规定，落实应急指挥体系、应急救援队伍、应急物资及装备，建立应急物资、装备配备及其使用档案，并对应急物资、装备进行定期检测和维护，使其处于适用状态。

【备查资料】

1. 应急物资台账，包括物资清单、出入库记录等。

2. 应急物资专人管理任命文件。

3. 应急物资检查、维护记录。

【实施要点】

1. 水管单位要有充足的经费投入到应急保障工作中，妥善安排应急管理经费，并结合有关规定和本单位的特点建立应急投入保障制度。

2. 根据应急预案的要求、有关规定以及事故应急处置的需要,确定应急物资和装备的类型、数量和性能,建立相应的储备,如报警器、对讲机、备用氧(空)气瓶、呼吸器、各类灭火器材等,应急装备、物资要满足要求。

3. 针对本单位配备的应急物资和装备建立台账,明确存放地点和具体数量。

4. 水管单位应结合单位实际情况制定相应的事故应急物资和装备管理制度,并对采购、保管、维护、使用等环节做出规定。

5. 对应急设施、装备和物资进行经常性的检查,建立使用情况档案。

6. 水管单位要对应急设施、装备和物资进行定期维护、保养,确保其完好,确保事故应急保障实战能力,检查、维护、保养要有记录,并归档管理。

【参考示例】

×××闸防汛应急物资储备测算

一、工程概况

……

二、防汛物资储备数量测算

1. 参照标准

依据《防汛物资储备定额编制规程》(SL 298—2004)(水闸防汛物资测算)。

2. 涵闸抢险物资种类

袋类、土工布、砂石料、铁丝、桩木、钢管;救生器材;小型抢险机组。

3. 物资储备单品种基数

……

4. 测算公式

涵闸防汛物资储备单品种数量($S_{涵}$)计算公式为:

$$S_{涵} = \eta_{涵} \times M_{涵}$$

式中:$M_{涵}$为涵闸防汛物资储备单项品种基数;$\eta_{涵}$为涵闸工程现状综合调整系数。

5. 工程现状综合调整系数

$$\eta_{涵} = \eta_{涵1} \times \eta_{涵2} \times \eta_{涵3} \times \eta_{涵4}$$

经查 $\eta_{××闸} = 1.0 \times 1.2 \times 1.0 \times 1.2 = 1.44$

6. 测算物资结果

按照测算系数配备相应的防汛物资,同时按照事故救援需求配备基本的救援装备。防汛应急物资储备明细表如表4.82所示。

表4.82 防汛应急物资储备明细表

序号	名称	库存数量	单位	存放位置	备注
1	救生衣	4	件	防汛仓库	自备
2	救生圈	4	套	防汛仓库	自备

续表

序号	名称	库存数量	单位	存放位置	备注
3	安全帽	14	个	防汛仓库	自备
4	对讲机	6	个	防汛仓库	自备
5	自吸泵	1	台	防汛仓库	自备
6	潜水泵	1	台	防汛仓库	自备
7	灭火器	39	个	防汛仓库	自备
8	手摇式警报器	5	台	防汛仓库	自备
9	防汛块石	2 700	m^3	防汛仓库	自备
10	电缆	300	m	防汛仓库	自备
11	发电机组	90	kW	防汛仓库	自备
12	雨靴	10	双	防汛仓库	自备
13	雨衣	10	双	防汛仓库	自备
14	警戒绳	10	组	防汛仓库	自备
15	喊话喇叭	3	个	防汛仓库	自备
16	铁锹	20	把	防汛仓库	自备
17	梯子	3	架	防汛仓库	自备
18	桩木	10	m^3	防汛仓库	代储
19	编织袋	2 000	个	防汛仓库	代储
20	救生衣	100	件	防汛仓库	代储
21	钢管	2 000	kg	防汛仓库	代储
22	土工布	500	m^2	防汛仓库	代储
23	便携式工作灯	20	个	防汛仓库	代储
24	投光灯	6	台	防汛仓库	代储

防汛应急物资巡视、保养记录表如表 4.83 所示。

表 4.83 防汛应急物资巡视、保养记录表

检查情况：
维护情况：
检查人：
存在问题及处理意见：
处理意见：
部门负责人：

4.6.1.5 根据本单位的事故风险特点,每年至少组织一次综合应急预案演练或者专项应急预案演练,每半年至少组织一次现场处置方案演练,做到一线从业人员参与应急演练全覆盖,掌握相关的应急知识。对演练进行总结和评估,根据评估结论和演练发现的问题,修订、完善应急预案,改进应急准备工作。

【考核内容】

根据本单位的事故风险特点,每年至少组织一次综合应急预案演练或者专项应急预案演练,每半年至少组织一次现场处置方案演练,做到一线从业人员参与应急演练全覆盖,掌握相关的应急知识。对演练进行总结和评估,根据评估结论和演练发现的问题,修订、完善应急预案,改进应急准备工作。(10分)

【赋分原则】

查相关记录并现场问询;未按规定进行演练,每次扣2分;不熟悉相关应急知识,每人扣1分;未进行总结和评估,每次扣2分;未根据评估意见修订,每项扣2分。

【条文解读】

1. 应急演练是指有关单位依据相应的应急预案,模拟应对突发事件的活动。应急预案演练是检验、评价和保持应急能力的重要手段。演练的作用在于通过开展应急演练,查找应急预案中存在的问题,进而完善应急预案,提高应急预案的实用性和可操作性;检查应对突发事件所需应急队伍、物资、装备、技术等方面的准备情况,发现不足及时予以调整补充,做好应急准备工作;增强演练组织单位、参与单位和人员等对应急预案的熟悉程度,提高其应急处置能力;进一步明确相关单位和人员的职责任务,理顺工作关系,完善应急机制;普及应急知识,提高公众风险防范意识和自救互救等灾害应对能力。

2. 应急演练按组织形式可分为桌面演练和实战演练。

(1) 桌面演练是指参演人员利用地图、沙盘、流程图、计算机模拟、视频会议等辅助手段,针对事先假定的演练情景,讨论和推演应急决策及现场处置的过程,从而促进相关人员掌握应急预案中所规定的职责和程序,提高指挥决策和协同配合能力。桌面演练通常在室内完成。

(2) 实战演练是指参演人员利用应急处置涉及的设备和物资,针对事先设置的突发事件情景及其后续的发展情景,通过实际决策、行动和操作,完成真实应急响应的过程,从而检验和提高相关人员的临场组织指挥、队伍调动、应急处置技能和后勤保障等应急能力。实战演练通常要在特定场所完成。

3. 应急演练按内容可分为单项演练和综合演练。

(1) 单项演练是指只涉及应急预案中特定应急响应功能或现场处置方案中一系列应急响应功能的演练活动。注重针对一个或少数几个参与单位(岗位)的特定环节和功能进行检验。

(2) 综合演练是指涉及应急预案中多项或全部应急响应功能的演练活动。注重对多个环节和功能进行检验,特别是对不同单位之间应急机制和联合应对能力的检验。

4. 水管单位要根据实际情况,并依据相关法律法规和应急预案的规定,制定年度应急演练规划,按照先单项后综合、先桌面后实战、循序渐进、时空有序等原则,合理规划应急演练的频次、规模、形式、时间、地点等。水管单位要根据《生产安全事故应急演练基本规范》(AQ/T 9007—2019)组织实施应急演练。

5.水管单位在演练结束后要组织评估。演练评估是在全面分析演练记录及相关资料的基础上,对比参演人员表现与演练目标要求,对演练活动及其组织过程作出客观评价,并编写演练评估报告的过程。所有应急演练活动都应进行演练评估。

6.演练结束后可通过组织评估会议、填写演练评价表和对参演人员进行访谈等方式,也可要求参演单位提供自我评估总结材料,进一步收集演练组织实施的情况。

7.演练评估报告的主要内容一般包括演练执行情况、预案的合理性与可操作性、应急指挥人员的指挥协调能力、参演人员的处置能力、演练所用设备装备的适用性、演练目标的实现情况、演练的成本效益分析、对完善预案的建议等。

8.对演练中暴露出来的问题,演练单位应当及时采取措施予以改进,包括修改完善应急预案、有针对性地加强应急人员的教育和培训、对应急物资装备有计划地更新等,并建立改进任务表,按规定时间对改进情况进行监督检查。

按照对应急救援工作及时有效性的影响程度,将演练过程发现的问题分为不足项、整改项和改进项。

(1)不足项。指演练过程中观察或识别出的应急准备缺陷,可能导致在紧急事件时不能确保应急组织或应急救援体系有能力采取合理应对措施,不能保护公众安全与健康。不足项应在规定的时间内纠正。可能导致不足项的编制要素包括:职责分配、应急资源、通报方法与程序、保护措施等。

(2)整改项。指演练过程中观察或识别出的,单独不可能在应急救援中对公众安全与健康造成不良影响的应急准备缺陷。整改项应在下次演练前纠正。

(3)改进项。指准备过程中应予改善的问题。它不会对公众安全与健康造成严重影响,视情况加以改进。

【规程规范技术标准及相关要求】

1.《中华人民共和国安全生产法》(2021年修正):

第八十一条　生产经营单位应当制定本单位生产安全事故应急救援预案,与所在地县级以上地方人民政府组织制定的生产安全事故应急救援预案相衔接,并定期组织演练。

2.《生产安全事故应急预案管理办法》(应急管理部令第2号):

第三十条　各级人民政府应急管理部门、各类生产经营单位应当采取多种形式开展应急预案的宣传教育,普及生产安全事故避险、自救和互救知识,提高从业人员和社会公众的安全意识与应急处置技能。

第三十一条　各级人民政府应急管理部门应当将本部门应急预案的培训纳入安全生产培训工作计划,并组织实施本行政区域内重点生产经营单位的应急预案培训工作。

生产经营单位应当组织开展本单位的应急预案、应急知识、自救互救和避险逃生技能的培训活动,使有关人员了解应急预案内容,熟悉应急职责、应急处置程序和措施。

应急培训的时间、地点、内容、师资、参加人员和考核结果等情况应当如实记入本单位的安全生产教育和培训档案。

第三十二条　各级人民政府应急管理部门应当至少每两年组织一次应急预案演练,

提高本部门、本地区生产安全事故应急处置能力。

第三十三条 生产经营单位应当制定本单位的应急预案演练计划,根据本单位的事故风险特点,每年至少组织一次综合应急预案演练或者专项应急预案演练,每半年至少组织一次现场处置方案演练。

易燃易爆物品、危险化学品等危险物品的生产、经营、储存、运输单位,矿山、金属冶炼、城市轨道交通运营、建筑施工单位,以及宾馆、商场、娱乐场所、旅游景区等人员密集场所经营单位,应当至少每半年组织一次生产安全事故应急预案演练,并将演练情况报送所在地县级以上地方人民政府负有安全生产监督管理职责的部门。

县级以上地方人民政府负有安全生产监督管理职责的部门应当对本行政区域内前款规定的重点生产经营单位的生产安全事故应急救援预案演练进行抽查;发现演练不符合要求的,应当责令限期改正。

第三十四条 应急预案演练结束后,应急预案演练组织单位应当对应急预案演练效果进行评估,撰写应急预案演练评估报告,分析存在的问题,并对应急预案提出修订意见。

第三十五条 应急预案编制单位应当建立应急预案定期评估制度,对预案内容的针对性和实用性进行分析,并对应急预案是否需要修订作出结论。

矿山、金属冶炼、建筑施工企业和易燃易爆物品、危险化学品等危险物品的生产、经营、储存、运输企业、使用危险化学品达到国家规定数量的化工企业、烟花爆竹生产、批发经营企业和中型规模以上的其他生产经营单位,应当每三年进行一次应急预案评估。

应急预案评估可以邀请相关专业机构或者有关专家、有实际应急救援工作经验的人员参加。

【备查资料】

1. 年度演练计划。
2. 应急演练通知、方案。
3. 应急演练记录、签到表及演练照片。
4. 应急演练总结和评估记录。

【实施要点】

1. 水管单位应当制定本单位生产安全事故应急救援预案,与所在地县级以上地方人民政府组织制定的生产安全事故应急救援预案相衔接,并定期组织演练。各单位应当制定本单位的应急预案演练计划,根据本单位的事故预防重点,每年至少组织一次综合应急预案演练或者专项应急预案演练,每半年至少组织一次现场处置方案演练。

2. 水管单位演练实施前要对参加人员进行演练内容、流程的培训,在演练的准备过程中,各单位应合理安排工作,保证相关人员参与演练活动的时间;通过组织观摩学习和培训,提高演练人员素质和技能,同时也使相关人员熟悉应急知识和技能。

3. 演练实施过程中,一般要安排专门人员,采用文字、照片和音像等手段记录演练过程。文字记录一般可由评估人员完成,主要包括演练实际开始与结束时间、演练过程控制情况、各项演练活动中参演人员的表现、意外情况及其处置等内容,尤其要详细记录可能出现的人员伤亡(如进入危险场所而无安全防护,在规定的时间内不能完成疏散等)及财产损失等情况。照片和音像记录可安排专业人员和宣传人员在不同现场、不同角度进行拍摄,尽可能全方位反映演练实施过程。

【参考示例】

×××单位
应急预案演练记录

预案名称:触电事故现场应急处置方案

组织单位:

实施日期:

目录

1. 预案演练通知
2. 预案演练方案
3. 演练总结报告
4. 演练现场图片
5. 应急演练效果评估

×××单位文件

关于开展触电事故现场应急处置演练的通知

各部门、全体职工:

定于××月××日开展触电事故现场应急处置预案演练,现将具体事项通知如下:

演练地点:

演练时间:

参加人员:

部门分工:

技术股:

生产股:

政办股:

×××单位
20××年××月××日

触电事故现场应急处置演练方案

一、指导思想

为进一步加强安全生产管理工作,控制和减少触电事故的发生,并在一旦发生触电事故时能够当机立断,采取有效措施和及时救援,最大限度地减少人员伤亡和财产损失。

出现职工触电的突发事故时,立即启动触电事故现场应急处置方案,减少人员伤亡和财产损失,保障员工安全。

二、演练目的和要求

（一）演练内容

职工触电事故现场应急处置。

（二）演练目的

1. 让职工熟悉触电事故现场应急处置方案，通过演练活动，提高职工处理触电事件的能力，一旦发生触电事故时能够当机立断，采取有效措施和及时救援，最大限度地减少人员伤亡和财产损失。

2. 检验方案是否合理、各项工作是否到位。

（三）演练要求

1. 在技术股统一指挥下，参演职工高度重视，提高认识，积极参加，确保演练工作达到预期目的。

2. 参演职工各司其职，相互协作，确保效果。

3. 完善预案，强化责任落实。在结束后及时总结，对存在的问题及时总结和纠正。

三、演练时间和地点

时间：

地点：

四、演练方案

（一）准备工作

由技术股宣读预案应急处置步骤，详述应急演练要点。由总指挥宣布演练开始。

（二）开始演练

由模拟人员模拟在巡视电缆时触电，同行人员立即切断电源，用干燥的竹竿作为工具，拨开触电者与电缆，使触电者脱离电源。现场大声呼救，请求其他值班人员救援，将伤者抬至阴凉处进行心肺复苏。同时汇报触电事故应急领导小组，领导小组接到通知后，立即启动应急预案，同时带领专业处置工作组赶赴现场，组织处理相关事宜。

（三）应急处理

事故抢险组根据应急救援预案和现场处置方案具体实施救援工作。

（1）现场人员、医疗救护组立即采取现场急救措施，如果触电者神志清醒，使其安静休息；如果触电者神志昏迷，但还有心跳呼吸，应该使触电者处于仰卧状态，解开衣服，以利于呼吸；周围的空气要流通，要严密观察，并迅速请医生前来诊治或送至医院检查治疗。如果触电者呼吸停止、心脏暂时停止跳动，应迅速对其进行人工呼吸和胸外按压。（本次演练采用心肺复苏）

（2）后勤保障组负责提供触电急救的急救物资，保证抢救物资到位；负责组织抢救车辆，负责运送事故抢救人员和抢救物资。

（3）由于应急处理及时、现场抢救措施得当，触电人员顺利获救。

（4）演练结束，进行总结。

触电事故现场应急处置演练活动总结报告

为进一步加强安全生产管理工作，控制和减少触电事故的发生，并在一旦发生触电事故时能够当机立断,采取有效措施和及时救援,最大限度地减少人员伤亡和财产损失。20××年××月××日,×××单位进行触电事故应急处置演练活动。

一、演练目的和要求

(一)演练内容

职工触电事故现场应急处置。

(二)演练目的

1. 让职工熟悉触电事故现场应急处置方案,通过演练活动,提高职工处理触电事件的能力,一旦发生触电事故时能够当机立断,采取有效措施和及时救援,最大限度地减少人员伤亡和财产损失。

2. 检验预案是否合理、各项工作是否到位。

(三)演练要求

1. 在技术股统一指挥下,全所职工高度重视,提高认识,积极参加,确保演练工作达到预期目的。

2. 全所职工各司其职,相互协作,确保效果。

3. 完善预案,强化责任落实。在结束后及时总结,对存在的问题及时总结和纠正。

二、演练时间和地点

时间:

地点:

三、演练组织机构

1. 应急预案演练领导小组

组长:

2. 事故抢险组

成员:

职责:接到命令后,根据应急救援预案和现场处置方案具体实施救援工作。

3. 医疗救护组

成员:

职责:负责现场伤员的紧急救治工作。

4. 后勤保障组

成员:

职责:负责车辆、器具、材料、备品配件准备以及现场后勤保障。

四、演练过程及内容

(一)准备工作

由技术股宣读预案应急处置步骤,详述应急演练要点。由总指挥宣布演练开始。

(二)开始演练

由模拟人员模拟在巡视电缆时触电,同行人员立即切断电源,用干燥的竹竿作为工具,拨开触电者与电缆,使触电者脱离电源。现场大声呼救,请求其他值班人员救援,将伤者抬至阴凉处进行心肺复苏抢救。同时汇报触电事故应急领导小组,领导小组接到通知后,立即启动应急预案,同时带领专业处置工作组赶赴现场,组织处理相关事宜。

（三）应急处理

（1）现场人员、医疗救护组立即采取现场急救措施,如果触电者神志清醒,使其安静休息;如果触电者神志昏迷,但还有心跳呼吸,应该使触电者处于仰卧状态,解开衣服,以利于呼吸;周围的空气要流通,要严密观察,并迅速请医生前来诊治或送至医院检查治疗。如果触电者呼吸停止、心脏暂时停止跳动,应迅速对其进行人工呼吸和胸外按压。

（2）后勤保障组负责提供触电急救的急救物资,保证抢救物资到位;负责组织抢救车辆,负责运送事故抢救人员和抢救物资。

（3）由于应急处理及时、现场抢救措施得当,触电人员顺利获救。

（4）相关人员向总指挥汇报指令执行完毕。

（5）演练结束,进行总结。

（四）演练点评

演练结束后,总指挥进行了点评,在肯定演练各方在演练过程中表现的基础上,客观指出演练人员在演练过程中暴露的问题以及演练方案需要细化、完善的地方。

五、演练成果

（1）本次演练一方面是定期的应急演练,另一方面其演练过程影像资料经过剪辑编辑后参加管理处预案演练视频评比活动。在演练的过程中,大家献计献策、打磨细节,又是对预案的一次完善。

（2）本次反事故演练针对低压用电情况下出现人员触电事故的应急处理,贴近实际,针对性强。

本次演练主要检验了以下内容：

① 相关人员对触电事故应急预案的熟悉程度。
② 相关人员演习中的规范、时效性掌握程度。
③ 相关人员对现场的应急反应能力及处置能力。
④ 急救设备、物资、材料的准备情况。

（3）故障发生后,参演人员执行事故汇报、预案启动、应急抢险等演练科目时操作规范、处置得当、反应迅速,现场进程与预定环节相符。通过演练,全面检验了抢险人员对突发事故的应急反应。

六、演练存在的不足

这次演练也存在一定的不足之处,需要我们不断改进和提高。

（1）应急演练的过程中,个别同志对应急预案的操作程序及时间节点要求不太熟悉。

（2）个别同志对人工呼吸和胸外按压环节步骤不熟悉,存在动作不规范之处。

应急预案效果评估表如表 4.84 所示。

表 4.84 应急预案效果评估表

名称			演练地点	
组织部门		总指挥		演练时间	
作业结束时间				
参加部门和人员				

续表

演练类别	☐实际演练　☐桌面演练 ☐提问讨论式演练 ☐全部预案　☐部分预案	实际演练部分	
物资准备和 人员培训情况			
演练过程描述			
预案适宜性、 充分性评审	适宜性：☐全部能够执行　☐执行过程不够顺利　☐明显不适宜 充分性：☐完全满足应急要求　☐基本满足,需要完善　☐不充分,必须修改		
演练效果评审	人员到位情况	☐迅速准确　☐基本按时到位　☐个别人员不到位　☐重点部位人员不到位 ☐职责明确,操作熟练　☐职责明确,操作不够熟练　☐职责不明,操作不熟练	
	物资到位情况	现场物资：☐现场物资充分,全部有效　☐现场准备不充分　☐现场物资严重缺乏 个人防护：☐全部人员防护到位　☐个别人员防护不到位　☐大部分人员防护不到位	
	协调组织情况	整体组织：☐准确、高效　☐协调基本顺利,能满足要求　☐效率低,有待改进 抢险组分工：☐合理、高效　☐基本合理,能完成任务　☐效率低,没有完成任务	
	实战效果评价	☐达到预期目标　☐基本达到目的,部分环节有待改进　☐没有达到目标,须重新演练	
	外部支援部门和协作有效性	报告上级：☐报告及时　☐联系不上 消防部门：☐按要求协作　☐行动迟缓 医疗救援部门：☐按要求协作　☐行动迟缓 周边单位配合：☐按要求配合　☐不配合	
存在问题和改进措施			

4.6.1.6 定期评估应急预案,根据评估结果及时进行修订和完善,并按照有关规定将修订的应急预案报备。

【考核内容】

定期评估应急预案,根据评估结果及时进行修订和完善,并按照有关规定将修订的应急预案报备。(5分)

【赋分原则】

查相关文件和应急预案文本；未定期评估,扣5分；评估对象不全,每缺一项扣1分；评估内容不全,每缺一项扣1分；未及时修订完善,每项扣1分；未按规定报备,每项扣1分。

【条文解读】

1. 当出现以下情况时,应进行应急预案的更新,进行修订和完善：

(1) 法律、法规的变化。

(2) 须对应急管理制度(体系)和政策做相应的调整和完善。

(3) 水管单位内部或外部发生了对实施应急预案有影响的变化。

(4) 通过演练和安全生产事故应急响应得到了启发性经验与教训。

(5) 须对应急响应的内容进行修订。

(6) 应急预案已到规定的修订时间。

(7) 其他情况。

【规程规范技术标准及相关要求】
1.《中华人民共和国安全生产法》(2021年修正)。
2.《国务院关于进一步加强企业安全生产工作的通知》(国发〔2010〕23号)。
3.《水利部生产安全事故应急预案(试行)》(水安监〔2016〕443号)。
4.《生产安全事故应急预案管理办法》(应急管理部令第2号)。
5.《生产经营单位生产安全事故应急预案编制导则》(GB/T 29639—2020)。

【备查资料】
1. 应急预案评审报告包括评审通知、会议记录、意见反馈、专家签名等。
2. 正式行文印发修订后的应急预案。
3. 应急预案培训台账。

【实施要点】
1. 水管单位要定期组织评审预案,有会议纪要,相关资料应归档管理。
2. 应急预案应当至少每三年修订一次,发生较大变更时应及时进行应急预案的更新,预案修订情况应有记录并归档。
3. 应急预案更新后水管单位要及时发布,并组织相关培训,有培训记录。

4.6.2 应急处置

4.6.2.1 发生事故后,启动相关应急预案,采取应急处置措施,开展事故救援,必要时寻求社会支援。

【考核内容】
发生事故后,启动相关应急预案,采取应急处置措施,开展事故救援,必要时寻求社会支援。

【赋分原则】
查相关文件和记录;发生事故未及时启动应急预案,扣3分;未及时采取应急处置措施,扣3分。

【条文解读】
1. 单位发生事故后,应当立即启动生产安全事故应急预案,研究制定并组织实施相关处置措施,防止事故扩大,同时向单位负责人进行报告。启动应急预案的方式有口头、电话、广播或书面签署。
2. 单位负责人接到报告后,应当于1小时内向上级主管部门和当地安全生产监督管理部门报告。

【规程规范技术标准及相关要求】
《中华人民共和国安全生产法》(2021年修正):

第五十条 生产经营单位发生生产安全事故时,单位的主要负责人应当立即组织抢救,并不得在事故调查处理期间擅离职守。

第八十三条 生产经营单位发生生产安全事故后,事故现场有关人员应当立即报告本单位负责人。

单位负责人接到事故报告后,应当迅速采取有效措施,组织抢救,防止事故扩大,减少人员伤亡和财产损失,并按照国家有关规定立即如实报告当地负有安全生产监督管理职责的部门,不得隐瞒不报、谎报或者迟报,不得故意破坏事故现场、毁灭有关证据。

第八十四条 负有安全生产监督管理职责的部门接到事故报告后,应当立即按照国家有关规定上报事故情况。负有安全生产监督管理职责的部门和有关地方人民政府对事故情况不得隐瞒不报、谎报或者迟报。

第八十五条 有关地方人民政府和负有安全生产监督管理职责的部门的负责人接到生产安全事故报告后,应当按照生产安全事故应急救援预案的要求立即赶到事故现场,组织事故抢救。

参与事故抢救的部门和单位应当服从统一指挥,加强协同联动,采取有效的应急救援措施,并根据事故救援的需要采取警戒、疏散等措施,防止事故扩大和次生灾害的发生,减少人员伤亡和财产损失。

事故抢救过程中应当采取必要措施,避免或者减少对环境造成的危害。

任何单位和个人都应当支持、配合事故抢救,并提供一切便利条件。

【备查资料】

1. 事故报告制度及相关文件。
2. 现场救援记录(文字、音像记录等)。

【实施要点】

1. 水管单位发生事故后要立即向单位领导报告,及时启动应急预案,组织有关力量进行救援,减少损失,并按照规定将事故信息及应急预案启动情况报告安全生产监督管理部门和其他负有安全生产监督管理职责的部门。

2. 开展事故救援时,参与人员要履行职责,确保救援工作顺利进行。

3. 开展事故救援的任务有:搜救伤员、疏散人员;实施警戒,维护治安;专业救援,现场救护;消防灭火,封堵泄漏源;保障物资,确保救援;抢修设备,恢复生产等。事故救援后要总结应急工作,修订救援预案。

4. 水管单位发生事故后的救援工作要有记录,并及时存档。

4.6.2.2 应急救援结束后,应尽快完成善后处理、环境清理、监测等工作。

【考核内容】

应急救援结束后,应尽快完成善后处理、环境清理、监测等工作。

【赋分原则】

查相关记录;未按规定进行总结评估,每次扣1分。

【条文解读】

1. 水管单位在下述几个方面的工作完成之后才能确定事故应急救援工作的结束:造成事故的各方面因素,以及引发事故的危险因素和有害因素已经达到规定的安全条件,生产、生活恢复正常;在事故处理过程中,为防止事故次生灾害的发生而关停的水、气、电力及交通管制等恢复正常。

2. 事故应急救援工作结束后,经对现场进行检测,确认造成事故的各方面因素以及事故引发的危险因素和有害因素已经达到规定的安全条件,清理废墟和恢复基本设施,将事故现场恢复至相对稳定的状态后,由事故应急救援指挥部下达终止事故应急预案的指令,通知相关部门及地方政府危险解除,由地方政府通知周边相关部门和地区。

3. 水管单位在救援结束后应认真分析总结应急救援经验教训,并提出改进应急救援工作的建议、编制应急救援报告,为今后应急预案修订完善提供经验。

【规程规范技术标准及相关要求】

1.《中华人民共和国安全生产法》(2021年修正):

第八十六条 事故调查处理应当按照科学严谨、依法依规、实事求是、注重实效的原则,及时、准确地查清事故原因,查明事故性质和责任,评估应急处置工作,总结事故教训,提出整改措施,并对事故责任单位和人员提出处理建议。事故调查报告应当依法及时向社会公布。事故调查和处理的具体办法由国务院制定。

事故发生单位应当及时全面落实整改措施,负有安全生产监督管理职责的部门应当加强监督检查。

负责事故调查处理的国务院有关部门和地方人民政府应当在批复事故调查报告后一年内,组织有关部门对事故整改和防范措施落实情况进行评估,并及时向社会公开评估结果;对不履行职责导致事故整改和防范措施没有落实的有关单位和人员,应当按照有关规定追究责任。

2.《生产安全事故报告和调查处理条例》(国务院令第493号)。

3.《生产安全事故应急处置评估暂行办法》(安监总厅应急〔2014〕95号):

第八条 事故单位和现场指挥部应当分别总结事故应急处置工作,向事故调查组和上一级安全生产监管监察部门提交总结报告。

事故单位和现场指挥部应当妥善保存并整理好与应急处置有关的书证和物证。

【备查资料】

1. 事故善后处理、环境清理及监测记录。
2. 事故应急处置工作评估总结报告。

【实施要点】

1. 水管单位在应急救援结束后要及时消除潜在危险,清理现场及周边,完成对受影响区域检测等善后工作。
2. 总结救援工作:认真全面分析救援过程中的不足和教训,形成工作报告,报有关部门。

4.6.3 应急评估

每年应进行一次应急准备工作的总结评估。完成险情或事故应急处置结束后,应对应急处置工作进行总结评估。

【考核内容】

每年应进行一次应急准备工作的总结评估。完成险情或事故应急处置结束后,应对应急处置工作进行总结评估。(5分)

【赋分原则】

查相关记录;未按规定进行总结评估,每次扣1分。

【条文解读】

水管单位在救援结束后应认真分析总结应急救援经验教训,并提出改进应急救援工作的建议、编制应急救援报告,为今后应急预案修订完善提供经验。

【规程规范技术标准及相关要求】

《中华人民共和国安全生产法》(2021年修正):

第八十六条 事故调查处理应当按照科学严谨、依法依规、实事求是、注重实效的原则,及时、准确地查清事故原因,查明事故性质和责任,评估应急处置工作,总结事故教训,提出整改措施,并对事故责任单位和人员提出处理建议。事故调查报告应当依法及时向社会公布。事故调查和处理的具体办法由国务院制定。

事故发生单位应当及时全面落实整改措施,负有安全生产监督管理职责的部门应当加强监督检查。

负责事故调查处理的国务院有关部门和地方人民政府应当在批复事故调查报告后一年内,组织有关部门对事故整改和防范措施落实情况进行评估,并及时向社会公开评估结果;对不履行职责导致事故整改和防范措施没有落实的有关单位和人员,应当按照有关规定追究责任。

【备查资料】

1. 年度应急准备工作总结评估报告。
2. 年度应急处置工作总结评估报告。(如有)

【实施要点】

总结救援工作:认真全面分析救援过程中的不足和教训,形成工作报告,报有关部门。

【参考示例】

20××年度×××单位应急管理工作评估总结报告

为了应对可能突发的重大安全生产事故,迅速有效地组织开展事故抢险、救援、救灾工作,最大限度地减少人员伤亡和财产损失,保护职工在生产活动中的身体健康和生命安全,结合本工程的特点、重点、难点及风险点,单位编制了安全生产事故应急预案。应急预案体系主要包含综合应急预案、专项应急预案、现场处置方案。及时组织相关人员学习应急救援知识,顺利完成了年度安全生产各项管理目标,应急管理水平取得了一定的提高。

一、应急管理工作情况

单位年内没有发生轻伤以上的安全生产事故、自然灾害公共卫生事件和社会安全事件。

二、建立应急管理领导机构,强化应急管理责任

为了确保突发事故时能快速、有序、有效地开展应急救援抢险工作,经管理所成立应急管理机构,设立应急处置领导小组,主要负责人是安全生产应急管理第一责任人,统一领导单位的突发事故(事件)救援工作。

应急处置领导小组

组长：

副组长：

成员：

应急领导小组办公室设在技术股，主要负责应急工作的实施、指导、监督、检查、情况汇总等工作。

三、逐步完善应急预案体系，健全应急管理制度

为加强应急管理工作，切实提高对特别重大、重大、较大突发事件的处置能力和快速反应能力，20××年对安全应急预案进行了修订，形成了综合预案1项、专项预案16项、现场处置方案16项。综合应急预案是本工程应急预案体系的总纲，是应对各类事故的综合性文件。专项应急预案是应对某一类型或某几种类型突发事件而制定的涉及多个部门职责的应急预案。现场处置方案是根据风险评估及危险性控制措施逐一编制的，并对相关人员进行培训，以做到迅速反应、正确处置。

同时建立了危险源清单，识别一般危险源90项、重大危险源14项；根据重要危险源的风险等级，制定了应对措施，对重大危险源实行责任落实到人的重点监控。

为了保证应急机构的正常运转和应急救援工作的顺利进行，管理所建立健全了应急值班制度、检查制度、例会制度等32项管理制度，各应急机构按照职责要求，认真做好各项应急救援工作，从而做到应急情况发生时救援及时得力。

四、强化应急救援队伍建设，组织应急救援演练

为了保证应急情况发生时救援及时得力，×××单位高度重视安全生产应急救援队伍的建设，把队伍建设和提高应急管理能力作为一项重要的基础性工作来抓，主要救援人员由管理人员及协作队人员担任，在人员发生变动时及时更换救援人员，保证应急救援队伍的稳定发展。

20××年单位先后组织了三次应急演练，包括：火灾事故应急演练、触电事故现场处置应急演练、水闸运行事故预案演练，同时派员参加×××防汛演练。主要针对应急救援人员的快速组织、救援程序，还有救援物资储存地点及人员对救援器具的熟练使用情况进行演练，并根据演练结果进行经验总结评价，对演练中发现预案存在的问题进行了修正。通过让应急救援的相关人员参加演练来掌握应急救援的相关程序和应急救援内容；组织相关人员参加安全培训，提高救援队伍的管理、救援水平；认真做好入场人员的安全教育活动，将工作人员业务素质培训融入日常工作中，并作为一项经常性的工作来抓。

五、抓好现场安全生产，开展预防事故检查

坚持把安全检查制度当作重要管理环节落实。确立"以联合检查为导向，强化内部的循环检查"的原则，各部门联合不定期开展检查；安全检查是安全管理的一项重要手段。在生产过程中，难免会出现各种各样的安全隐患，而正确处理好这些隐患的办法就是进行安全检查。对于在生产过程中出现的问题，要定人、定措施进行整改，从而避免安全事故的发生。20××年共排查隐患9项，全部整改到位。

认真开展了安全隐患排查工作，加大了安全隐患排查力度。每季度，技术股根据工程的安全防范重点、特点及风险点，结合实际情况，针对出现的情况，认真进行了安全工作分析，对分析出来的风险源，按照风险等级进行分类，确定了重大风险源，制定了相应

的管控措施,明确了安全生产管理责任人,加强了重要风险部位的安全检查。

六、找出应急管理薄弱环节,提高应急管理水平

按照上级部门的有关要求,充分发挥预案在预防和应对中的重要作用;加强应急预案的编制、修订和完善工作,逐步形成相互衔接、完整配套的应急预案体系;认真做好突发事件的信息报告工作,坚持24小时值班制度,认真做好日常值守应急和信息汇总工作;进一步提高信息报告的效率和质量,进一步严格执行重大事项报告制度;应急管理水平有了一定的提高,但还是存在不足的地方。

(1) 应急演练开展还需进一步加强,提高每个人对预案的了解程度。

(2) 须进一步加强应急处置能力培训,特别是溺水、心肺复苏等常用应急处置方法的培训工作。

(3) 进一步修订预案,解决在演练过程中发现的问题,提高预案的针对性和可操作性。

4.7 模块七:事故管理

4.7.1 事故报告

4.7.1.1 事故报告、调查和处理制度应明确事故报告(包括程序、责任人、时限、内容等)、调查和处理内容(包括事故调查、原因分析、纠正和预防措施、责任追究、统计与分析等),应将造成人员伤亡(轻伤、重伤、死亡等人身伤害和急性中毒)、财产损失(含未遂事故)和较大涉险事故纳入事故调查和处理范畴。

【考核内容】

事故报告、调查和处理制度应明确事故报告(包括程序、责任人、时限、内容等)、调查和处理内容(包括事故调查、原因分析、纠正和预防措施、责任追究、统计与分析等),应将造成人员伤亡(轻伤、重伤、死亡等人身伤害和急性中毒)、财产损失(含未遂事故)和较大涉险事故纳入事故调查和处理范畴。(3分)

【赋分原则】

查制度文本;未以正式文件发布,扣3分;制度内容不全,每缺一项扣1分;制度内容不符合有关规定,每项扣1分。

【条文解读】

1. 生产安全事故,是指生产经营单位在生产经营活动中发生的造成人身伤亡或者直接经济损失的事故。根据生产安全事故造成的人员伤亡或者直接经济损失,事故一般分为以下等级:

(1) 特别重大事故,是指造成30人以上死亡,或者100人以上重伤(包括急性工业中毒,下同),或者1亿元以上直接经济损失的事故;

(2) 重大事故,是指造成10人以上30人以下死亡,或者50人以上100人以下重伤,或者5 000万元以上1亿元以下直接经济损失的事故;

(3) 较大事故,是指造成3人以上10人以下死亡,或者10人以上50人以下重伤,或

者 1 000 万元以上 5 000 万元以下直接经济损失的事故;

(4)一般事故,是指造成 3 人以下死亡,或者 10 人以下重伤,或者 1 000 万元以下直接经济损失的事故。

2. 水利生产安全事故信息包括生产安全事故和较大涉险事故信息。较大涉险事故包括:涉险 10 人及以上的事故;造成 3 人及以上被困或者下落不明的事故;紧急疏散人员 500 人及以上的事故;危及重要场所和设施安全(电站、重要水利设施、危化品库、油气田和车站、码头、港口、机场及其他人员密集场所等)的事故;其他较大涉险事故。

3. 水利工程管理单位、部直属单位应当通过信息系统将上月本单位发生的造成人员死亡、重伤(包括急性工业中毒)或者直接经济损失在 100 万元以上的水利生产安全事故和较大涉险事故情况逐级上报至水利部。省级水行政主管部门、部直属单位须于每月 6 日前,将事故月报通过信息系统报水利部安全监督司。

【规程规范技术标准及相关要求】

1.《中华人民共和国安全生产法》(2021 年修正):

第八十三条　生产经营单位发生生产安全事故后,事故现场有关人员应当立即报告本单位负责人。

单位负责人接到事故报告后,应当迅速采取有效措施,组织抢救,防止事故扩大,减少人员伤亡和财产损失,并按照国家有关规定立即如实报告当地负有安全生产监督管理职责的部门,不得隐瞒不报、谎报或者迟报,不得故意破坏事故现场、毁灭有关证据。

第八十四条　负有安全生产监督管理职责的部门接到事故报告后,应当立即按照国家有关规定上报事故情况。负有安全生产监督管理职责的部门和有关地方人民政府对事故情况不得隐瞒不报、谎报或者迟报。

第八十五条　有关地方人民政府和负有安全生产监督管理职责的部门的负责人接到生产安全事故报告后,应当按照生产安全事故应急救援预案的要求立即赶到事故现场,组织事故抢救。

参与事故抢救的部门和单位应当服从统一指挥,加强协同联动,采取有效的应急救援措施,并根据事故救援的需要采取警戒、疏散等措施,防止事故扩大和次生灾害的发生,减少人员伤亡和财产损失。

事故抢救过程中应当采取必要措施,避免或者减少对环境造成的危害。

任何单位和个人都应当支持、配合事故抢救,并提供一切便利条件。

2.《生产安全事故报告和调查处理条例》(国务院令第 493 号):

第四条　事故报告应当及时、准确、完整,任何单位和个人对事故不得迟报、漏报、谎报或者瞒报。事故调查处理应当坚持实事求是、尊重科学的原则,及时、准确地查清事故经过、事故原因和事故损失,查明事故性质,认定事故责任,总结事故教训,提出整改措施,并对事故责任者依法追究责任。

第九条　事故发生后,事故现场有关人员应当立即向本单位负责人报告;单位负责人接到报告后,应当于 1 小时内向事故发生地县级以上人民政府安全生产监督管理部门和负有安全生产监督管理职责的有关部门报告。

第十四条　事故发生单位负责人接到事故报告后,应当立即启动事故相应应急预案,或者采取有效措施,组织抢救,防止事故扩大,减少人员伤亡和财产损失。

第十六条 事故发生后,有关单位和人员应当妥善保护事故现场以及相关证据,任何单位和个人不得破坏事故现场、毁灭相关证据。因抢救人员、防止事故扩大以及疏通交通等原因,需要移动事故现场物件的,应当做出标志,绘制现场简图并作出书面记录,妥善保存现场重要痕迹、物证。

【备查资料】

1. 以正式文件发布的事故管理制度。

2. 事故报告记录。

【实施要点】

1. 水管单位要依据《中华人民共和国安全生产法》《生产安全事故报告和调查处理条例》(国务院令第493号)、《水利安全生产信息报告和处置规则》(水安监〔2016〕220号)、《关于进一步做好生产安全事故统计信息归口直报工作的通知》(苏安办〔2016〕64号)等有关法律法规,结合工程管理实际制定《生产安全事故报告和调查处理制度》。制度须包括事故报告、事故调查、原因分析、预防措施、责任追究、统计与分析等内容,内容应齐全。

2. 以正式文件发布。

【参考示例】

×××单位文件

安×〔20××〕×号

关于印发《生产安全事故报告和调查处理制度》的通知

各部门:

为规范生产安全事故报告和调查处理,根据国家安全生产法律法规、规范规程,并结合单位实际情况,单位编制了《生产安全事故报告和调查处理制度》,现印发给你们,希望认真贯彻执行。执行过程中如遇到问题,请及时向×××反馈。

特此通知。

附件:生产安全事故报告和调查处理制度

×××单位

20××年××月××日

生产安全事故报告和调查处理制度

第一章 总则

第一条 为防止和减少生产安全事故,严格追究生产安全事故发生单位及其有关责任人员的法律责任,正确适用事故罚款的行政处罚,依照《中华人民共和国安全生产法》《生产安全事故报告和调查处理条例》的规定,制定本制度。

第二条 本制度适用于管理范围内生产经营活动中发生的造成人身伤亡或者直接经济损失的生产安全事故的报告和调查处理。

第三条 根据生产安全事故(以下简称"事故")造成的人员伤亡或者直接经济损失,

事故一般分为以下等级:

(一)特别重大事故,是指造成30人以上死亡,或者100人以上重伤(包括急性工业中毒,下同),或者1亿元以上直接经济损失的事故。

(二)重大事故,是指造成10人以上30人以下死亡,或者50人以上100人以下重伤,或者5 000万元以上1亿元以下直接经济损失的事故。

(三)较大事故,是指造成3人以上10人以下死亡,或者10人以上50人以下重伤,或者1 000万元以上5 000万元以下直接经济损失的事故。

(四)一般事故,是指造成3人以下死亡,或者10人以下重伤,或者1 000万元以下直接经济损失的事故。

第二章 职责

第四条 单位安全生产领导小组负责对各类事故进行统计,并主管、协调或监督各类事故的调查报告处理,确保该制度的有效执行。

第五条 工会依法参加事故调查处理,有权向有关部门提出处理意见。

第三章 事故报告

第六条 事故发生后,事故现场有关人员应立即向本单位负责人报告;单位负责人接到报告后,应当于1小时内向事故发生地县级以上人民政府安全生产监督管理部门和负有安全生产监督管理职责的有关部门报告。

第七条 情况紧急时,事故现场有关人员可以直接向事故发生地县级以上人民政府安全生产监督管理部门和负有安全生产监督管理职责的有关部门报告。

第八条 事故报告应当包括下列内容:

(一)事故发生单位概况。

(二)事故发生的时间、地点以及事故现场情况。

(三)事故的简要经过。

(四)事故已经造成或可能造成的伤亡人数(包括下落不明的人数)和初步估计的直接经济损失。

(五)已经采取的措施。

(六)其他应报告的情况。

第九条 单位负责人接到事故报告后,应当立即启动事故相应应急预案,或者采取有效措施,组织抢救,防止事故扩大,减少人员伤亡和财产损失。

第十条 事故发生后,应当妥善保护事故现场以及相关证据,任何单位和个人不得破坏事故现场、毁灭相关证据。

第四章 事故调查与分析

第十一条 特别重大事故由国务院或国务院授权有关部门组织事故调查组进行调查。

重大事故、较大事故、一般事故分别由省、市人民政府、上级主管部门负责调查,也可以委托有关部门组织事故调查组进行调查。

第十二条 事故调查组成员应符合下列条件。

(一)有事故调查所需要的某一方面的专长。

（二）与所发生的事故没有直接的利害关系。

第十三条 事故调查组的职责

（一）查明事故发生的经过、原因、人员伤亡情况及直接经济损失。

（二）认定事故的性质和事故责任。

（三）提出对事故责任者的处理建议。

（四）总结事故教训，提出防范和整改措施。

（五）提交事故调查报告。

第十四条 事故调查组有权向相关人员了解与事故有关的情况，并要求其提供相关文件、资料，有关单位和个人不得拒绝。

第十五条 单位负责人和有关人员在事故调查期间不得擅离职守，并应当随时接受事故调查组的询问，如实提供有关情况。

第五章 事故责任与追究

第十六条 事故原因及责任者分类

（一）直接原因：指直接导致事故发生的原因。

（二）间接原因：指间接导致事故发生的原因。

（三）直接责任者：凡对导致事故发生的直接原因负有责任的人员。

（四）间接责任者：凡对导致事故发生的间接原因负有责任的人员，均属事故间接责任者（一般包括领导责任者）。

（五）主要责任者：在事故过程中，起主要作用的事故责任者（直接或间接），均属事故主要责任者。

第十七条 事故责任的划分

（一）安全管理实行行政首长负责制。正职分配的工作，副职不执行或拖延未办而造成事故的，由副职负责；副职向正职反映、建议，得不到重视和支持或不研究解决而造成事故的，由正职负责。

（二）已发现缺陷，领导不采取措施而造成事故的，由领导者承担责任；已制定措施，由于不执行而酿成事故的，由违反者承担责任。

（三）由于有章不循违反操作规程而发生事故的，由责任人和责任部门负责；由于规章制度不健全而导致事故发生的，由其管理部门负责；已制定规章制度由于领导不颁发或不组织实施的，由领导负责。

（四）因管理不善、纪律涣散、违章违纪严重而发生事故的，应追究主要领导者责任。

（五）特殊工种操作人员必须经过考核合格取得特种作业操作证和职业资格证书才能独立操作。无证独立操作发生事故的，由委托其操作者负责；已取得特种作业操作证，但不认真履行职责，不执行各项规程、操作方法、操作指导书而违章作业发生事故的，由其本人负责。

（六）下达任务，不制定安全措施或措施制定不当而发生事故的，由任务下达者负主要责任；不按措施执行而发生事故的，则由违反者负主要责任。

第六章 统计与分析

第十八条 安全生产领导小组定期对管理范围内生产安全事故进行统计、分析及逐级上报。报送时限一般分为月报、季报和年报。报表按照水利部的要求报送。

第七章 附则

第十九条 本制度由单位安全生产领导小组办公室负责解释,自发布之日起实施。

4.7.1.2 发生事故后按照有关规定及时、准确、完整地向有关部门报告,事故报告后出现新情况的,应当及时补报。

【考核内容】

发生事故后按照有关规定及时、准确、完整地向有关部门报告,事故报告后出现新情况的,应当及时补报。(3分)

【赋分原则】

查相关文件和记录;抢救措施不力,导致事故扩大,扣4分;未有效保护现场及有关证据,扣4分。

【条文解读】

1. 事故发生后,事故现场有关人员应当立即向单位(部门)负责人电话报告;单位(部门)负责人接到报告后,应当立即向上级主要负责人和分管领导电话报告;主要负责人接到报告后,在1小时内向所在县、区水行政主管部门电话报告。其中,水利工程建设项目事故发生单位应立即向项目法人(项目部)负责人报告,项目法人(项目部)负责人应于1小时内向管理处主要负责人报告。

2. 事故报告的内容应当包括:事故发生单位概况;事故发生的时间、地点以及事故现场情况;事故的简要经过;事故已经造成或者可能造成的伤亡人数(包括下落不明的人数)和初步估计的直接经济损失;已经采取的措施;其他应当报告的情况。事故报告后出现新情况时,应当及时补报。自事故发生之日起30日内,事故造成的伤亡人数发生变化的,应当及时补报。道路交通事故、火灾事故自发生之日起7日内,事故造成的伤亡人数发生变化的,应当及时补报。

3. 水管单位若存在迟报、漏报、谎报和瞒报事故行为,不得评定为安全生产标准化达标单位。

4. 迟报、漏报、谎报和瞒报事故行为是指:报告事故时间超过规定时限;因过失对应当上报的事故或者事故发生的时间、地点、类别、伤亡人数、直接经济损失等内容遗漏未报;故意不如实报告事故发生的时间、地点、类别、伤亡人数、直接经济损失等内容;故意隐瞒已经发生的事故。

【规程规范技术标准及相关要求】

1.《中华人民共和国安全生产法》(2021年修正)。

2.《生产安全事故报告和调查处理条例》(国务院令第493号)。

3.《水利安全生产信息报告和处置规则》(水安监〔2016〕220号)。

【备查资料】

事故报告表。

【实施要点】

1. 水管单位应每月在水利部水利安全信息上报系统中及时上报当月发生的安全生产事故,若没有发生安全生产事故也应及时上报。

2. 水管单位若发生安全生产事故,单位负责人接到报告后,应当于1小时内向事故发生地县级以上人民政府安全生产监督管理部门和负有安全生产监督管理职责的有关部门报告,并做好事故上报记录,按年度进行归档管理。

3. 水管单位发生安全生产事故后要立即保护现场,不得破坏事故现场、毁灭相关证据,因抢救人员、防止事故扩大以及疏通交通等原因,需要移动事故现场物件的,应当做出标志,绘制现场简图并做出书面记录,妥善保存现场重要痕迹、物证。

【参考示例】

事故报告表如表 4.85 所示。

表 4.85 事故报告表

填报单位: 　　　　　　　　　　　　　填报时间: 　年　月　日

事故发生时间		事故发生地点	
事故单位	名称		
	类型		
	主要负责人		
	联系方式		
	上级主管部门(单位)		
事故工程概况	名称		
	开工时间		
	工程规模		
	项目法人	名称	
		上级主管部门	
	设计单位	名称	
		资质	
	施工单位	名称	
		资质	
	监理单位	名称	
		资质	
	竣工验收时间		
	投入使用时间		
伤亡人员基本情况			
事故简要经过			
事故已经造成和可能造成的伤亡人数,初步估计事故造成的直接经济损失			

续表

事故抢救进展情况和采取的措施	
其他有关情况	

填报说明:(1) 事故单位类型填写:① 水利工程建设;② 水利工程管理;③ 农村水电站及配套电网建设与运行;④ 水文测验;⑤ 水利工程勘测设计;⑥ 水利科学研究实验与检验;⑦ 后勤服务和综合经营;⑧ 其他。非水利系统事故单位,应予以注明。

(2) 事故不涉及水利工程的,工程概况不填。

水利生产安全事故月报表如表 4.86 所示。

表 4.86 水利生产安全事故月报表

填报单位:(盖章)　　　　　　　　　　　　　　　　　填报时间:　　年　　月　　日

序号	事故发生时间	发生事故单位		事故工程	事故类别	事故级别	死亡人数	重伤人数	直接经济损失	事故原因	事故简要情况
		名称	类型								

单位负责人签章:　　　　　　部门负责人签章:　　　　　　制表人签章:

填表说明:
(1) 事故单位类型填写:① 水利工程建设;② 水利工程管理;③ 农村水电站及配套电网建设与运行;④ 水文测验;⑤ 水利工程勘测设计;⑥ 水利科学研究实验与检验;⑦ 后勤服务和综合经营;⑧ 其他。非水利系统事故单位,应予以注明。
(2) 事故不涉及工程的,该栏填"无"。
(3) 事故类别填写内容为:① 物体打击;② 车辆伤害;③ 机械伤害;④ 起重伤害;⑤ 触电;⑥ 淹溺;⑦ 灼烫;⑧ 火灾;⑨ 高处坠落;⑩ 坍塌;⑪ 冒顶片帮;⑫ 透水;⑬ 放炮;⑭ 火药爆炸;⑮ 瓦斯煤层爆炸;⑯ 其他爆炸;⑰ 容器爆炸;⑱ 煤与瓦斯突出;⑲ 中毒和窒息;⑳ 其他伤害。可直接填写类别代号。
(4) 重伤事故按照《企业职工伤亡事故分类》(GB 6441—86)和《事故伤害损失工作日标准》(GB/T 15499—1995)定性。
(5) 直接经济损失按照《企业职工伤亡事故经济损失统计标准》(GB 6721—86)确定。
(6) 每月 6 日前通过水利安全生产信息上报系统逐级上报至水利部安全监督司。
(7) 本月无事故,应在表内填写"本月无事故"。

生产安全事故信息快报如表 4.87 所示。

表 4.87 生产安全事故信息快报

(接到生产安全事故信息 24 小时内通报同级安全生产监管部门)

通报时间:

通报单位		通报人		联系电话	
事故发生时间	年　　月　　日　　时　　分					
事故发生地点	省　　　市　　　县(市、区)　　　乡镇 (铁路交通、水上交通、渔业船舶、民航飞行事故填写到省级,其他行业事故至少填写到县级)				
事故发生单位	(交通运输、渔业船舶、农业机械事故填写车辆、船舶、农机牌号、核载、实载、渔船登记注册地等相关信息)				

续表

死亡人数(含失踪或下落不明)		人	受伤人数		人	其中重伤人数		人
事故类型				管理分类				
事故概况								
事故其他情况								

填表说明:(1)事故类型包括:①物体打击;②车辆伤害;③机械伤害;④起重伤害;⑤触电;⑥淹溺;⑦灼烫;⑧火灾;⑨高处坠落;⑩坍塌;⑪容器爆炸;⑫其他爆炸;⑬中毒和窒息;⑭其他伤害;⑮道路运输。

(2)管理分类包括:①煤矿;②石油天然气;③金属非金属矿山;④建筑施工;⑤化工;⑥烟花爆竹;⑦轻工;⑧冶金;⑨机械;⑩有色;⑪建材;⑫纺织;⑬道路运输;⑭水上交通;⑮渔业船舶;⑯其他。

生产安全事故信息续报如表 4.88 所示。

表 4.88 生产安全事故信息续报
(生产安全事故发生 7 日内通报同级安全生产监管部门)

通报时间:

填报单位		填报人		联系方式	
事故发生单位					
事故标识		□依法登记注册单位事故 / □非单位类事故			
所属行业		(门类) (大类) (中类) (小类)			
事故发生时间		年 月 日 时 分			
事故发生地点		省 市 县(市、区) 乡镇			
死亡人数(含失踪或下落不明)		受伤人数		其中重伤人数	
事故类型		管理分类		单位性质	
直接经济损失		社会信用代码		单位规模	
登记注册类型		起因物		致害物	
事故原因					
不安全行为		不安全状态		是否为举报事故	
事故概况					
事故发生单位详细情况					
建筑施工(以下仅为建筑业事故填写)					
建设单位名称					
所属行业		(门类) (大类) (中类) (小类)			
是否为央企		建筑施工类型			

续表

伤亡人员信息登记表							
姓名	性别	年龄	文化程度	状态	是否职业死亡	有无工伤保险	

填表说明：
(1) 本报表可在事故发生后 7 日内多次报送，30 日内发生变化的(道路运输和火灾除外)应及时续报。
(2) 事故标识：依法登记取得营业执照的生产经营单位发生的生产安全事故，纳入"依法登记注册单位事故"统计，国家机关、事业单位、人民团体在执行公务过程中发生的事故参照执行。
(3) 所属行业：按《国民经济行业分类》(GB/T 4754—2017)填写。
(4) 单位性质：是指央企、省属、市属、县属或其他。
(5) 受伤状态：受伤指造成从业者肢体伤残，或某些器官功能性或器质性损伤，表现为劳动能力受到伤害，需歇工 3 个工作日及以上。重伤指造成从业者肢体残废、容貌损毁，丧失听觉、视觉或其他器官功能，或者其他对人身健康有重大伤害的损伤，必须歇工 105 个工作日及以上。
(6) 建筑施工类型：房屋、市政、园林绿化、轨道交通、水利、电力、电信、道路、部队建设工程，未办或不许办开工许可证的小型工程、建筑安装装饰、其他建设工程。
(7) 人员信息状态：死亡、受伤或重伤。
(8) 职业死亡：指事故中，本生产经营单位从业人员死亡。

4.7.2 事故调查和处理

【考核内容】

4.7.2.1 发生事故后，采取有效措施，防止事故扩大，并保护事故现场及有关证据。(4 分)

4.7.2.2 事故发生后按照有关规定，组织事故调查组对事故进行调查，查明事故发生的时间、经过、原因、波及范围、人员伤亡情况及直接经济损失等。事故调查组应根据有关证据、资料，分析事故的直接、间接原因和事故责任，提出应吸取的教训、整改措施和处理建议，编制事故调查报告。(7 分)

4.7.2.3 事故发生后，由有关人民政府组织事故调查的，应积极配合开展事故调查。(3 分)

4.7.2.4 按照"四不放过"的原则进行事故处理。(4 分)

4.7.2.5 妥善处理伤亡人员的善后工作，并按规定办理工伤认定，且保存档案。(3 分)

【赋分原则】

查相关文件和记录；抢救措施不力，导致事故扩大，扣 4 分；未有效保护现场及有关证据，扣 4 分。查事故调查报告；无事故调查报告，扣 7 分；报告内容不符合规定，每项扣

2分。未积极配合开展事故调查,扣3分;未按"四不放过"的原则处理,扣4分。

【条文解读】

1. 事故发生后,现场部门负责人员在进行事故报告的同时,应迅速组织实施应急管理措施,撤离、疏散现场人员和群众,防止事故蔓延扩大;事故发生后,如导致人员伤亡时,应立即组织对受伤人员的救护;保护事故现场。

2. 水管单位的主要负责人接到事故报告后必须立即赶到事故现场组织抢救。立即启动相关预案,采取可行措施,有效控制事故进一步蔓延扩大,减少人员伤亡和经济损失。事故现场必须严格按照规定进行保护,相关的证据也必须及时保护好,以便于下一步的事故调查和分析工作的开展。

3. 水管单位在发生水利生产安全事故后要密切配合上级事故调查组调查。发生等级以下生产安全事故应组成事故调查组,进行调查处理。

4. 政府部门对本单位安全生产事故的调查报告要及时保存并公开。

5. 水管单位要编制并按时限报送单位等级以下事故调查报告,调查报告内容齐全,报告及时保存并公开。

6. "四不放过"原则是指:事故原因未查清不放过、责任人员未处理不放过、整改措施未落实不放过、有关人员未受到教育不放过。生产安全事故责任人员,既包括水管单位中对造成事故负有直接责任的人员,也包括水管单位中对安全生产负有领导责任的单位负责人,还包括有关部门对生产安全事故的发生负有领导责任或者有失职、渎职情形的有关人员。水管单位发生生产安全事故后应当认真吸取事故教训,及时落实防范和整改措施,防止事故再次发生。防范和整改措施的落实应接受工会和职工的监督。安全生产监督管理部门和负有安全生产监督管理职责的有关部门应当对事故发生单位负责落实防范和整改措施情况进行监督检查。

【规程规范技术标准及相关要求】

1.《中华人民共和国安全生产法》:

第八十三条 事故调查处理应当按照科学严谨、依法依规、实事求是、注重实效的原则,及时、准确地查清事故原因,查明事故性质和责任,总结事故教训,提出整改措施,并对事故责任者提出处理意见。事故调查报告应当依法及时向社会公布。事故调查和处理的具体办法由国务院制定。

事故发生单位应当及时全面落实整改措施,负有安全生产监督管理职责的部门应当加强监督检查。

第八十四条 生产经营单位发生生产安全事故,经调查确定为责任事故的,除了应当查明事故单位的责任并依法予以追究外,还应当查明对安全生产的有关事项负有审查批准和监督职责的行政部门的责任,对有失职、渎职行为的,依照本法第七十七条的规定追究法律责任。

第八十五条 任何单位和个人不得阻挠和干涉对事故的依法调查处理。

2.《生产安全事故报告和调查处理条例》(国务院令第493号):

第二十六条 事故调查组有权向有关单位和个人了解与事故有关的情况,并要求其提供相关文件、资料,有关单位和个人不得拒绝。

事故发生单位的负责人和有关人员在事故调查期间不得擅离职守,并应当随时接受事故调查组的询问,如实提供有关情况。

第三十二条　重大事故、较大事故、一般事故,负责事故调查的人民政府应当自收到事故调查报告之日起 15 日内做出批复特别重大事故,30 日内做出批复,特殊情况下,批复时间可以适当延长,但延长的时间最长不超过 30 日。

有关机关应当按照人民政府的批复,依照法律、行政法规规定的权限和程序,对事故发生单位和有关人员进行行政处罚,对负有事故责任的国家工作人员进行处分。

事故发生单位应当按照负责事故调查的人民政府的批复,对本单位负有事故责任的人员进行处理。

负有事故责任的人员涉嫌犯罪的,依法追究刑事责任。

第三十三条　事故发生单位应当认真吸取事故教训,落实防范和整改措施,防止事故再次发生。防范和整改措施的落实情况应当接受工会和职工的监督。

3.《工伤保险条例》(国务院第令第 586 号):

第十四条　职工有下列情形之一的,应当认定为工伤:

(一)在工作时间和工作场所内,因工作原因受到事故伤害的;

(二)工作时间前后在工作场所内,从事与工作有关的预备性或者收尾性工作受到事故伤害的;

(三)在工作时间和工作场所内,因履行工作职责受到暴力等意外伤害的;

(四)患职业病的;

(五)因工外出期间,由于工作原因受到伤害或者发生事故下落不明的;

(六)在上下班途中,受到非本人主要责任的交通事故或者城市轨道交通、客运轮渡、火车事故伤害的;

(七)法律、行政法规规定应当认定为工伤的其他情形。

第十五条　职工有下列情形之一的,视同工伤:

(一)在工作时间和工作岗位,突发疾病死亡或者在 48 小时之内经抢救无效死亡的;

(二)在抢险救灾等维护国家利益、公共利益活动中受到伤害的;

(三)职工原在军队服役,因战、因公负伤致残,已取得革命伤残军人证,到用人单位后旧伤复发的。

职工有前款第(一)项、第(二)项情形的,按照本条例的有关规定享受工伤保险待遇;职工有前款第(三)项情形的,按照本条例的有关规定享受除一次性伤残补助金以外的工伤保险待遇。

第十七条　职工发生事故伤害或者按照职业病防治法规定被诊断、鉴定为职业病,所在单位应当自事故伤害发生之日或者被诊断、鉴定为职业病之日起 30 日内,向统筹地区社会保险行政部门提出工伤认定申请。遇有特殊情况,经报社会保险行政部门同意,申请时限可以适当延长。

用人单位未按前款规定提出工伤认定申请的,工伤职工或者其近亲属、工会组织在事故伤害发生之日或者被诊断、鉴定为职业病之日起 1 年内,可以直接向用人单位所在地统筹地区社会保险行政部门提出工伤认定申请。

按照本条第一款规定应当由省级社会保险行政部门进行工伤认定的事项，根据属地原则由用人单位所在地区的市级社会保险行政部门办理。

用人单位未在本条第一款规定的时限内提交工伤认定申请，在此期间发生符合本条例规定的工伤待遇等有关费用由该用人单位负担。

第十八条 提出工伤认定申请，应当提交下列材料：

（一）工伤认定申请表；

（二）与用人单位存在劳动关系（包括事实劳动关系）的证明材料；

（三）医疗诊断证明或者职业病诊断证明书（或者职业病诊断鉴定书）。

工伤认定申请表应当包括事故发生的时间、地点、原因以及职工伤害程度等基本情况。

【实施要点】

1. 事故发生后水管单位负责人应立即赶赴事故现场，启动相应预案组织抢救，采取措施防止事故扩大和次生灾害发生。

2. 保护现场及有关证据。保护事故现场，必须根据事故现场的具体情况和周围环境，划定保护区的范围，布置警戒，必要时，将事故现场封锁起来，禁止一切人员进入保护区，即使是保护现场的人员，也不能无故出入，更不能擅自进行勘查，禁止随意触摸或者移动事故现场的任何物品。特殊情况需要移动事故现场物件的，必须同时满足以下条件：移动物件的目的是出于抢救人员、防止事故扩大以及疏通交通的需要；移动物件必须经过事故单位负责人或者组织事故调查的安全生产监督管理部门和负有安全生产监督管理职责的有关部门的同意；移动物件应当做出标志，并做出书面记录；移动物件应当尽量使现场少受破坏。

3. 水管单位要编制并按时限报送单位等级以下事故调查报告，调查报告内容齐全，报告及时保存并公开。

4. 水管单位要按照负责事故调查的人民政府的批复，对本单位负有事故责任的人员进行处理，追究责任，对涉嫌犯罪的依法追究刑事责任。发生生产安全事故的水管单位要严格落实防范和整改措施，防止事故再次发生，整改措施要接受安全生产监督管理部门和负有安全生产监督管理职责的有关部门的监督验证。

4.7.3 事故档案管理

建立完善的事故档案和事故管理台账，并定期按照有关规定对事故进行统计分析。

【考核内容】

建立完善的事故档案和事故管理台账，并定期按照有关规定对事故进行统计分析。（3分）

【赋分原则】

查相关文件和记录；未建立事故档案和管理台账，扣3分；事故档案或管理台账不全，每项扣1分；事故档案或管理台账与实际不符，每项扣1分；未统计分析，扣3分。

【条文解读】

1. 水管单位要建立事故档案和事故管理台账，事故结案归档材料在事故处理结案后，应归档的事故资料如下：职工伤亡事故登记表；职工死亡、重伤事故调查报告书及批复;现场调查记录、图纸、照片;技术鉴定和试验报告;物证、人证材料;直接和间接经济损失材料;事故责任者的自述材料;医疗部门对伤亡人员的诊断书;发生事故时的工艺条件、操作情况和设计资料;处分决定和受处分人员的检查材料;有关事故的通报、简报及文件;注明参加调查组的人员姓名、职务、单位。

2. 事故统计分析目的是通过合理收集与事故有关的资料、数据,并应用科学的统计方法,对大量重复显现的数字特征进行整理、加工、分析和推断,找出事故发生的规律和事故发生的原因,为制定法规、加强工作决策,采取预防措施,防止事故重复发生,起到重要指导作用。

3. 事故分析统计内容主要包括:事故发生单位的基本情况、事故发生的起数、死亡人数、重伤人数、单位经济类型、事故类别、事故原因、直接经济损失等。建立事故档案和事故管理台账。

【规程规范技术标准及相关要求】

1.《中华人民共和国安全生产法》(2021年修正)。
2.《生产安全事故报告和调查处理条例》(国务院令第493号)。
3.《水利安全生产信息报告和处置规则》(水安监〔2016〕220号):

(七) 事故月报按以下时限和方式报告:

水利工程管理单位、部直属单位应当通过信息系统将上月本单位发生的造成人员死亡、重伤(包括急性工业中毒)或者直接经济损失在100万元以上的水利生产安全事故和较大涉险事故情况逐级上报至水利部。省级水行政主管部门、部直属单位须于每月6日前,将事故月报通过信息系统报水利部安全监督司。事故月报实行"零报告"制度,当月无生产安全事故也要按时报告。

(八) 水利生产安全事故和较大涉险事故的信息报告应当及时、准确和完整。任何单位和个人对事故不得迟报、漏报、谎报和瞒报。

【备查资料】

1. 事故档案。
2. 事故管理台账。
3. 事故统计分析报告。

【实施要点】

1. 水管单位要结合本单位实际建立事故管理档案和事故管理台账,内容齐全且与事实相符。
2. 定期对生产经营单位内生产安全事故进行统计、分析及逐级上报。报表按照报送时限,一般分为月报、季报和年报。

4.8 模块八:持续改进

4.8.1 绩效评定

4.8.1.1 安全生产标准化绩效评定制度应明确评定的组织、时间、人员、内容与范围、方法与技术、报告与分析等要求。

【考核内容】

安全生产标准化绩效评定制度应明确评定的组织、时间、人员、内容与范围、方法与技术、报告与分析等要求。(3分)

【赋分原则】

查制度文本;未以正式文件发布,扣3分;制度内容不全,每缺一项扣1分;制度内容不符合有关规定,每项扣1分。

【条文解读】

1. 安全标准化绩效是实施安全标准化管理后,单位及职工在安全生产工作方面取得的可测量结果。安全生产标准化绩效评定就是在绩效评定组织的领导下,按照规定的时间和程序,依据安全标准化评审标准,运用科学的方法与技术对安全生产各个方面进行考核和评价。

2. 安全标准化绩效评定制度是通过规范化的评定过程来验证安全生产标准化实施效果,检查安全生产工作目标、指标的完成情况,为巩固安全标准化建设成果并持续改进提供支撑。

【规程规范技术标准及相关要求】

《企业安全生产标准化基本规范》(GB/T 33000—2016)。

【备查资料】

安全标准化绩效评定制度。

【实施要点】

1. 制定安全标准化绩效评定管理制度,制度内容应明确绩效评定的组织机构、时间周期、人员要求、评定内容与范围、方法与技术、报告与分析等内容。

2. 制度内容应完整,针对性、可操作性强,并以正式文件颁发。

【参考示例】

×××单位文件

安×〔20××〕×号

关于印发《安全生产标准化绩效评定制度》的通知

各部门:

为全面落实安全生产标准化,强化绩效管理,根据国家安全生产法律法规、规范规程,并结合单位实际情况,单位编制了《安全生产标准化绩效评定制度》,现印发给你们,希望认真贯彻执行。执行过程中如遇到问题,请及时向×××反馈。

特此通知。

附件:安全生产标准化绩效评定制度

×××单位

20××年××月××日

安全生产标准化绩效评定制度

第一章 总则

第一条 为深入开展安全标准化工作,持续改进安全管理绩效,使安全生产工作制度化、标准化、规范化,进一步检验各项安全生产制度措施的适宜性、充分性和有效性,提高×××单位基础安全管理水平,检查安全生产工作目标、指标的完成情况,特制定本制度。

第二条 安全生产标准化绩效评定列入×××单位现代化目标建设任务考核内容。

第三条 本制度适用于各部门、各级人员的安全生产标准化绩效评定工作。

第二章 组织机构及职责

第四条 单位安全生产领导小组全面领导安全生产标准化绩效评定工作,领导小组组长由单位主要负责人担任。成立安全生产标准化绩效评定工作小组,工作小组组长由负责人担任,具体负责实施绩效评定。

第五条 工作小组职责。制定安全标准化绩效评定计划;编制安全标准化绩效评定报告;负责标准化绩效评定工作;负责对绩效评定工作中发现的问题和不足提出纠正、预防的管理方案;对不符合项纠正措施进行跟踪和验证;绩效评定结果向领导小组汇报,并将最终的绩效评定结果向所有部门和人员进行通报。

第六条 ×××部门具体负责安全生产标准化绩效的评定管理。

第七条 所有部门人员必须积极配合安全生产标准化绩效评定工作。

第三章 时间与人员要求

第八条 时间要求

(一)在安全标准化实施以后,每年至少应组织一次安全标准化绩效评定。在安全标准化实施初期,可以适当缩短安全标准化绩效评定的周期,以期及时发现体系中存在的问题。

(二)工作小组在安全标准化绩效评定前一个月向领导小组提交安全标准化绩效评定工作计划,经批准后施行。

第九条 人员要求

(一)工作小组成员必须参加相应的培训和考核,必须具备以下能力:

1. 熟悉相关的安全、健康法律法规、标准;
2. 接受过安全标准化规范评价技术培训;
3. 具备与评审对象相关的技术知识和技能;
4. 具备操作安全标准化绩效评定过程的能力;
5. 具备辨别危险源和评估风险的能力;
6. 具备安全标准化绩效评定所需的语言表达、沟通及合理的判断能力。

(二)工作小组成员必须有较强的工作责任心。

第四章 安全标准化绩效评定方法与技术要求

第十条 安全标准化绩效评定方法

(一)使用事先准备好的检查表;采取公开讨论的方式,激发对方的思考和兴趣。在面谈时应注意交谈方式,尽可能避免与被访者争论,仔细聆听并记录要点。

(二)通过记录进行回顾。记录是整个安全标准化体系实施的客观证据,安全标准化绩效评定人员必须调阅相关审核内容的记录,对记录进行回顾。

(三)现场检查情况。

安全标准化工作的最终落脚点都在作业现场,因此,必须重视作业现场的检查。通过检查中发现的问题,再对相关的文件或记录进行回顾,查明深层次的原因,为制定纠正与预防措施奠定基础,达到体系持续改进的目的。

第十一条　技术要求

(一)安全标准化绩效评定应重点关注重要的活动。

(二)安全标准化绩效评定应包含标准化系统的所有内容。

第五章　考核程序

第十二条　考核准则

(一)《水利工程管理单位安全生产标准化评审标准》。

(二)单位《安全生产总体目标和年度目标》《安全生产目标管理制度》。

(三)相关法律法规及其他要求。

第十三条　计分办法

根据《安全生产目标管理制度》的考评方法进行考核,如实填写《安全生产目标考核表》,并在备注栏描述扣分说明。

第十四条　考核周期与频次

安全领导小组每年对安全生产标准化工作进行一次绩效评定,验证各项安全生产制度措施的适宜性、充分性和有效性,检查安全生产工作目标、指标的完成情况,提出改进意见,形成评价报告。

如果发生死亡事故或工程管理业务范围发生重大变化时,应重新组织一次安全生产标准化绩效评定工作。

第十五条　考核程序

(一)考核前准备

1. 安全领导小组于每年自评前两周组建安全标准化绩效考核小组,成员由安全领导小组(工作小组)成员及相关安全管理人员组成。

2. 根据考核准则,确定每个评审项目的主责部门和完成期限,形成评定计划。

3. 各主责部门按照自评计划和相关要求组织自评材料。

(二)考核实施

1. 现场评定。考核小组根据安全标准化绩效评定检查表采用观察、交谈、询问、查阅有关文件等方法实施现场评定,并做好客观证据的记录。对发现的不符合情况,应现场确认。

2. 安全标准化绩效考核小组组长召集小组成员召开安全标准化绩效评定会议,讨论现场评定中的有关问题,确定不符合项,填写不符合项及纠正措施报告;安全标准化绩效考核小组按照考核准则的相关要求对各部门的标准化相关材料进行考核打分;对各要素未达到考评分值的,要求其主责部门对未完成项写出整改计划,达到所必需的分值。

（三）考核结束

1. 标准化绩效考核结束后，所有与评定工作相关的材料最终汇总形成《安全生产标准化绩效评定工作报告》，经领导小组审批后，将结果以正式文件形式通报各部门。

2. 在评定工作中，发现安全管理过程中的责任履行、系统运行、检查监控、隐患整改、考评考核等方面存在的问题，由安全生产领导小组讨论提出纠正、预防的管理方案，并纳入下一周期的安全工作实施计划中。

3. 各部门的安全生产标准化实施情况的评定结果纳入部门、员工年度现代化目标建设任务考核。对扣分超过 10 分的责任部门、责任人员取消年底部门评先评优资格。

第六章 安全标准化绩效评定报告与分析要求

第十六条 安全标准化绩效评定报告的内容包括：安全标准化绩效评定的目的、范围、依据、评定日期；工作小组、责任单位名称及负责人；本次安全标准化绩效评定情况总结和管理体系运行有效的结论性意见；工作小组组长根据不符合项及纠正措施报告进行汇总分析，填写安全标准化绩效评定不符合项矩阵分析表。不符合项及纠正措施报告、矩阵分析表作为安全标准化绩效评定报告的附件。

第十七条 评定结果分析应包括下列内容：系统运作的效力和效率；系统运行中存在的问题与缺陷；系统与其他管理系统的兼容能力；安全资源使用的效力和效率；系统运作的结果和期望值的差距；纠正行动。

第十八条 责任部门在接到安全标准化绩效评定报告不符合项及纠正措施报告 15 日内，针对不合格项进行原因分析，制定切实可行的纠正措施和期限等，经工作小组组长确认后，由责任部门组织实施。

第十九条 安全员负责对责任部门纠正措施完成情况进行跟踪和验证，确认不合格项得到关闭。将跟踪、验证、关闭情况向领导小组汇报。

第二十条 对实施纠正措施所取得的实效和引起的文件更改，按《文件和档案管理制度》中的有关规定执行，所有安全标准化绩效评定记录由安全员保管。

第七章 附则

第二十一条 本制度由单位安全领导小组负责解释。

第二十二条 本制度自发文之日起执行。

4.8.1.2 主要负责人每年至少组织一次安全生产标准化实施情况的检查评定，验证各项安全生产制度措施的适宜性、充分性和有效性，检查安全生产管理工作目标、指标的完成情况，提出改进意见，形成评定报告。发生死亡事故后，应重新进行评定，全面查找安全生产标准化管理体系中存在的缺陷。

【考核内容】

主要负责人每年至少组织一次安全生产标准化实施情况的检查评定，验证各项安全生产制度措施的适宜性、充分性和有效性，检查安全生产管理工作目标、指标的完成情况，提出改进意见，形成评定报告。发生死亡事故后，应重新进行评定，全面查找安全生产标准化管理体系中存在的缺陷。（8 分）

【赋分原则】

查相关文件和记录；主要负责人未组织评定，扣 8 分；检查评定每年少于一次，扣 8

分;检查评定内容不符合规定,每项扣 2 分;发生生产安全责任死亡事故后未及时重新进行检查评定,扣 8 分。

【条文解读】

1. 安全标准化绩效评定目的是对安全标准化实施情况进行检查评定。评定的主要内容是验证各项安全生产制度措施的适宜性、充分性和有效性,检查安全生产工作目标、指标的完成情况。评定结果:提出改进意见,形成评定报告,以利于持续改进。评定频次:每年至少组织一次。

(1) 适宜性:各项安全管理制度措施与客观情况相适应的能力。制定的各项安全生产制度措施实际执行情况如何,是否符合本单位实际情况;制定的安全生产工作目标、指标的分解落实方式是否合理,是否具有可操作性;标准化体系文件与单位其他管理系统是否兼容;有关制度措施是否与职工的能力、素质等相配套,是否适合于职工的使用。

(2) 充分性:各项安全管理制度措施对全方位、全过程安全管理体系的完善程度。各项安全管理的制度措施是否满足国家和水利行业的管理要求;所有的管理制度、管理措施是否已充分保证有效运行;与有关制度措施相配套的资源,包括人、财、物等是否已充分保障;对相关方安全管理的效果如何。

(3) 有效性:各项安全管理制度措施的实施并达到预期效果的程度。各项安全管理的制度措施是否能保证安全工作目标、指标的实现;是否以隐患排查治理为基础,对所有排查出的隐患实施了有效治理与控制;对重大危险源是否实施了有效的控制;通过制度、措施的建立,安全管理工作是否符合有关法律法规及标准的要求;通过安全标准化相关制度、措施的实施,单位自身是否形成了一套自我发现、自我纠正、自我完善的管理机制;单位职工通过安全标准化工作的推进与建立,是否提高了安全意识,并能够自觉地遵守与本岗位相关的程序或作业指导书的规定等。

2. 如果发生了死亡事故,说明单位在安全管理中的某些环节出现了严重的缺陷或问题,需要马上对相关的安全管理制度、措施进行客观评定,努力找出问题根源所在,有的放矢,对症下药,不断完善有关制度和措施。

【规程规范技术标准及相关要求】

《企业安全生产标准化基本规范》(GB/T 33000—2016)。

5.8.1 绩效评定

企业每年至少应对安全生产标准化管理体系的运行情况进行一次自评,验证各项安全生产制度措施的适宜性、充分性和有效性,检查安全生产和职业卫生管理目标、指标的完成情况。

企业主要负责人应全面负责组织自评工作,并将自评结果向本企业所有部门、单位和从业人员通报。自评结果应形成正式文件,并作为年度安全绩效考评的重要依据。

企业应落实安全生产报告制度,定期向业绩考核等有关部门报告安全生产情况,并向社会公示。

企业发生生产安全责任死亡事故,应重新进行安全绩效评定,全面查找安全生产标准化管理体系中存在的缺陷。

【备查资料】
1. 安全标准化检查评定工作的通知。
2. 自评工作方案。
3. 自评会议纪要。

【实施要点】
1. 每年至少组织一次安全标准化绩效评定。
2. 单位主要负责人组织和参与评定工作,安全领导小组全体成员参与,按职责进行明确分工,确定评定各环节的主要负责人,并协调各部门积极参与到评定工作中。
3. 评定过程中,要对前一次评定后提出的纠正措施的落实情况与效果作出评价。
4. 按照相应的评定标准中的要素,逐条进行详细分析和论述,分析存在问题、纠正和预防措施等,提出改进意见并形成评价报告。
5. 发生死亡事故后,及时重新进行检查评定。

【参考示例】

×××单位文件

安×〔20××〕×号

关于开展20××年度安全标准化绩效评定工作的通知

各部门、全体职工:

根据《安全生产标准化绩效评定管理制度》的规定和要求,拟对×××单位20××年度安全标准化绩效进行评定,验证各项安全生产制度措施的适宜性、充分性和有效性,检查安全生产工作目标、指标的完成情况,提出改进意见,以便安全生产标准化工作的有效运行和持续改进。现就有关事项通知如下:

一、评定小组
(一)评定领导小组
组　长:
副组长:
成　员:
(二)评审工作小组成员

二、评定时间
20××年××月××日至20××年××月××日
三、评定主要内容
(一)各项安全生产管理制度、操作规程、管理措施的适宜性、充分性和有效性。
(二)安全生产控制指标、安全生产工作目标的完成情况。
(三)安全费用使用情况。
(四)隐患排查治理情况。
四、评定标准

《水利工程管理单位安全标准化评审标准》《安全生产目标责任书》等相关安全文件。

五、评定程序

(一)收集相关支撑材料,对照评定标准,于20××年××月××日提交相关安全管理资料。

(二)安全绩效评定工作小组评审。评定工作小组对安全标准化绩效情况进行集中评审。

(三)通报评定结果。由安全员印发整改通知单,对存在的问题迅速进行整改,并回复。

×××单位
20××年××月××日

4.8.1.3 评定报告以正式文件印发,向所有部门、所属单位通报安全生产标准化工作评定结果。

【考核内容】

评定报告以正式文件印发,向所有部门、所属单位通报安全生产标准化工作评定结果。(3分)

【赋分原则】

查相关文件和记录;未以正式文件发布,扣3分;评定结果未通报,扣3分。

【条文解读】

安全标准化绩效评价报告是对单位安全管理工作的全面总结,涉及安全管理的各个方面,涉及所有相关的部门、人员,将安全生产标准化工作评定结果向所有部门、所属的所有单位、全体职工通报,有利于使各部门、各单位及每个职工了解安全管理现状和今后努力的方向。

【规程规范技术标准及相关要求】

1.《国务院安全生产委员会关于加强企业安全生产诚信体系建设的指导意见》(安委〔2014〕8号)。

2.《国家安全监管总局关于印发企业安全生产责任体系五落实五到位规定的通知》(安监总办〔2015〕27号)。

3.《企业安全生产标准化基本规范》(GB/T 33000—2016)。

4. 自评报告。

生产经营单位的自评报告,应以正式文件形式印发至各部门、各下属单位,使全员对企业的安全生产标准化体系运行情况得以全面的了解,认识到工作中的不足并加以改进。

【备查资料】

1. 安全标准化绩效评定报告,并以正式文件印发。

2. 评定报告学习、交流或者传达记录。

【实施要点】

1. 评价报告正式印发至各部门(单位)。

2. 采用座谈会、专题会等有效方式进行评定报告的通报,确保所有部门、单位、职工能清楚地了解到本单位安全管理的实际状况,并做好会议记录。

3. 安监部门对通报落实情况进行检查。

【参考示例】

×××单位文件

安×〔20××〕×号

关于印发《安全生产标准化绩效评定报告》的通知

各单位(部门):

根据《安全生产标准化绩效评定管理制度》规定,×××单位成立了安全生产标准化绩效评定小组,开展了安全生产标准化检查评定工作。

评定小组从安全生产制度措施的适宜性、充分性和有效性,安全生产工作目标和完成情况等方面进行了检查评定,形成了评定报告。请各部门、全体职工认真学习,对照存在问题以及纠正、预防的措施,落实相应职责,不断提升安全标准化实施效果。

附件:安全生产标准化绩效评定报告

×××单位
20××年××月××日

安全生产标准化绩效评定报告

按照×××单位20××年安全管理工作计划和×××单位对安全管理工作的要求,根据《安全生产标准化绩效评定管理制度》的要求对×××单位20××年度安全生产标准化的实施情况进行评定,验证各项安全生产制度措施的适宜性、充分性和有效性,检查安全生产工作目标、指标的完成情况。

安全标准化绩效考评小组根据×××单位日常及季度安全检查、考核情况,对安全生产管理目标完成情况进行了考评,现对考评情况作如下报告:

一、评审机构和职责

(一)安全领导小组领导安全生产标准化绩效评定工作,成立安全生产标准化绩效评定工作小组,工作小组组长由单位负责人担任,成员由职能部门负责人组成。

绩效评定工作小组

组长:

副组长:

成员:

(二)工作小组职责

制定安全标准化绩效评定计划;编制安全标准化绩效评定报告;负责标准化绩效评定工作;负责对绩效评定工作中发现的问题和不足提出纠正、预防的管理方案;对不符合项纠正措施进行跟踪和验证;绩效评定结果向领导小组汇报,并将最终的绩效评定结果向所有部门和职工进行通报。

(三)×××具体负责安全生产标准化绩效的评定管理。

二、评审时间

评定小组于20××年××月××日,对安全生产标准化工作进行绩效评定。

三、评定方法与技术要求

(一)安全标准化绩效评定方法

1. 尽可能向最了解评估问题的具体人员提开放式的问题。使用事先准备好的检查表;采取公开讨论的方式,激发对方的思考和兴趣。在面谈时应注意交谈方式,尽可能避免与被访者争论,仔细聆听并记录要点。

2. 通过记录进行回顾。记录是整个安全标准化体系实施的客观证据,安全标准化绩效评定人员必须调阅相关审核内容的记录,对记录进行回顾。

3. 现场检查情况。安全标准化工作的最终落脚点都在作业现场,因此,必须重视作业现场的检查。通过检查中发现的问题,再对相关的文件或记录进行回顾,查明深层次的原因,为制定纠正与预防措施奠定基础,达到体系持续改进的目的。

(二)技术要求

1. 安全标准化绩效评定应重点关注重要的活动。

2. 安全标准化绩效评定应包含标准化系统的所有内容。

3. 评价结果应包括下列分析:

(1) 安全标准化执行的效率;

(2) 安全标准化执行过程中存在的问题与缺陷;

(3) 安全标准化与其他管理系统的兼容能力;

(4) 安全资源使用的效率;

(5) 安全标准化执行的结果和与期望值的差距;

(6) 纠正行动。

四、评定内容

(一)目标职责

1. 安全目标完成情况

按照现代化目标规划总体要求,单位制定了《安全生产中长期发展规划》(20××—20××年),确立了安全生产管理的中长期战略目标。

单位制定了《安全生产目标管理制度》,明确了目标管理体系、目标的分类和内容、目标的监控与考评以及目标的评定与奖惩等。20××年初,单位制定了《×××单位20××年度安全生产工作目标计划》,并按各部门在安全生产中的职能进行了层层分解,根据目标计划和目标管理制度,每季度对全所职工进行目标考核,发放安全目标奖金。

年初,单位主要负责人与上级主要负责人签订安全生产目标责任书,各职能部门与职工签订安全生产责任书,涉及相关方管理的与相关方单位签订安全生产协议,做到安全生产责任层层分解、层层落实。

20××年度,单位的安全生产目标完成100%。

自建立安全生产标准化系统以来,做到安全制度全覆盖;职工安全教育培训率100%,新职工三级安全教育培训率100%;持证上岗率100%;对管理范围进行了危险源评估,确定单位不存在危化品重大危险源;根据安全检查情况,进行隐患整改,安全隐患整改率100%;特种设备、机动车按时检测率100%;设备保护装置安全有效率100%;生产现场安全达标合格率100%;项目施工现场安全达标率100%;安全指令性工作完成率100%;事故不放过处理率100%;伤亡事故为0;轻伤事故为0;工程安全事故为0;火灾事故为0;机械设备重大事故为0;食品中毒和重大传染性事故为0。

2. 机构和职责完成情况

×××单位有完善的安全管理网络,单位主要负责人是安全生产第一责任者,对×××单位安全生产负责。分管领导具体组织安全生产工作,具体主管部门为×××科。配置××名兼职安全员,业务上由安监科指导。

3. 全员参与情况

依据上级文件要求,建立了安全专业管理文件,规定了全员的安全生产职责内容,明确并落实各级管理者的安全管理责任和岗位人员安全责任。同时管理制度中也进一步规范了各层级管理人员及员工的安全管理活动行为、检查整改内容及评价验证标准,使安全工作步入常态化、标准化机制。

4. 安全生产投入情况

针对各类事故举一反三工作,落实以安全本质化为中心的安全改善,在安全投入方面积极落实各项措施,通过维修、改善、技改等途径,消除现场安全隐患。每年也把安全投入放在优先的位置,从资金准备、项目实施等方面给予充分保证。20××年安全投入近30万元,用于安全专用工器具的购置、维护、定检费及其他(包括职业健康体检、防暑降温、劳动防护用品配置、安全标志标牌、教育培训)费用。

5. 安全文化建设情况

根据安全生产标准化的要求,制定安全文化建设规划和计划,开展安全文化建设活动。对照《中华人民共和国职业病防治法》(2018年修订)认真排查存在的职业病危害场所和伤害源,安排职工进行了职业健康体检,建立了职工职业健康监护档案,购置了劳动防护用品,在工作场所放置了职业危害告知警示牌,结合安全生产活动月开展了一系列活动,由单位领导牵头组织培训职工了解掌握安全生产知识和职业病危害防治等方面的知识。

6. 安全生产信息化建设

在水利安全生产信息系统内建立了安全生产电子台账,管理安全风险管控和隐患自查自报,利用信息化手段加强安全生产管理工作。

(二)制度化管理情况

建立健全并不断修订完善工程安全管理的各项规章制度、操作规程、运行管理工作流程并汇编成册,明确各岗位职责。在制度实施一段时间后,安全领导小组对各部门实施过程中出现的情况进行总结,对一些操作性不具体的,要求各部门根据自身工作特点,进行文件的进一步分解、落实。对一些工作程序与原有工作程序有冲突的,按新的工作流程执行。在实施过程中,要求对制度实施情况进行检查、指导。

单位制定了《法律法规标准规范管理制度》。根据制度要求,相关部门及时获取、补充、更新法律法规、标准规范,并根据获取的最新法律法规、标准规范修订相关管理制度和操作规程。

在员工的安全教育上,对新出台的管理制度、法律法规、规程进行解读,通过班前会、班组专项学习等不同形式组织开展,同时重点关注新员工安全教育工作,不断提高员工的安全意识和标准化作业执行力度。在日常和专项检查中出现的问题,对照有关管理制度及时进行考核纠正,保证正确的安全导向。

(三)教育培训情况

单位制定了《安全教育培训管理制度》,年初制定教育培训计划,并把安全教育培训纳入管理所的教育培训体系。安全教育培训的主要内容包括:安全生产法律法规培训、新员工岗前培训、转岗培训、应急预案培训、消防知识培训、特种作业人员培训及相关方安全培训等。保证普通职工每年安全教育培训不少于12学时,主要负责人、部门主要负责人、相关技术人员、新进职工的安全培训不少于24学时。

20××年新修订的《安全生产标准化管理制度汇编》和《安全生产应急预案汇编》分发到各部门,并逐级进行安全制度培训。安全领导小组组织了新编的文件培训,参加人员有各部门主要负责人、班长以上管理人员、兼职安全员,通过培训,使大家进一步把握文件的要点,各部门根据本部门的特点,有针对性地开展安全相关制度的培训、考试。同时管理所还加强了对相关方人员的安全教育培训。

(四)现场管理情况

1. 设施设备管理情况

由生产管理部门按人员分工负责相应管辖区域内设备运行、检修管理。按照设备责任到人原则,生产管理部门将设备责任逐一分解到个人。生产管理部门按照有关标准开展日常维护、保养工作。合理安排检修计划,及时消除隐患,确保管理闭环,设备安全稳定运行。

2. 作业行为情况

各岗位制定完善的岗位规程,根据岗位实际情况,针对每项作业具体规定作业步骤、技术要求、设备管理要求及安全要求,并根据管理要求每年在规定时间内由负责技术的领导组织技术人员、安全职能管理人员,对于管理文件、岗位规程等进行梳理,及时修订、评审。岗位员工也实施年度的规程培训并考核。在安全管理上,落实了事故案例学习、举一反三排查、现场悬挂安全警示标志、作业提醒等,以多种方式不断强化标准化作业意识,推进标准化作业,提高作业安全度。

3. 职业健康情况

根据《职业卫生管理制度》的要求,认真开展岗位职业危害因素辨识、布点、定期监测评价,对有毒有害岗位职工进行岗前、离岗和岗中定期职业健康体检、职业卫生档案管理等工作,确保有毒有害岗位不存在有职业禁忌证的人员。主要工作有:(1)每年进行一次岗位危险源辨识活动,全面梳理、辨识岗位存在的职业健康危害因素,制定控制措施;(2)每年组织一线员工进行职业健康体检;(3)根据现场存在的职业健康危害因素,分区域挂置标志警示牌。

4. 警示标志设置情况

按照规定和现场的安全风险特点,在有重大危险源、较大危险因素和职业危害因素的工作场所,设置明显的安全警示标志和职业病危害警示标识,告知危险的种类、后果及应急措施等;在危险作业场所设置警戒区、安全隔离设施。定期对警示标志进行检查维护,确保其完好有效并做好记录。

(五) 安全风险管控及隐患排查治理情况

1. 安全风险管理情况

对隐患排查情况进行及时汇总及跟踪管理,对于现场整改的反馈做好实地验证,使安全管理达到闭环。管理所在重点区域设置醒目的安全风险公告栏,针对存在安全风险的岗位,制作岗位安全风险告知牌,明确主要安全风险、隐患类别、事故后果、管控措施、应急措施及报告方式等内容。

2. 重大危险源辨识和管理情况

根据《安全风险管理制度》的规定,全面开展危险源辨识、评价和控制措施的完善工作,并依据现场条件发生的变化、发现的隐患,及时修订、补充和更新有关内容,实行动态管理。每季度开展一次危险源辨识与风险评价,至第四季度共对××项危险源进行了辨识和评价,其中辨识重大危险源××项,一般危险源××项,低风险××项,一般风险××项。

组织各班组对原危险源辨识做进一步梳理,重点加强对控制措施的修改与完善。对辨识出的危险源,每项危险源在岗位规程中有控制措施。完善后的危险源辨识及控制措施,组织员工认真学习、掌握。

3. 隐患排查治理情况

根据特定的时间、季节的变换、事故的举一反三等发动全员的力量,开展全员安全管理、专项安全隐患排查工作,并对员工排查情况进行汇总,制定专项整改计划。在员工的不安全行为管理中,督促整改落实,并按照制度落实考核、连带考核责任,实行闭环管理,20××年共排查隐患××项,全部整改到位,目前总体状态比较稳定。

4. 预测预警

根据运行状况、隐患排查治理及风险管理、事故等情况,建立体现水利工程管理单位安全生产状况及发展趋势的安全生产预测预警体系。安全生产领导小组每季度至少组织一次安全生产会议,通报安全生产状况及发展趋势,根据检查情况及时处理事故隐患,不能及时处理的,编制预案,并上报管理处;在接到自然灾害预报时,及时发出预警信息。

(六) 应急管理情况

单位建立健全行政领导负责制的工作体系,成立应急救援领导小组以及相应工作机制。主要领导担任应急工作领导小组组长。

根据《生产经营单位安全生产事故应急预案编制导则》,建立健全生产安全事故应急预案体系,编制了《生产安全事故应急预案》。20××年,组织对单位应急预案、处置方案进行了评审,并根据评审结果,重新修订了综合预案、专项预案和现场处置方案。重新修订的预案在发布前均进行了评审,出示了应急预案评审意见表,由主要负责人为组长,对综合预案、专项预案、现场处置方案进行了评审。

按照"自储为主、代储为辅"的原则,加强各类应急防汛器材、工具的管理,建立了防汛物资储备台账。

20××年,组织多次应急演练,包括水闸运行事故应急演练、触电事故应急处置演练、水上救援演练、防汛演练等,并对应急、演练的效果进行评估,提出改进措施,修订应急预案。

（七）事故管理

编制了《生产安全事故报告和调查处理制度》，明确了事故报告、事故调查与分析、事故责任与追究、统计与分析等内容，具有可操作性。×××单位全年未发生安全生产责任事故。

（八）持续改进

单位制定了《安全生产标准化绩效评定管理制度》，并根据该制度每年组织一次安全标准化实施情况的检查评定。评价报告以正式文件下发，向所有部门通报安全标准化工作评定结果。安全标准化工作评定结果纳入年度安全绩效考评。根据安全标准化的评定结果，及时对安全生产目标、规章制度、操作规程等进行修改，完善安全标准化的工作计划和措施，不断提高安全绩效。

五、存在的问题

通过评估与分析，发现安全管理过程中的责任履行、系统运行、检查监控、隐患整改、考评考核等方面存在的问题如下：

1. 在安全基层基础工作方面，安全操作规程更新修订不及时、不全面。安全生产信息化台账功能不全。

2. 运行人员对生产规程、应急处置方案等不熟悉，安全意识有待于进一步提高。

3. 安全绩效考核办法存在不足，安全绩效考核还没有对安全生产起到足够的促进作用。

4. 现场设备管理还有缺陷，设备出现异常状态。

5. 职业健康管理制度还需进一步完善，各项记录、台账、职业健康档案有待进一步完善。

6. 对上级安全文件的贯彻传达、组织学习方面存在不足，班组安全规范管理没有完全实现。

7. 应急管理能力薄弱，部分救援器材配备不足。

六、纠正、预防的措施

安全生产领导小组会针对安全标准化绩效考核评定小组提出的问题，提出以下整改措施：

1. 进一步加强安全生产基础工作，提升安全生产保障能力。

2. 完善安全生产信息化台账，系统功能不全的采用纸质台账补充。

3. 进一步完善《安全生产目标管理制度》。增强绩效考核的合理性、约束性、可实施性。完善绩效考核落实。

4. 加强对×××单位全体员工的安全教育培训，促使员工掌握安全生产管理技能，提高员工安全生产意识。

5. 加强设备巡视和巡查，及时发现设备缺陷及问题，落实整改措施。

6. 加强应急管理能力建设，配备必要的应急管理器材，提高应急响应能力。组织应急演练，提高全员应急处置能力。

4.8.1.4 将安全生产标准化自评结果,纳入单位年度绩效考评。
【考核内容】
将安全生产标准化自评结果,纳入单位年度绩效考评。(4分)
【赋分原则】
查相关文件和记录;未纳入年度绩效考评,扣4分;绩效考评不全,每少一个部门或单位扣1分;考评结果未兑现,每少一个部门或单位扣1分。
【条文解读】
安全标准化工作评定结果应作为年度安全绩效考评的重要依据,将相关单位(部门)评定过程中的扣分项及扣分分值作为该单位(部门)的安全绩效考评的依据之一,以促进各单位(部门)重视安全标准化工作。
【规程规范技术标准及相关要求】
绩效考核
应将安全生产标准化建设纳入生产经营单位的绩效考核指标体系中,将绩效评定的结果作为每年对相关部门、下属单位和人员进行考核、奖惩的依据。
【备查资料】
1. 年度工作绩效考评资料,应当将安全生产标准化工作纳入考评范围,并赋予合理分值。
2. 绩效考评兑现资料。如考评结果通报、财务支出台账等。
【实施要点】
1. 对单位职能部门及基层站所的安全标准化绩效考评的有关设计指标,要与该单位(部门)安全生产工作实际相适应。
2. 及时将每个单位(部门)的安全标准化评定结果纳入该单位(部门)的年度安全绩效考评。

4.8.1.5 落实安全生产报告制度,定期向有关部门报告安全生产情况,并公示。
【考核内容】
落实安全生产报告制度,定期向有关部门报告安全生产情况,并公示。
【赋分原则】
查相关文件和记录;未报告或公示,扣2分。
【条文解读】
生产经营单位定期向有关部门报告安全生产情况,有利于强化安全生产管理。同时上级部门能了解单位在安全生产方面存在的不足,在日常监管中有的放矢。
【规程规范技术标准及相关要求】
1.《企业安全生产责任体系五落实五到位规定》(安监总办〔2015〕27号)
生产经营单位必须落实安全生产报告制度,定期(一般为每年)向董事会、业绩考核部门报告安全生产情况,并向社会公示。
2.《国务院安全生产委员会关于加强企业安全生产诚信体系建设的指导意见》(安委〔2014〕8号)规定生产经营单位应建立安全生产承诺制度。重点承诺内容:一是严格执行安全生产、职业病防治、消防等各项法律法规、标准规范,绝不非法违法组织生产;二是建立健全并严格落实安全生产责任制度;三是确保职工生命安全和职业健康,不违章指挥,不冒险作业,杜绝生产安全责任事故;四是加强安全生产标准化建设和建立隐患排查治理制度;五是自觉接受安全监管监察和相关部门依法检查,严格执行执法指令。

安全监管监察部门、行业主管部门要督促企业向社会和全体员工公开安全承诺,接受各方监督。企业也要结合自身特点,制定明确各个层级一直到区队班组岗位的双向安全承诺事项,并签订和公开承诺书。同时还要建立安全生产诚信报告和执法信息公示制度。

【备查资料】
年度安全生产情况报告。

【实施要点】
生产经营单位每年一次向上级安全监管监察部门或行业主管部门报告安全生产诚信履行情况,重点包括落实安全生产责任和管理制度、安全投入、安全培训、安全生产标准化建设、隐患排查治理、职业病防治和应急管理等方面的情况。

4.8.2 持续改进

根据安全生产标准化绩效评定结果和安全生产预测预警系统所反映的趋势,客观分析本单位安全生产标准化管理体系的运行质量,及时调整完善相关规章制度和过程管控,不断提高安全生产绩效。

【考核内容】
根据安全生产标准化绩效评定结果和安全生产预测预警系统所反映的趋势,客观分析本单位安全生产标准化管理体系的运行质量,及时调整完善相关规章制度和过程管控,不断提高安全生产绩效。

【赋分原则】
查相关文件和记录;未及时调整完善,每项扣2分。

【条文解读】
1. 安全标准化建设的过程是安全生产管理持续改进的过程,持续改进是不断发现问题,不断寻找纠正措施和预防措施的过程。

2. 通过对安全标准化评定结果的认真分析,将做得比较好的管理方式、方法及时全面推广,对评定报告提出的安全管理系统问题和需要努力改进的方面及时做出调整和安排。根据评定结果及时调整安全生产目标、指标,或修订不合理的规章制度、操作规程,使单位的安全生产管理水平不断提升。

3. 安全标准化建设实施PDCA循环,是不断对安全管理的计划(plan)、实施(do)、检查(check)、处理(act)全过程不停顿地、周而复始地循环,使安全绩效螺旋上升。

【规程规范技术标准及相关要求】
1.《关于印发水利行业开展安全生产标准化建设实施方案的通知》(水安监〔2011〕346号)。
2.《水利安全生产标准化评审管理暂行办法》(水安监〔2013〕189号)。
3.《企业安全生产标准化基本规范》(GB/T 33000—2016);

持续改进的核心内涵是企业全领域、全过程、全员参与安全生产管理,坚持不懈地努力,追求改善、改进和创新。

持续改进是通过 PDCA 动态循环来实现的,不断改进安全生产标准化管理水平,保证生产经营活动的顺利进行。

企业安全生产标准化管理体系建立并运行一段时间后,通过分析一定时期的评定结果,及时将效果好的管理方式及管理方法进行推广,对发现的问题和需要改进的方面及时做出调整和安排。必要时,及时调整安全生产目标、指标,及时修订规章制度、操作规程,及时制定完善安全生产标准化的工作计划和措施,使企业的安全生产管理水平不断提高。

【备查资料】

1. 持续改进计划。
2. 改进通知书。
3. 整改回复单。

【实施要点】

1. 水管单位职能部门及基层站所要结合工程管理实际,根据安全标准化绩效评定过程中发现的问题,认真分析存在问题的根本原因,提出预防及整改措施,并有针对性地开展整改。做到举一反三,以点带面,及时完善安全生产标准化工作计划和措施,对安全生产目标、规章制度、操作规程等进行修改,提升安全管理水平。

2. 对安全生产目标、规章制度、操作规程等修改保留记录。

【参考示例 1】

安全标准化系统持续改进实施计划

制定日期: 　　年　　月　　日

制定人员:

实施日期: 　　年　　月　　日

一、安全生产目标、规章制度、操作规程的修改完成情况

20××年年初单位对安全生产目标进行了调整,计划于××月底前对规章制度、操作规程、预案等进行修订。

二、系统持续改进计划内容

1. 在安全基层基础工作方面,安全操作规程更新修订不及时、不全面。安全生产信息化台账功能不全。

2. 运行人员对生产规程、应急处置方案等不熟悉,安全意识有待于进一步提高。

3. 安全绩效考核办法存在不足,安全绩效考核还没有对安全生产起到足够的促进作用。

4. 现场设备管理还有缺陷,设备出现异常状态。

5. 职业健康管理制度还需进一步完善,各项记录、台账、职业健康档案有待进一步完善。

6. 对上级安全文件的贯彻传达、组织学习方面存在不足,班组安全规范管理没有完全实现。

7. 应急管理能力薄弱,部分救援器材配备不足。

三、具体措施

1. 进一步加强安全生产基础工作,提升安全生产保障能力。

2. 完善安全生产信息化台账,系统功能不全的采用纸质台账补充。

3. 进一步完善《安全生产目标管理制度》。增强绩效考核的合理性、约束性、可实施性。完善绩效考核落实。

4. 加强对管理所全体员工的安全教育培训,促使员工掌握安全生产管理技能,提高员工安全生产意识。

5. 加强设备巡视和巡查,及时发现设备缺陷及问题,落实整改措施。

6. 加强应急管理能力建设,配备必要的应急管理器材,提高应急响应能力。组织应急演练,提高全员应急处置能力。

【参考示例2】

安全标准化持续改进通知单
×安改〔20××〕×号

×××科:

根据安全标准化绩效评定领导小组对单位年度安全标准化建设工作进行的评定,现提出如下持续改进意见:

一、存在问题

1. 在安全基础工作方面,安全操作规程更新修订不及时、不全面。安全生产信息化台账功能不全。

2. 安全绩效考核办法存在不足,安全绩效考核还没有对安全生产起到足够的促进作用。

3. 应急管理能力薄弱,部分救援器材配备不足。

二、改进建议

1. 进一步修订安全操作规程,满足现场安全操作需要;建立纸质安全生产信息台账作为电子台账的补充。

2. 修订绩效考核办法,将考核结果奖惩作为激励安全生产工作的重要手段。

3. 联合开展应急预案演练,按规范要求配足应急救援物资及器材。

三、改进期限

完成时间: 年 月 日

接此通知后,请认真研究改进,并将改进情况及时反馈。

通知人: 责任部门负责人(签字):
　　　　　　　　　　　　　　　　　　　　签收日期: 年 月 日

【参考示例3】

×××安全标准化持续改进情况回复

一、制度修订说明

1. 绩效考核制度修订。

2. 对操作规程汇编进行了大改,变更为运行规程汇编,增加运行的相关规定以及检修规程等相关内容。

二、绩效考核办法修订

对绩效考核办法进行了修订,增加了对考核结果的相应奖惩措施,对于扣分超过10分的责任部门、责任人员取消年度评先评优资格。

三、应急管理

1. 火灾事故应急预案修订

(1) 重组了救援队伍,使其更具操作性。

(2) 增加了部分内容,对在水电站运行期火灾如何处置进行了详细说明。

2. 开展了火灾事故应急预案的演练,有记录、有总结。

3. 按需编制了救援器材的配置计划,其中,下半年在下游岸坡处修建小码头,调运冲锋舟1艘,作为工程检查中应急救援的船只。

附件:1. 绩效考核制度;

2. 运行规程汇编;

3. 火灾应急预案;

4. 预案演练记录。